不确定性与当代建筑思潮

王发堂 著

东南大学出版社
·南京·

图书在版编目(CIP)数据

不确定性与当代建筑思潮/王发堂著. —南京：
东南大学出版社,2012.3
ISBN 978 - 7 - 5641 - 3369 - 6

Ⅰ.①不… Ⅱ.①王… Ⅲ.①建筑艺术-建筑理论-
世界-现代 Ⅳ.①TU - 861

中国版本图书馆 CIP 数据核字(2012)第 036432 号

本书由中央高校基本科研业务费专项资金资助
（批准号：2010 - Ⅳ - 061）

不确定性与当代建筑思潮

出版发行：东南大学出版社
社　　址：南京市四牌楼 2 号　邮编 210096
出 版 人：江建中
电子邮件：press@seupress.com
经　　销：全国各地新华书店
印　　刷：扬中市印刷有限公司
开　　本：787 mm×1092 mm　1/16
印　　张：14.25
字　　数：356 千字
版　　次：2012 年 3 月第 1 版
印　　次：2012 年 3 月第 1 次印刷
书　　号：ISBN　978 - 7 - 5641 - 3369 - 6
定　　价：48.00 元

本社图书若有印装质量问题,请直接向读者服务部联系。电话(传真)：025 - 83792328

内容提要

当代后现代哲学把时代精神理解为"不确定性",认为我们所处的这个时代充满着不确定的自由精神。本书继承了这种观点并且把它当作本书的出发点。根据马克思的"社会存在决定社会意识",本书认为社会存在"不确定性"必然会在作为意识形态的建筑上展现出来。同样,贡布里希认为作为精神产品的文化产品如绘画和建筑等,总会隐喻时代的制度和时代的精神。在两位学者的启发下,再加上"不确定性"就基本上构成了本书的大致框架。

在 20 世纪 60 年代甚至更早,建筑界感觉到了时代的特征的"不确定性"。从文丘里的"模糊性"到詹克斯的"双重译码",再到日本新陈代谢派对"变化"的理解,都是对"不确定性"的理解。后来的解构运动在哲学家的指引下,对时代的不确定性的理解可能最深入和最透彻。解构运动的反中心和反权威应该是比较彻底地理解了后现代的时代特征和变化。之后伊东丰雄把"不确定性"理解为风和建筑的轻且薄,妹岛和世等理解为体验的不确定(包括形式上、功能上和方法上的不确定性)。

本书分为六章,第一章和第二章基本上是对"不确定性"的观点进行阐述。首先是在第一章对信息社会进行详细的阐述,揭示出信息社会的不确定性的特征。第二章主要是从科学界和哲学界对时代不确定性的认识和理解,指出"不确定性"已经成为当今时代的主流。第三章对现代性和后现代性的精神进行阐述,指出了现代性的"确定性"和理性,而后现代性的"不确定性"和自由。第四章主要是梳理绘画界对"不确定性"历史的认识过程。绘画界对"不确定性"的反应,在很大程度上,可以说是建筑界对"不确定性"的预演。从某一个侧面论证了时代的"不确定性"精神。第五章主要是论述了现代主义对"确定性"和理性的诠释,作为"不确定性"和自由的理论对比,同时也展现出现代主义到后现代主义过渡的必然性。最后的第六章,围绕"不确定性"对当代建筑思潮进行了全方位的阐述,这一章是全书重点,所占的篇幅也最大。

目　录

第一章　人类社会形式

马克思主义哲学认为社会存在（前）决定社会意识，社会意识反过来影响社会存在（后）。如果展开来讲，马克思主义哲学把生产力作为社会发展的原初和最终动力，生产力决定生产关系，生产关系制约和影响社会关系和经济基础，社会关系决定下层建筑，经济基础决定上层建筑。上层建筑就是社会意识形态的一部分。建筑文化是属于上层建筑，是属于社会意识形态。本书主要思路之一就是把社会存在（前）决定社会意识作为理论前提，通过对不同社会存在的主要方面如政治、经济和文化等的分析，试图由此总结出该时代的社会意识的总特征，然后再探讨这些时代特征在建筑文化即社会存在（后）中如何地存在和表达出来。

概　述

对于人类文明或者人类社会历史的划分方式很多，每一种划分都是有其理论上的预设，如马克思基于生产力的五社会阶段论即原始社会、奴隶社会、封建社会、资本主义社会和共产主义社会（含社会主义社会）。丹尼尔·贝尔（Dannel Bell, 1919–2011）根据保利·克拉克在《经济发展的条件》中的理论，把经济分为三类：第一类主要是农业，第二类是制造业或工业，第三类是服务业[1]。以此为基点，贝尔将社会划分为前工业社会、工业社会和后工业社会三种形态[2]。对于后工业社会，不同的学者曾经提出各种不同的说法：电子技术时代（美国的布热津斯基，Zbigniew Kazimierz Brzezinski, 1928– ）、超工业社会（美国的阿尔温·托夫勒，Alvin Toffler, 1928– ）和信息社会等等，虽然每种概念的内涵不同，但是外延应该还是相互重叠的。信息社会的说法，源自于日本的梅棹忠夫（Tadao Umesao, 1920–2010），他在1964年第一次使用了"信息社会"后，这一概念已被越来越多的人所接受。原因在于信息社会更准确地点出了目前时代的特征。综上所述，本书把贝尔的划分调整为农业

[1] [美]丹尼尔·贝尔.后工业社会的来临[M].高铦,王宏周,魏章玲译.北京:商务印书馆,1984:20.

[2] 盖尔纳（Ernest Geller, 1925–1995）在《民族和民族主义》中把社会分成前农业社会阶段（或称为狩猎采集社会）、农业社会阶段和工业社会阶段。[英]厄内斯特·盖尔纳著.民族与民族主义[M].韩红译.北京:中央编译出版社,2002.

[1] 美国未来学家阿尔温·托夫勒（Alvin Toffler, 1928–）在《第三次浪潮》的专著中，提出过人类社会上的三次浪潮（Wave）概念。以三次浪潮作为起点，把人类社会划分为农业社会、工业社会和超工业社会。参见［美］阿尔温·托夫勒. 第三次浪潮［M］. 朱志焱，潘琪，张焱译. 北京：生活·读书·新知三联书店，1983：51–64.

[2] 目前社会分类方式主要是以经济学层面某些基本概念作为基础来划分的。贝尔的分类和马克思的社会五阶段都是属于经济学层面的阐发，或者说是根据经济学研究需要而设定的划分。其实如果根据建筑历史的内在逻辑，以建筑学中的基本概念作为基点，也可以对人类社会作一定的划分。可以肯定的是，以建筑学基本概念划分出来的社会阶段，更加符合建筑学理论的内在逻辑。以建筑材料为基本单元，可以把人类社会划分为五个阶段，即木结构社会、砖石结构社会、钢筋混凝土结构社会和钢＋玻璃结构社会，再加上木结构之间的前木结构社会。上述五个结构阶段与贝尔的经济学上的社会分类有着某种程度上的暗合：前木结构社会对应前农业社会，农业社会对应于木结构社会和砖石结构社会，工业社会部分对应于钢筋混凝土结构社会，信息社会对应于钢＋玻璃结构社会。这种思路开拓本书的研究领域，但是考虑到大众知识和习惯，便于简化将要论述的问题，还是采用贝尔的分类作为论述的框架。随着后面的论述展开，可以发现其实在上述建筑学上的社会分类和经济学上的分类之间有很多内在的必然的逻辑关系，它们之间的关联性其实是有根据的，这个关联性就是社会的意识形态和建筑内在的隐喻性。

[3] ［美］丹尼尔·贝尔. 后工业社会的来临［M］. 高铦，王宏周，魏章玲译. 北京：商务印书馆，1984：86.

社会、工业社会和信息社会三个阶段[1]。

贝尔把社会分为"前工业社会"（农业社会）、"工业社会"和"后工业社会"（信息社会）三大阶段基于生产方式[2]，他解释说："在前工业社会里，占压倒多数的劳动力从事包括农业、林业、渔业、矿业在内的采集作业。生活主要是对自然的挑战。工业社会是生产商品的社会，生活是对加工自然的挑战。在这个时代，技术化、合理化得到了推进。后工业社会是以服务业为基础的社会。因此，最重要的因素不是体力劳动或能源，而是信息。"[3]

贝尔的上述解释是构成下面论述的基点。通过对农业社会、工业社会和信息社会的生产技术和生产关系的分析研究，进而跟踪各个社会的时代精神和文化状态，然后根据当时建筑技术和文化意识形态两个层面来阐述当时的建筑思想和建筑文化。

第一节　农业社会

一、前农业社会的生产演变

远古社会由"刀耕火种"发展到"石器锄耕"经历了漫长时间。原始社会是人类社会发展的第一阶段，只要猿一演变成人，作为社会的人类就自然出现，原始社会也就开始了。处于原始社会的人类生产力水平十分低下，处于石器时代。到了公元前3000～前2000年左右，人类学会了制造青铜，进入了青铜时代。到了公元前1000年～公元初年，随着铁器的使用，人类随之进入了铁器时代。生产力的继续发展，最终引发了早期的人类历史上发生的三次意义重大的社会大分工。

第一次社会大分工是游牧部落从野蛮人群中分离出来。原始社会的早期阶段，在自然分工的基础上，人们从事采集、狩猎和捕鱼，维持最低的生活需求。在长期的采集活动中，逐渐熟悉了某些植物的生长规律，并在屋旁舍边加以培植，于是出现了原始农业。畜牧业由狩猎而来，当捕捉到的动物不断增多，有些便被饲养起来，于是出现了畜牧业。

第二次社会大分工是指手工业同农业的分离。青铜器和铁器相继发明，由此农业上开始使用犁耕代替锄耕。农业的发展为手工业的兴盛奠定了基础。制陶、冶金、铸造等手工业这时都发达起来，手工业种类日渐增多，生产技术日益复杂，于是发生了第二次社会大分工即手工业和农业分离了。

第三次社会大分工是指商品交换的出现。商人的出现，促进了商品经济的发展。但是，它基本上还是自然经济，这主要是由当时生产力水平决定的。工商业的发展，城市规模开始扩大，出现了城市和乡村的对立，城市是工商业中心，也是政治中心，大量财富越来越集中在城市。

恩格斯把人类社会划分为蒙昧时代、野蛮时代、文明时代[1]。三次社会大分工发生于野蛮时代的中后期，经过这三次大分工，人类迈入文明时代。人类的三次社会大分工，促进了农业社会发展，随之而来的是农业社会所建立起来的政治、经济和文化的物质保障和技术支撑。

二、农业社会的主要特征

农业社会顾名思义，就是以农业生产为主导经济的社会，它的经济方式称为农业经济或传统经济。在西方传统的发展理论中，多用来代表工业社会之前的社会发展阶段，有时又称为传统社会。根据马克思主义哲学，生产力是社会发展的最根本动力，相对于政治和文化而言，经济与生产力最为紧密，也是受生产力影响最为灵敏的社会发展指数。

（一）农业社会的经济特征

在经济学理论体系中，农业经济多称为自然经济，与后来的工业社会的商品经济和信息社会的知识经济相对应。自然经济是建立在生产力极为低下的、以自然分工为基础的、生产仅仅是为了满足劳动者和劳动者单位生存需要的经济形式，也叫自给自足经济。其实自然经济在原始社会就已形成，它不仅在原始社会中占绝对统治地位，在前工业社会中，一直占据着主导经济地位，成为社会经济运动的主要形式。自然经济主要特征是自给自足性、封闭型经济和保守性的经济，它是以简单再生产为特征的经济形式。自然经济主要特征如下：

1. 自给自足性的经济

自给自足的自然经济，就是小农经济，以个体农业与家庭手工业相结合为特征，以家庭为单位，家庭成员之间互相协作劳动。自然经济以自然分工为基础。在家庭内部，是按性别和年龄的差别所形成的生理分工，例如男耕女织，老人和孩子们则帮助料理家务。生产目的基本上是满足于自我消费，这种经济在当时生产力极为低下的时期，为人类的生存和繁衍提供了基本保障。

2. 封闭型与保守性的经济

自然经济的自给自足性，必然导致封闭性的经济，生产和消费都是以家庭为单元，不必过多地求助外部的帮助。在自然经

[1]［德］恩格斯.家庭、私有制和国家的起源［M］.中共中央编译局译.北京：人民出版社，2006：20.

济条件下,人们的经济活动局限于狭小的范围,无论是氏族部落共同体、奴隶主庄园或封建主庄园,还是农民家庭,都是一个自成体系的封闭式经济单位,处于分散、孤立和保守的状态。

3.简单再生产为特征的经济形式

自然经济的消费和生产都是在家庭内部完成的,生产规模是以能够满足家庭的生存和家族的繁衍为目标,生产或许略有盈余,但一般都不太会考虑扩大再生产,多维持原有的规模,除非家庭成员的数量骤然增加。

(二)农业社会的文化特征

农业社会的自然经济的主要特征是经济的自足性,农业社会一般是封闭的,极端缺乏横向交往。这个社会既不需要、也不鼓励不同地域、血缘、语言、习俗、宗教和职业等集团间跨文化的交往。农业社会封闭性的表现和后果之一是语言差异的广泛存在。由于人口的绝大多数是文盲,语言差异主要体现为方言的众多和职业性行话的泛滥。

农业社会最为显著的特征就是文化差异的普遍性。和工业社会相比,所有农业社会都堪称文化多元主义的楷模,由此导致不同文化之间的巨大鸿沟,其中最大的鸿沟位于统治阶级的文化和被统治者的文化之间。整个社会或国家特别强调文化之间的差异性,而不是文化同类性。农业社会文化是一种高度异质、复杂和混沌的文化。

文化的特权是由统治阶级故意培养起来的。统治阶级把握了文化的生产和传播,并且由统治阶级牢牢控制在他们的管辖范围之内,由此形成巩固和维持统治阶级和被统治阶级之间差异的特权保护机制。

(三)农业社会的政治特征

与封闭相联系,农业社会还有强烈的等级性。社会等级是与劳动分工相联系的,由制度或文化所固定了的职业集团。在文明的各种形态中几乎都可以看到形形色色的、严密程度不等同的等级。所有形式等级社会的共同点,同时也是区别于其他阶级阶层的特点在于:不同等级成员的社会流动即身份的改变是极端困难的,如果不是说完全不可能的话。由于农业社会的高度稳定,可以把人口明确地划分成不同的等级,多数社会差别特别是阶级和职业都带有等级的特征,也往往可以从等级的角度来界定规模很小的地方社群。最突出的等级划分是脱离劳动的占人口的极少数的统治集团与劳动者的严格区分。许多社会都有一套意识形态把社会分工加以永久化、绝对化和神圣化。不同时空环境下的农业社会,在等级化的规模和程度上不尽相同,但和工业社会相比,农业社会无疑是一种充满不平等、不鼓励跨职业和跨文化流动的等级化社会。

农业社会等级方面的封闭性、稳定性、普遍的无知和它的意识形态,使不平等普遍化、绝对化和常识化,用社会的某种奖惩机制来强化这种不平等。当不平等被常识化后,常常不被人们意识到其中蕴含的不平等性。等级的功能之一是阻止流动,因此,农业社会的等级性加强了其封闭性。

帝国、城邦和封建制,是农业社会中最常见的三种国家形态。帝国的概念是,一个中央政权主要依靠强制和直接统治的办法来治理分散在广大土地上的、文化上千差万别的众多人口。换言之,中央集权和文化多元,是农业帝国的两大特征[1]。农业社会的政治特点是权力专制。

三、农业社会的精神特征

由上述论述,可以引出自然经济其它的一些特征:

1. 社会流动性弱,各阶级阶层之间壁垒森严,社会关系以血缘和地缘关系为主,个人的发展受到极大限制。每个人基本上固定在某个社会位置,贵族是出生前就被赋予的,佃农或者农民的后代必然是佃农或者农民。

2. 人们的思想观念被束缚住,迷信权威,惧怕变革。

在教育领域,社会的封闭、分工和职业的稳定、市场的狭小和可预期、劳动的手工性、技术的长期稳定和普遍的文盲状态等,使得劳动者阶层的教育具有强烈的私人性和职业性。一般说来,教育由最基层的生产单位(往往也同时是生活单位)独立进行;教育内容几乎全部是直接的谋生技能;接受某种教育者一般被期望以后终身从事相应职业。父子相传、师父带徒弟就是这类教育的典型。现代社会所谓的基础教育即读写算能力的教育和公民教育是根本不存在的,教育属于私人领域而非公共领域。

封建专制的社会,由于广大被统治阶层基本上处于文盲状态,他们基本上没有思考的前提和材料,即一些基本的文化积累,必然丧失思考的功能,现代意义上的批判和探索精神在他们身上必然处于沉睡状态。丧失思考能力的他们,除了盲从权威之外,似乎也找不出其他出位的可能。由于他们的教育和训练仅仅限于一些私人性和职业性的知识,他们也基本上丧失了应变的能力,因此惧怕变革和流动。

3. 农业社会的竞争机制不健全,生活节奏缓慢,而这一切都是生产力低下造成的。日常生活中人际交往的人情味浓厚,节奏舒缓的生活使人较少心理的紧张和精神的压抑,如此造成社会的变革和进步发展非常缓慢,反过来促进生产力发展的动力

[1] 如果一个文化上一致的人类集团,政治上被不同的国家所统治,则每一个这样的国家就可以视为城邦。在政治单位与文化单位的关系上,城邦和帝国是两个极端。如果中央政权不是直接派官僚管理地方,而是依靠世袭的地方贵族,这种制度即为封建制。在封建制下,各个封建邦国的长期自给自足,几乎必然导致和巩固各个诸侯国文化上的地方性和特殊性。正是因为如此,武汉大学教授冯天瑜曾经提出过中国古代有封无建的观点。

也就基本上处于乏力状态。

4.生产力低下,科学技术不发达,因此人类改造世界和应付现实困境的能力就比较弱,在大自然的狂暴面前,人类能够做而且只能做的就是顺从,别无它法。农业社会中人与自然之间就是一种顺应的关系,因而人们拥有一个优越的生态环境或生存空间。

要言之,农业社会的人类在大自然之前的脆弱和无力感,折射到政治制度中,就是被统治阶层对外在社会制度的无条件服从,就如同他们在自然界前无条件服从一样。从某种意义上来讲,农业社会是一个压抑的社会[1]。在文化上,他们对自然无条件的服从,必然导致对自然的畏惧和崇拜,因此当时自然界在东方文化上成为崇拜和歌颂的对象,在西方文化中自然界是畏惧的对象和征服的对象。

西方文化在意识上为了削弱对大自然的恐惧,把自然界和人类都纳入到上帝这个概念中,任何自然界中的事物都是上帝的造物,但是人类是上帝按照自身的模样来塑造的。因此,人类在大自然前就有一种优越感,人类统治自然界的思想就是以创世论为理论前提的。在东方文化中,自然界地位与人类相比,在理论前提上是高于人类,东方民族在文化深处给予了自然界以崇高地位,自然界孕育了人类。因此,在东方文化中,自然界或天理或天道永远置于人类之上,无可撼动,更无可怀疑。如果跳到东方文化的范畴之外,可以发现,东方文化的“天人合一”的天经地义,其实也是源于民族文化的一种假设。

农业社会的时代精神特征可以总结为:封闭性、压抑性和稳定性。上述三种特征可以高度浓缩为一个词:凝固性。所谓的凝固性,就是指一种确定性,而这种确定性在时间轴上的几乎没有流动,也不产生变化,形成凝结不变的确定性。在空间上,农业社会却呈现出一种文化上的多元性。

四、农业社会的建筑特征

根据前面的社会存在和社会意识的关系,农业社会的建筑作为文化的一部分,必定是当时文化的异构同体。也就是说,农业社会的建筑所折射出来的内涵必然是与当时的时代精神特征相吻合。处于农业社会的人们大脑内的一切意识内容和意识形态都不可能超越时代的限制,而他们的创造也必然是他们大脑中意识的变体,或者当他们的意识物质化时,创造对象或改造对象都是深深地烙下时代的印痕,绝无例外。

建筑文化作为农业社会的主要文化载体之一,社会意识或文化的创建者必然把它提到一个非常的高度,这无论在西方还是东方都是如此。时代精神特征深深影响了建筑的型制和形态。西方的农业社会和东方的农业社会同为农业社会,在时代的本质性内核上基本上大同小异,但是由于地缘上的差别还是有所不同。这种不同可以在两个方面表现出来:一个文化上的不同,比如西方强调个人主义,东方强调集体主义或说宗族性;另一个不同表现在作为文化载体的建筑范式的不同。

　　根据建筑材料,建筑范式可以分为木结构建筑范式、砖石结构建筑范式、钢筋混凝土结构建筑范式及钢(加玻璃)结构建筑范式等四类。之所以分成四种范式,是因为材料本身性能和材料搭建过程的建筑技术不同,从而造成四种建筑材料构成建筑的巨大差异,乃至于在研究中已经不能够把它们混在一起讨论,而必须分开来研究才有可能对建筑艺术和建筑理论做一个深入的把握[1]。作为农业社会载体的建筑,在东方主要是木结构建筑范式。在西方就复杂些,在古希腊之前,曾经盛行过木结构建筑范式,后来逐渐被砖石结构建筑所取代。由于西方古希腊之前的木结构建筑的范式的现存物和史料都比较少,在本书研究中就只能以砖石建筑结构范式作为西方农业社会的主要文化载体的代表。

　　建筑作为农业文明的载体,在城市规划、建筑、景观和装饰等等各个方面都获取了巨大的进步。下面就从城市规划方面和建筑单体两个方面来进行阐述。

　　1. 城市规划

　　在规划上,中国故宫(图1-01)的规整性和严格的轴线关系,精确地反映出中国历史上的封建中央集权帝国的构架和组

[1]参见拙文:王发堂.范式与建筑美学的深化研究[J].武汉理工大学学报,2008,30(2):106-109.

图1-01　故宫群体布置

织形式。统治阶级为了显示皇权的至高无上,强调皇帝的权威,用连续的、对称的封闭空间形成逐步展开的建筑序列来烘托,建筑上强化三大殿的庄严、崇高和宏伟。皇宫或紫禁城建在都城的中央,且放置在都城的南北中轴线上。故宫占地 72 万多平方米,共有宫殿 9000 多间。故宫在贯穿宫城南北的中轴线上,按照“前朝后寝”的古制,布置着象征政权中心的三大殿(太和殿、中和殿、保和殿)和帝后居住的后三宫(乾清宫、交泰殿、坤宁宫)。在其内廷部分(乾清门以北),左右各形成一条以太上皇居住的宫殿——宁寿宫,和以太后居住的宫殿——慈宁宫为中心的次要轴线,这两条次要轴线又和外朝以太和门为中心,与左边的文华殿,右边的武英殿相呼应。两条次要轴线和中央轴线之间,有斋宫及养殿,其后即为嫔妃居住的东西六宫。前朝后寝,分工明确,不得随便逾越,体现了中国自古以来等级分明、内外有别的政治与伦理观念。

农业社会与封建社会是一体两面,在此主要强调农业社会的政治体制。从封建政治体制的层面来看,故宫就是政治体制的物质外化,封建社会的政治体制构架和礼仪上的繁文缛节都通过各种曲折的方式在故宫的规划上和建筑上表达出来了。封建社会专制的前提就是封建统治者的权威性,而要维持统治者的权威,统治者必须把自己和被统治者分割开来,或者说把统治者的管理和统治封锁起来,造成信息的不对称,便于维持他们的权威性。权威性的必然结果就是神秘性,这就是封建社会的精神特征封闭性的极佳注脚。故宫的前三大殿必须经过一系列的封闭广场,才能展现,故意造成一种神秘感。当一个人先后经过大清门、天安门、端门、午门,一直到太和门,最后映入眼帘的是高高台基上的太和殿。一道道门和一个个大大小小的封闭空间相互配合把封建权威的神秘性表达到了无以复加的地步。另外,故宫内部有着严格的功能分区,各部分之间不能够随意地交流和联系,也是这种封闭性的一个表现。

在权威产生后,统治阶层在此时,还期望尽力强化这种权威性,权威性给予人的感受是绝对的服从,由此而产生个人心理上的压抑感。在权威前,人们需要否定自己思考的权利和不屈探索的精神,人们之所以感到压抑,不是在于权威的伟大,而是在时时不断地提防和监视自己内心深处对权威挑战的念头,以便随时发现随时把它打压下去,从而扼杀在念头还未形成之际。当这种压抑成为一种习惯时,人们就再也不敢存在挑战权威的一丝丝念头。此时的人们就把自己的注意力放在外界的权威上,在否定了自己的思考能力后,直接降低自己人格上的高度,权威因此就显得更加高大和威猛,乃至于不敢对它产生半点怀疑,即便是闪念都不允许。在某种意义上来讲，这种压抑在封建制度的高压下就非常容易转化成一种恐惧或畏惧。故宫中轴线上的前三殿高高的三层汉白玉台阶，烘托出前三殿的高大和宏伟，也就增加了参观者受压抑的筹码。著名的午门广场的肃杀和压抑性就不用多费笔墨了。

因封闭而产生权威，权威被神秘化，从而使人产生压抑感，权威因此竖立起来了。为了美化这种权威，必须竭力用一切可能的手段，把权威包装起来。权威性必须是庄严和稳重的，它必须给人以一种印象即稳如泰山和天经地义。故宫的轴线对称性，就极力在强化皇权的庄重和稳固，甚至是一种刻板。但正是如此的刻板性，才能维护皇权的权威性和封闭性，最终使人产生压抑乃至畏惧。

西方农业社会或者封建社会与中国的情况有些不一样，西方的教权高于皇权，因此在城市规划和城市设计方面以宗教建筑为主。在西方城市多为自然形成，像中国古代北京都城如此大规模的设计和建造几乎很少，在此就以西方城市设计中的广场来做例子阐述。

欧洲中世纪以及之前的广场，规模都不是很大。一般而言，广场都是封闭的，无论是文艺复兴时期的罗马市政广场、圣彼得大教堂和罗马时期的帝国广场群，莫不如此。由于古代建筑层数都不多，要形成一种封闭感，广场的尺度不宜过大，过大就没有封闭感。过去的广场和城市规划都是非常强调对称，以便产生一种庄重感和稳固性。对于压抑感，一般而言，多是来自于教堂的宏伟和高大（图1-02）。

城市布局在表面上在东西方表现出明显的差异。一般而言，西

图 1-02　巴黎圣母院

[1]参见:[美]史蒂文·C·布拉萨.景观美学[M].彭锋译.北京:北京大学出版社,2008,第四章.

方的城市或者城堡选址都在山顶,而中国传统的城市或寺庙都是建在山腰或平原。在此,本书借用景观美学上的一个理论即"庇护—瞭望理论"来阐述[1],以便对此种现象进行某种程度的解释。由于中国传统的"天人合一"的思想,人是自然界一有机部分,自然界是人类赖以存在的基础,并因此在理论上高于人类。人类只有融入大自然中并且接受大自然的庇护,自然对中国人来说是亲切的和和蔼的。而西方的"天人相分"理论,人与自然界同为上帝的创造物。因此可以这样理解大自然是与人同级的概念,自然并不高于人类。因此自然与人相对立也就顺理成章。在文艺复兴之前,西方的画家很少涉及自然界的风景题材的绘画,就是很好的证明,只是到了文艺复兴之后,人性的解放且同时开始转变对自然的态度后,对自然慢慢有了好感。当然到今天自然界已经被科学技术伤害得遍体鳞伤的时候,自然界已经不是西方人眼中那个可怕的对立面时,自然界已经演变为西方人眼中的梦中家园。西方人对自然的不信任,必然造成对大自然的警惕和提防,在建筑选址上总是期望占有一个有利的高度以便能够及早地发现危险。站得高望得远,在古代猿人群居的集团中,总是几个哨兵爬到树梢放哨,以便能够发现可能逼近的危险。西方人的选址观点与这种瞭望有着一定的关联性。

当然,西方的个人主义也可以很好解释西方人在建筑选址上的偏好。西方和东方这种选址上的差别,应该在农业社会之前就已经形成的。也就是说这种选址上的假设不是农业社会的特征,而是比农业文明更为基础的文化现象,因此不能够把这种差异当作对立的东西而否定农业文明的时代精神内在的统一性。

2. 建筑

建筑与规划是一体的,前面在阐述规划时不可避免涉及建筑上的某些特征。

中国传统的建筑是木结构建筑,窗户都很小,光线非常不好,室内都很暗,无论是老百姓的住宅,还是故宫的三大殿都存在这样一个问题(图1-03)。这与农业时代的封建社会政治制度和文化等等给予人的封闭神秘的印象是非常的吻合,从理论上来分析,也是由于木结构建筑技术不发达和玻璃没有出现导致的。这点让笔者大惑不解,为什么建筑的印象会与当时人们的时代感受如此相契合。

在中国传统的寺庙建筑中,一些佛像有两层楼高,再加上建筑受到开间进深的限制,不能够空出完整欣赏佛像所需要的空间距离,因此只能在近处仰望佛像,再加上光线不好,硕大的佛像或明或暗地压在参观者的上空,这样给予人造成的压抑感也

图1-03 建筑昏暗的内景

是非常强烈的（图1-04），这种宗教上的神秘压抑也是农业时代的一个典型特征。

　　建筑外部造型给予人的压抑感，一般是出现在皇权和宗教的宫殿中。建筑物高高的台基，彰显了建筑物的高大，进而给予人们一种排山倒海式的压抑。在西方的宗教建筑中，这种造型的强化更加达到一个非常高的成就。如哥特式教堂前面高高的钟塔无疑在虚张声势地强化这种压抑的倾向。另外，建筑造型上的对称和庄重，也在强化这种压抑感。

　　贡布里希（E.H.Gombrich，1909-2001）在《艺术价值的视觉隐喻》中，提出了一个视觉隐喻的概念。他在文章中认为希腊语的"隐喻"（metapherein）与精神分析学家的"迁移"（transference）是同义词，也就是说，所谓的隐喻其实就是某种感知在不同的经验之间迁移而形成的。这里出现了两种经验，它们是作为某种共同的感知外化形式，正是通过这种共同的知觉才形成经验中的对等物。这种理论与本书的社会存在与社会意识的关系相吻合，也就是说，两种经验的对等物就是两个"社会存在"，而共同的感知则是"社会意识"。他在论文中说："如果说维多利亚时代的人们从博物馆中得到他们的视觉隐喻，那么今天，我们的视觉隐喻便是从剧院和工厂中得来的。"[1]为了进一步说明他的想法，他接着说："如果古人把他们的桌子变成了监护动物的隐语，那么文艺复兴的自由民们则把他们的宫殿变成了古罗马庙宇的隐喻。同样，今天有人让我们视自己的住

[1]参见：[英]E.H.贡布里希.木马沉思录[M].徐一维译.北京：北京大学出版社，1991，第39页.

图1-04 建筑昏暗的内景

[1]这里是指柯布西耶在《走向新建筑》的口号:"住房是居住的机器。"

[2]参见:[英]E.H.贡布里希.木马沉思录[M].徐一维译.北京:北京大学出版社,1991,第39页.

[3]参见:[英]E.H.贡布里希.木马沉思录[M].徐一维译.北京:北京大学出版社,1991,第26页.

房为'居住机器'[1]。当然,机器本身,确切地说,工程界本身如今已成了经常产生隐喻的领地。"[2]贡布里希在此尽力想论证艺术品的形式和意义,把人们周围的存在与艺术中的形式与意义或隐喻打通了。贡布里希是在艺术层面来探讨隐喻,本书是在文化层面中讨论社会存在与社会意识之间的关系,虽然两者处于不同的两个层面,但是把贡布里希的理论"迁移"到文化层面,并没有什么障碍。其实两者在实质上还是存在着一个共同的理论前提联觉(或称通觉),即"人脑的智慧的无限灵活性决定了隐喻使用的可能性;这种可能性证明人脑具有感知和同化新经验的容量——将新经验感知和同化为对已有经验的补充;在完全不同的现象之间找到对等并用一种现象代替另一种现象"[3]。

正是贡布里希上述的理论,成为构思此书的起点之一。正是有了他的联觉理论作为基点,才能够进而上升到马克思主义的社会存在与社会意识的哲学层面,进而把建筑与时代的关联性阐发出来。

西方的农业时期与封建时期也基本上是重合的,工业革命之后就慢慢踏入了资本主义社会了。在西方农业社会主要建筑有教堂、城堡和府邸。城堡和府邸基本上与教堂异构同体,但是在反映时代精神的力度上,教堂建筑无疑是其他类型建筑无法比拟的。这里,也许意识到西方的教权与皇权之别,或者可以这样说,在东方是皇权至上,在西方是教权取代皇权,从本质上来讲,西方的教权和皇权都是封建统治的统治力量,他们都是作为与被统治阶层的对立面出现的,在建筑理论研究上可以把他们划拨到统治集团中去。

教堂内部的迷离和恍惚的气氛是建筑艺术永恒追求的一个目标,因此教堂中的昏暗和朦胧是某种封闭性的体现。教堂一般建造得非常高大,其实建筑师之所以如此追求高度,一方面基于创造历史超越前人的想法,另一方面作为纪念神的建筑也必须不同于惯常的府邸和城堡等世俗建筑。但是这样做主观上必然造成教徒们的一种压抑。马克思在谈到天主教的教堂时说:"巨大的形象震撼人心,使人吃惊……,这些庞然大物以宛若天然生成的体量,物质地影响人的精神,精神在物质的重压下感到压抑,而压抑之感正是崇拜的起点。"为了平衡教堂的竖向高度可能产生的失稳感,建筑多是金字塔形,上尖下宽,而且一般是采取严格的对称方式。教堂的厚重石头质感和密闭性(窗户所占的比重都不是很大),无疑给人们一种稳固和坚实感,最终形成一种心理上的压抑感。

在教堂建筑上,大量的雕塑和浮雕把教堂变成一个精致的

图 1-05　现代建筑与传统建筑

艺术珍品(图 1-05)。在农业社会中,人们的生活节奏缓慢,尤其在农闲时节。因此,教堂的雕塑和浮雕成为人们娱乐和休闲时,观赏和受教育很好的对象。在那时,重要的是,娱乐和观赏的对象很少,不像现代社会娱乐的东西和观赏东西很多。因此,在这种情况下,人们对教堂繁琐的艺术感觉到不是琐碎,而是精美。现代人的生活节奏很快,娱乐和观赏的东西很多,对于建筑上琐碎和复杂的东西,总是感到不耐烦。而且快节奏和生活压力也使他们没有农业社会的人们那样休闲和轻松,更希望建筑能够是简洁和干净的(图 1-05)。这种农业社会的慢节奏也成为了建筑艺术的一个决定性的因素。

第二节　工业社会

一、工业革命

　　工业社会是以工业代替农业作为社会的基础产业,工业社会是以商品经济作为主导经济形式。没有商品经济,就没有市场经济;而没有市场经济就没有资本增值的空间和条件,也就不可能有所谓的资本主义制度。而目前西方资本主义经济的繁荣和发展,得益于西方的工业革命的发展。没有西方的工业革命,就没有西方今天政治、经济和文化等方面的强势。

　　工业革命有时又称产业革命,指欧洲资本主义生产完成了从工场手工业向机器大工业过渡的阶段,是以机器生产逐步取代手工劳动,以大规模工厂化生产取代个体工场手工生产的一场生产与科技革命,后来又扩充到其它行业。要言之,工业革命主要是指用机器代替人工进行生产,从而造成生产方式的变革。

1770-1870 年是工业革命的第一阶段。工业革命最先开始的是发明机器例如水力纺织机,然后为机器提供动力,即蒸汽机的发明和改进。此时钢铁的大量生产为机器制造提供了材料基础。工业生产的效率提高,就必然对交通运输的发展提供刺激,铁路的铺设和水力运输就势在必行。工业革命的第二阶段开始于 19 世纪 70 年代。随着科学研究的发展,人类在技术上取得了重大突破。电力的广泛使用,改善了生产和生活条件;汽车、火车、飞机的问世,缩短了人们旅行的时间,使出行更加方便;电话、无线电报的发明,加强了世界的联系。这次工业革命使人类进入了"电气化时代"。

二、工业社会的主要特征

工业社会是以商品生产为经济主导成分的社会,是继农业社会或传统社会之后的社会发展阶段。商品经济萌芽于农业社会,成熟于工业社会,它是以市场经济作为运行机制和条件。商品经济是继自然经济之后,人类社会发展到一定历史阶段的产物。它的产生必须具备两个条件:

第一是社会分工。这是商品经济产生的基础。在社会分工体系中,每个生产者固定地从事某一具体劳动,劳动具有单一性和独立性。各自不同的具体劳动,创造出各自不同的产品。为了满足生产者各自的需要,彼此之间用自己的产品交换对方的产品。

第二是所有权不同。它是商品经济产生的前提。因为生产资料和劳动产品属于不同的所有者,彼此要取得对方的产品,必须通过等价交换,即把商品交换。因此商品经济既是社会分工的产物,又是私有制的产物。

(一)工业社会的经济特征

商品经济的产生和存在,是以社会分工和生产资料与产品属于不同的物质利益主体所有为条件的。商品经济有着与自然经济不同的特征。

1. 商品经济本质上是交换经济

商品经济条件下,生产要素和消费资料的全部或大部分要通过市场交换来获得,商品生产者以追求价值为目的,并通过市场交换来实现。由于商品的生产与交换需要调动社会大量的资源与部门,出现生产社会化的要求。在这一情况下,商品经济的发展开始提高市场在商品经济中的重要地位,逐步形成市场经济。

2. 商品经济以扩大再生产为特征

在资本以追求剩余价值的利益驱动下,使用现代化机器进行生产,提高了商品的生产率,为扩大的商品交换提供可能。通过商品交换取得的利润大多用于扩大再生产,这一行为成为商品经济在资本主义下迅速发展的主要动力。科学技术是商品经济发展的又一个主要动力,促进了生产力的发展,或本身就变成第一生产力。商品经济本身是生产力发展的产物,资本的累积又为科技进步发展提供广阔空间,在促进生产力发展的同时,也推动社会各方面的进步。

3. 商品经济是进取型经济

为追求利润最大化,就为技术的发展提供源源不断的动力和资金支持。当资本利益上升到国家层面,就出现了科技进步的另一个动力,出现以军事为目的的科学研究和国家资金支持的基础科学研究。资本获取利润的动机,直接促进商品经济发展,使之成为开拓进取的经济。

迄今为止,工业社会是一个依赖持续的经济增长而生存的社会。财富(利润)的增长一旦停滞,工业社会(扩大再生产)就丧失了合法性。由财富的不断增长所要求,工业社会离不开创新,创新是工业社会生死攸关的基础。由创新所要求,工业社会中的知识增长也是无止境的。农业社会也曾有过发明和改进,有时发明和改进的数量和规模还相当大,但是,进步从来不是、也不能被期望是持续不断的。即使是进步最快的农业社会(如唐宋时的中国),其创新的数量、水平和影响也远远不能和工业社会相提并论。农业社会的本质要求相当静止的社会和稳定的分工,工业社会的本质要求永远的创新和变化。

科学技术高度发达,生产效率全面提高。社会分化剧烈,社会分工精细。业缘(职业)关系取代了血缘和地缘关系而成为人们社会关系的主要形式,个人发展的机会和自主程度增多。由此带来的结果是城市数量增加、规模加大,农业人口的比重大幅度降低。同时交通运输工具和通讯手段高度发达,进一步支持社会人口流动和资本的流动。人们思想观念充分更新,竞争意识和时间观念加强,崇尚科学、信服真理、追求变革成为人们基本的行为或价值取向。工业社会是在农业社会长久积累的物质和精神财富的基础之上演变而来的,更是对农业社会的超越。

(二)工业社会的文化特征

工业社会成员频繁大规模的流动,意味着一个陌生人社会。工业社会的陌生人之间需要持续、经常和直接地进行交流,为此需要共享一种无条件通用的标准语言,对它的理解不需要任何特殊的文化背景。将掌握标准语言及与他人沟通所必需的能力看作是工业社会的成员最为基本的条件。另外,必须拥有初步的生存和社会技能,即拥有读写算的能力、基本的表达和理解能力和关于自然与所处社会的基本常识等等。在工业社会里,"识字"不再是一种专长,而是所有专长的先决条件。一个人所受的教育中最重要的、赋予他公民身份的那部分知识不再是专门的技术(如过去农业社会的手工行业技术),而是所谓的识字能力。

因此,培养广大劳动者的综合素质,即让他们识字,使之能够不那么困难地和迅速地胜任不同职业——而非培养专家——成为工业社会的教育体系的主要任务。1763 年,普鲁士颁布强迫教育法令,这是义务教育的正式开端。19 世纪下半期,各主要资本主义国家相继颁布了普及义务教育的法令,在全国确立和推行义务教育制度。在实施义务教育的过程中,各国逐步达成共识,确立了义务教育的一些共同原则:强制性(义务性)、公共性、免费性、中立性、普遍性、平等性等。工业社会的公民的基本素质得到了保障,也就保证了工业社会扩大再生产所需要的合格劳动力。工业社会的教育体系几乎是工业社会的基本单元工厂和公司的变体,流水线式的培养和训练青年,以便大批量地为工业社会的生产提供源源不断的符合要求的劳动力。生产和再生产这种建立在人人识字基础上的、世俗的和大众的文化,是农业社会所完全不可想象的事业,这就需要现代民主国家。只有拥有社会内部最大范围的和最高权力的及控制最多资源的政治组织即国家,才有能力和意愿进行这种大规模的和持续不断的教育。工业社会的成员要想具备工作资格并成为真正的公民,就必须按照共同的要求,达到一定的识字水准,这是家族和地方势力根本不可能提供的。

(三)工业社会的政治特征

无限增长需要高生产率,高生产率需要发达的分工,还要求这种分工必须有不断的、有时是迅速的变化,因为创新不停地带来新的分工和新的产业。因此工业社会有着比农业社会多得多的职业。工业社会是一个没有严格划分的职业世界(如农业社会中家族传承或行业制度的限制),人们可以任意选择职业。一个成熟的工业社会必须为其成员自由选择职业和人员自由流动提供便利。这就是所谓的迁徙自由和择业自由,被工业社会视为基本人权的经济根源。

在一个流动的工业社会里,首先要消除的是社会严格的等级划分,以促进社会人员的流动性。社会等级制度的打破带来了职业的平等。职业平等的逻辑结果就是呆在任何职业中的人在法律、社会和政治上的平等,没有等级身份的限制。当然,工业社会也是有阶级划分,即资本阶级和无产阶级,但是划分两个阶级的标准就是个人的资产。资产的变化,可以导致一个人的身份在资本阶级和无产阶级之间转化。这种阶级限制不像农业社会等级制度那样绝对的,是可以变化的。一般说来,相对于农业社会中的僵化、绝对和静止的等级划分来说,它具有一种弹性、相对与温和的性质。工业社会成员不再是贵族、臣民、贱民和愚民,而是公民。

工业社会的商品文化也有助于平等。大众消费(工业社会主要是生存型消费)是不断的经济增长的绝对需要,为此,就必须使所有人都成为现代工业的终端消费者;进而,一切妨碍消费的社会制度安排和社会意识就必须让位于基本的资本扩张欲求。

传统文化与工业文明之间的冲突源头在于科技的发展。科技的发展意味着人类对这个世界的认识的不断加深,从而发现了藏在这个世界表象后的许多规律和原则。而这些原则是外在于人类的思维控制力之外,也就是说人类无法对它们的存在作出任何的修改。任何事物和人都必须接受它们的检验,没有例外,都是平等的。这样,就必然要求先打破由宗教或皇权建立起来的束缚人类思想活动的世界观,为工业社会世界观的建立提供了条件。

传统文化最典型的表象就是等级森严的制度,在基督教中,有高高在上的上帝,她无所不包,创造并超越一切。在俗世间,有着森严的特权等级制度,它向人们灌输一种思想:人是不平等的,投身到物质世界,物也是不平等的,某些事物是高贵的,某些事物是低贱的。在西方传统的文化中,认为天体是高贵的,地下是卑贱的;天理是高贵的,人欲是卑贱的。科学的出现,就把万有品类不齐的等级森严的世界转化成为一个一律平等的世界。于是,传统文化质的世界观让位于近代的量的世界观:一切人和事,无论多么伟大和渺小,在科学面前其价值度一律平等,都服从同样铁律。[1][2]

科学技术促进了工业革命的发展,也促进了西方民主制度的进程。西方近代国家的特征是从工业革命和资产阶级革命时代开始形成的。理想的近代国家都有下述特征:国家在其领土范围内对其人民直接统辖,不存在任何足以妨碍流动的中间统治环节;国家对人民进行普遍的读写文化和公民准则的教育,但几乎都不宣扬宗教;由于普遍的教育、迁徙和就业,几乎每一个国民都成为现代经济的成员。由于等级和身份的废除以及经济社会差距的缩小,使得所有人都被赋予纳税的义务和能力,由此近代国家的财税制度得以建立;由于平等,近代国家必须时时关注其人民的意见,不得不允许人民参政议政,只有获得人民

[1]参见:何兆武. 西方哲学精神[M].北京:清华大学出版社,2002:124.

[2]在科学面前,贵族与贫民没有区别,有着同样的人体构造,都会生、老、病、死。这样,科学无疑剥夺了贵族身上的光环。

的认可近代国家才能维持下去。这意味着,和农业时代相比,近代国家或多或少是民主国家,至少是大众动员和参与的国家。

三、工业社会的精神特征

马歇尔 · 麦克卢汉(Marshall Mcluhan,1911–1980)认为, "任何技术都逐渐创造出一种全新的人的环境,环境并非消极的包装用品,而是积极的作用进程"。因此,"机器生产兴起之时,它逐渐创造了一种新的环境",这种新的环境系统,就是一种新的社会文化。工业时代的机器生产创造了一整套"机器环境",这一套机械化环境就成了工业社会的生活价值、审美价值和精神价值的源泉。

由上述论述,可以引出工业社会其它的一些特征:

1. 工业社会的现实前提:加速的社会流动性

由于工业革命带来的机械大生产需要大量的劳动力。首先是要破除了各阶级阶层之间壁垒森严,使广大民众获取到人身上的自由。社会流动性增强,导致封建大家族的崩溃和核心小家庭出现以适应人口流动需要。社会关系不再以血缘和地缘关系为主,而是以工作关系为核心,个人的发展的限制被一层层地剥离开来。

2. 工业社会的外在面貌:开放的思想观念

工业化需要大量的劳动力,为了把农村释放出来的青年培养成为工业社会合格的劳动力,把他们塞进了统一的类似工厂流水生产线建制的,包括基础教育在内各类学校进行培训。基础教育如义务教育,一般而言为工业社会的未来的劳动力,提供一个基本上能够进行职业培训和社会交流的基本平台。作为这种工业社会的基本门槛,近代西方国家就义不容辞地承担起社会责任。工业社会,由于广大工人基本上都受过基础的义务教育,相对农业社会的文盲或半文盲状态来说,他们已经有一种思考和学习的能力了。他们思想开放和充满热情,适应工业社会的快节奏的生活节奏。工业社会的公民并不盲从权威,他们反对封建专制,要求建立近代西方民主制度,以维护自己的合法权益。

工业社会的政府普及基础教育,使广大的未来的劳动力更好地适应工业时代的工作的需要,不经意中也就唤醒了他们潜伏的思考能力和批判精神了,为工业社会的开放思想奠定了物质和精神上的基础。而科学的内在精神就是权力的民主化和思想的开放化。

3. 工业社会的主要特征:激烈的竞争和快节奏的生活方式

在工业社会,不像农业社会在日常生活中人际交往的人情味浓厚,悠闲的节奏和慵懒的生活使人轻松,虽然物质比较匮乏。工业社会的追求利润最大化即扩大再生产,导致人与人之间关系的紧张,这种紧张就是源于工业社会的竞争关系,人与自然是竞争关系,人与机器也是竞争关系。在工业社会,人与人之间的表面关系是金钱或资本关系,而藏在资本或金钱的背后就是激烈的竞争关系。马克思认为,资本主义经济如果不扩张,就会死亡。也就是说,工业社会和资本主义的本质要求就是竞争和变化。

过去农业社会的手工业者为两种新型的职业所代替即工程师和半熟练工人。前者负责布局设计和工艺流程;后者是机器与机器之间的齿轮,直到工程师的技术才智创造出一种新的机器来取代他们为止。而对于蓝领的工人来说,他们的职业不是固定的,在不同的时候可以根据职业的回报高低选定不同的工作。而大多数工作,只需简单的培训,即熟悉机器性能和简单的机器操控就可以了。另外,作为流水线上的工人们的生产和操作,最基本上的就是流水线上的工人们的协调和合作。而这些技能和能力的获得,基础的义务教育基本上能够胜任。工人们的职业进去的门槛不是太高,也就是说,转换职业的成本并不高,因此工业社会的主要社会成员工人的思想,不像农业社会人们那样由于职业的终身固定和思想的封闭,大多数趋向适应一种变化的与变革的生活。如上所述,为了适应工业社会的人员流动的需要,家庭由农业社会的大家族分裂为核心小家庭,也为当时人们迎合变革的需要提供了现实保障。

工业社会是商品生产的社会,世界已经变成了技术化的和合理化的世界。机器处于主导地位,生活的节奏取决于机器的速度,时间是按顺序的、有条理的和均匀间隔的。农业社会的悠闲和惬意的生活,被机器粗暴地断开了。人们每天的时间被固定的上下班时间其实就是机器开动的时间所控制,守时和严格的时间观念是工业社会的一个基本现实。人类对时间的支配已经从以生命质感为标准的时间观念转向生命之外的机器时间观念,人类的异化已经开始了。快节奏的生活方式可以认为是人与时间的竞争,为的是提高劳动生产效率。

4. 工业化的典型特征: 标准化、专业化、同步化和集中化

西方数百年的工业化时代,形成了工业现代化社会的基本特性(现代性)和精神的基本特性(现代精神)。工业社会的文化是一种"高度机械化的文化",即在社会生活的各个领域形成了"机械化的原则"。工业化生产所要求的标准化、专业化、同步化(生产自动化)和集中化等这些工业时代的现代化要求,或者说工业化时代的这些"现代性",极大地影响着人们的价值观

念和行为规范。

值得说明的是工业社会不等同于资本主义社会,同时工业化也不完全等同于现代化。在这些概念之间,有大多数内涵上的重叠。这些差别,本书没有加以区分,根据本书的上下文应该可以发现它们之间的细微区别。

从上述的几个层面,可以看出工业社会和农业社会的区别。工业社会的发展动力来自于资本扩张的内在需求,由此引发科学技术的巨大跳跃。正是因为科学技术的巨大进步才使得人类社会进入工业时代,资本主义因此找到最适合自己发展的工业基础。在农业时代的人们主要在同自然界竞争,绝大多数劳动力从事于采掘和采取自然资源的产业:矿业、渔业、林业和农业。人们按照传统的方式,单纯用体力劳动进行劳动。在工业社会,机器和能源改变了劳动的性质,在某种意义上来讲,机器或者科技使人摆脱了部分劳动。但是人类并没有因此而解放,而是从过去对自然和体力的依赖转向了对科技和机器的高度依赖。如果说自然是孕育人类的母体,自然对人类而言是呵护。而科技和机器则是在肢解人的精神和肉体,把人捆绑在机器和单调的工作上,制造出"单向度的人",制造出高度"异化"的人。人成为资本追求利润的工具或者说血肉机器。人类在不经意中利用了科技和机器,反过来,人类一不小心成为科技和机器的奴隶,更为严重的是科技和机器正在破坏孕育人类的大自然。

工业社会的时代精神特征,最为明显的就是思想上的开放,其次就是激烈的竞争关系。思想上的开放性源自于工业或资本生产对劳动力的人身自由的渴望,进而打破农业社会的封闭体系,最终为西方现代化国家的民主奠定了思想基础。同样是源于资本生产的逐利动机的竞争,不仅表现在资本之间的竞争,还表现在资本与劳动力之间的竞争。当劳动力过剩时,还会引发劳动力之间的竞争。资本与劳动力之间的竞争,更多地表现在人与机器之间的竞争。这种竞争最终转化成人与时间的竞争。守时的时间观念加快人类前行的步伐,加快人类的生活节奏,快节奏追求的是一个高效性。

再就是与机器生产密切相配合的思想,如标准化、专业化、同步化和集中化。所谓标准化的前提就是为了统一化,标准化的目的就是为了使统一化的整体尽量简单合理。经过这样整理过的统一必然是简洁和高效的。专业化就是要求对专业化对象的统一体的某个局部系统有着非常精深的研究和了解,以便使得整个系统配合得更加默契。比如,建筑学作为一级学科,下设四个二级学科:建筑历史与理论、建筑设计及其理论、城市规划与设计和建筑技术科学。这样设置的目的就是使建筑学内在构成上清晰,其实也是使建筑学专业更加简洁和明了。对于同步化和集中化,它们与简洁高效之间也有着内在的联系。

灵活性是作为竞争的前提,家庭规模的小型化,劳动者必备的基础知识结构也是竞争的前提和背景。由竞争所牵涉出来的特征就有灵活性、简洁性和高效性等。

四、工业社会的建筑特征

造成工业社会与农业社会的建筑之间的差异,原因有两个方面:一是科学技术的变化,直接影响到了建筑的结构技术、施工技术和材料技术等等。另一个就是社会环境和人文思潮的变化,变化后的社会环境和人文思潮必然要在建筑文化或者建筑艺术中表现出来。其实两个原因中,前者是物质上的变化,后者是精神上的变化。

工业社会的时代精神特征不等同于工业社会的建筑特征。也就是说,建筑文化或者建筑艺术在反映时代精神特征上是有选择性的,不是全部照搬和照抄。至少只有能够适当地转化成建筑语言的时代精神特征才会在建筑中表现出来。工业社会的建筑特征主要有:开放性、简洁性(高效性或者成为理性化)、灵活性和差异性(竞争性)。

建筑的开放性表现在建筑内外空间交流的程度空前地被加强了(图 1-06)。在现代建筑中,由于框架结构的运用,建筑的开窗几乎不受墙体或者过梁的跨度限制,建筑的窗户可以从一扇窗演化成带形玻璃窗带,乃至玻璃幕墙。建筑室内光环境得到很大程度的改进,建筑内部不再昏暗了,变得明亮和清晰。另外框架结构的跨度比起砖石建筑结构和木结构来讲变大了,室内空间由此也变得宽敞了。与农业时代的昏暗和狭隘的室内环境形成鲜明的对比,宽敞明亮是工业化时代建筑的典型特征。封建社会专制的黑暗和资本主义社会的民主的(相对)自由,在

图 1-06　萨沃伊别墅

建筑中简直是原封不动地折射出来了。社会意识与社会存在之间的关联性在此简直变成了一个联动装置。这种分析的结果同时也使我大惑不解，民主的改进给予人们的自由感在建筑上奇妙地展现出来了。为什么框架结构会及时地出现来配合建筑上这种变化？要是框架结构这个时候没有发明出来，建筑又会如何来表现社会的视觉隐喻的变化？

现代主义建筑另一个最为明显的就是建筑的简洁性和抽象性。现代主义建筑是在反传统建筑的争斗中成长起来的，一反传统建筑的雕塑和建筑结合，强调抽象而简洁的形式处理。建筑因去掉过多的装饰（其中有雕塑和浮雕等等），强调自由而灵活的构图。建筑的简洁不仅指外在的形式上，而且室内也是同样去掉了装饰，形成简洁的风格。现代主义完全取消了装饰，真正实现了奥地利建筑家阿道夫·鲁斯提出的"装饰即罪恶"原则。在色彩上，色彩基本是白色与黑色为中心的工业化的中性色。在建筑抽象构图中，一反过去常用的对称建筑处理用法，更多地青睐均衡的灵活构图。对称的建筑多给人一种庄重的、刻板和笨重的感觉，而自巴洛克风格之后兴起的均衡则给人一种灵活、自由和洒脱的感受，在变化中寻求稳定，是一种动态的美，而与静态的对称美相对抗。现代建筑的简洁，是与人们的快的生活节奏相关联的，处于巨大竞争压力中的男男女女不可能有闲适的心情来细细品味建筑上的精雕细作的装饰。

现代主义追随"形式跟随功能"，遵守功能主义的基本原则，形成一种单纯到极点、冷漠而理性的立体主义新建筑形式。用柯布西耶的话来讲，建筑或住宅就是一部机器，它不仅具有机器简洁的外形，还具有机器的高效率。功能主义其实就是在追求建筑使用的高效率，是建筑内在功能上的简洁性。建筑的设计不再以形式为设计的出发点，强调功能为设计的中心和目的，讲究设计的科学性，重视设计实施时的科学性与经济性。

现代主义还非常重视建筑的标准化。德意志制造联盟奠基人穆特休斯（Herman Muthesius，1861–1927）认为现代设计应是一个科学的、技术的、可量化的过程，因此必须采用标准化作为整个活动指导中心，而非一个自由发挥过程。在早期现代主义运动中，由于两次世界大战对建筑的破坏，在德国等欧洲国家掀起一种标准预制构件的建筑，以便在短时间为社会提供大量的廉价住宅。也就是说工业社会的一种最重要的特征标准化，在现代主义早期曾经如火如荼地展开过。但是，由于建筑是作为设计或创造性的成果，深忌雷同，后来的标准化运动，除非在社会经济非常紧张的情况下，才会死灰复燃。一般而言，随着经济的发展，标准化的建筑应该会越来越少。

第三节 信息社会

一、信息社会的概论

农业社会和工业社会的社会特征和时代精神,由于离我们现在有了一段距离,可以说看得清,总结得比较全面。但对于在我们身边刚刚展开的信息社会的社会特征和时代精神,就由于"身在此山中",必然导致"云深不知处"。且不说一般的人,就是所谓的未来学专家们对信息社会的基本特征的解读都呈现出百花齐放的局面。

贝尔根据保利·克拉克的理论即农业社会的主要支柱产业是农业,工业社会的支柱产业就是工业,工业社会之后的社会(即信息社会)的支柱产业是服务业,基于这种对产业结构的变化特征的认识而命名当今的社会为"后工业社会"。这也暴露了贝尔当时对信息社会的认识不很精准。贝尔在《后工业社会的来临》的导言中曾经说:"人们一直提出这样的问题:我为什么把这种推测性的概念称之为'后工业'社会,而不叫做知识社会、信息社会或专业社会,因为所有这些似乎都与我所描绘的那些正在出现的明显情况有所吻合……。所以,'后'这个缀语,是要说明生活于间隙时期的感觉。"[1]之后的美国学者约翰·奈斯比特(John Naisbitt,1929–)认识就比较清晰了,他在《大趋势——改变我们生活的十个新走向》一书中是这样评论丹尼尔·贝尔的"后工业社会"和信息社会之间关系的:"1956年和1957年是一个转折点,是工业时代的结束。有些人对此迷惑不解,不愿意放弃过去,即使是最杰出的思想家也不懂得怎样描绘即将来临的时代。哈佛大学的社会学家丹尼尔·贝尔把它叫做后工业化社会,然而这种名称也就叫开了。而每当我们对时代和运动不知道怎么叫好的时候,我们总是把它们叫做'后'什么或者'新'什么。现在很清楚,后工业化社会就是信息社会,而且我在本书中一直这样称呼它。总之,丹尼尔·贝尔在这个问题上是最早的、也可能是最好的一位思想家,而且我有许多意见是出自他的作品。"[2]目前这个工业社会之后的社会都约定俗成地称为信息社会,这个社会的基本核心概念是信息,不是贝尔的服务业。从贝尔的思路可以看出,他在延续过去社会学上的产业结构变化的渐进式的演化。但是历史发展的车轮没有按照逻辑的惯常轨道运行,这就表明了工业社会与信息

[1]参见:[美]丹尼尔·贝尔.后工业社会的来临[M].高铦,王宏周,魏章玲译.北京:商务印书馆,1984:46.
[2]参见:[美]约翰·奈斯比特.大趋势——改变我们生活的十个新走向[M].高铦,王宏周,魏章玲译.北京:中国社会科学出版社,1984:17.

社会之间存在的巨大的飞跃。[1]

农业社会、工业社会和信息社会的区别在于,按照丹尼尔·贝尔的说法,就是这三种社会生活的目标的截然不同。农业社会,竞争和对抗的是在人与大自然两者之间进行的;工业社会,竞争和对抗的是在人与人造大自然(机器或者工厂)两者之间进行的;信息社会,竞争和对抗的是在人与人两者之间进行的。由此,丹尼尔·贝尔推断出后工业社会在于服务业。其实如果把丹尼尔·贝尔的理论延伸一步,就可以很轻松地得出后工业社会在于信息。人类社会的生存离不开大自然,大自然为人类提供衣食和其他原材料。在农业社会的生产力低下的情况下,社会中大多数人都处于农耕和畜牧中,就是在与自然界相竞争。到了工业社会,科技制造出来的机器代替人类改造自然,使得从事农业和畜牧业的人员大为减少,腾出来的社会中大多数劳动力在与机器打交道,在工厂或工地上进行工作。信息社会则是人控制智能机器或电脑,电脑控制机器,利用机器对大自然进行改造。在信息社会中的绝大多数劳动力在使用智能机器(或称计算机)或与智能机器相关的工作,人与智能机器(或称计算机)打交道时用的就是信息,创造或改进智能机器的知识也是信息。人与人之间的交往也是离不开智能机器如计算机和网络等等。信息社会在于信息,所谓的信息服务也是属于服务业的一个类型。

信息或称资讯,普遍存在于自然界和人类社会活动中,是一种抽象的关于世界的关系和内在关系的数据或者某种形式的表现。有的学者,如诺伯特·维纳(Norbert Wiener, 1894–1964)就认为信息与物质、能量是客观世界的三大构成要素,因此,信息又可以这样来理解:"物质和能量,及其自身'信息'与其属性的标识和表现。"由物质、能量和信息的三个层次的概念,可以另辟蹊径地找到理解农业社会、工业社会和信息社会之间的内在关系和层次的另外一个新通道。因此,与农业社会、工业社会和信息社会的相对应的三个概念就是物质、能量和信息。

在农业社会中,人类征服和改造大自然使用的是人最为基本的现实也就是身体或者肉体(物质的一部分)进行体力劳动,用身体这种特殊物质来改造世界。农业社会人类接触最多的是自然界这个物质世界。到了工业社会,人类利用埋藏在地球中的能源,把它们开发出来以便启动机器来代替人类对大自然的亲自改造。工业革命最为典型的代表就是机器,而机器的开动离不开能源的驱使,从这个意义上来讲,工业革命其实质就是能源开发的革命。信息社会的基础概念是信息,它本身就是对"物质和能量,及其自身'信息'与其属性的标识和表现"。它囊括了或者说兼容了物质和能量,并且把它们统一起来了。信息社会的物质关系和能量关系都转化成信息或者符号,人类面对的更多的是信息或符号,不是大自然。人类与物质和能量的关系及物质和能量的内部关系都可以转化为信息,也就是说人类社会的现实中一切关系都可以转变为信息关系。

二、信息社会的主要特征

信息社会的核心概念就是信息,而信息不同于物质,是在现实生活中直接呈现出来。信息与物质一样,是一种客观存在,因此不以人的意志为转移。但是与物质不同的是,信息在客观世界的呈现,不是直接的呈现,而是通过符号或者数据等等形式表达出来。如果要把数据和符号等还原成为现实关系则离不开一种转化。信息的一个显著特征就是间接性,因而具有不确定性和虚拟性。信息就是以它的间接性作为武器,对工业社会进行改造,从而引申出一个信息社会。

如果说,信息作为客观现实的物质和能量的关系的表达,是一个二级概念,而物质和能量是一级概念,当代物理学已经证明物质和能量可以相互转化,因此它们可以并列为一级概念。当然如果愿意,如上文一样,还可以把物质、能量和信息分为三个层次的概念,即物质是第一层次概念、能量是第二层次的概念、信息是第三层次的概念。由物质、能源和信息出发,与农业社会、工业社会和信息社会相对应,可以分三个层次来理解世界的本质。

第一层次,世界的本质是物质,没有物质世界一无所有。物质消失了,那么社会意识必然跟着消失。这在两个层面中体现出来:没有了物质也就没有人,社会意识的载体不存在了;另外,没有物质了,社会意识将没有内容。

第二层次,假设世界只有物质,而没有能量,世界则是静止不动的,这样导致的结果世界也没有意义。这也在如下层面中体现出来:①没有运动,就没有能量的转化,就不会有地球的演化,也就没有生命的可能;②即使有生命,而没有能量,生命也不能维持;③没有运动,也就是说这个世界没有时间,一切将一成不变,那将是一个死寂的世界,也就是一个没有意义的世界。因此哲学上说,运动是绝对的,静止总是相对的。从这个层次来说,或许也可以说世界的本质是能量,时间是能量的推论。

第三层次,假设世界的本质是物质或者能量,如果没有信息把物质和能量转化成符号,[1]那么这个世界如物质和能量将是没有意义的,因为没有人类对世界的认识和了解,并赋予意义,那么这个世界依旧没有意义。如果说世界的本质是信息,应该

[1]人类不能够直接知晓世界,人类对世界的认识总是基于以符号或者形象(即信息)为中介而间接感知的。比如说视觉,当然看到某一个事物时,人(如视觉)感知到的是物体颜色的组合。大家知道,对于人类来说,世界缤纷的颜色不过是不同光波在人的意识中营造的一种知觉。在人类身体之外的世界是没有颜色的,所谓的颜色是人的大脑对世界的积极错觉。但是如果没有这种错觉,人类就不可能“看到”世界,更不可能理解世界。人类对世界的理解离不开视觉形象或者符号,注意这种形象或者符号在外在于人类的世界中并不存在。它不过是人类为了生存而自己进化创造出来的工具而已。人类大脑觉察到的永远是自己身体内部的信号,而不是物体本身。当人类把这种物质属性用语言或符号表达出来的时候,那么接受信息的人感知到的是符号,然后通过自身的身体内在经验把它还原为他或她曾经有过的经验。但是,人们习惯把自己感知到的意识中的世界误作是世界本身。参见:王发堂.建筑审美学[M].南京:东南大学出版社,2009:145-149.

[1][美]约翰·奈斯比特.大趋势——改变我们生活的十个新走向[M].高铦,王宏周,魏章玲译.北京:中国社会科学出版社,1984:36.

也是能够说得过去的。

（一）信息社会的经济特征

美国学者约翰·奈斯比特认为:"信息是一个经济实体,因为生产信息要付出成本,同时人们也愿意购买它。价值就是人们愿意购买的东西。即使建立在信息上的经济似乎不像汽车和钢铁那么实在,但是,只要人们愿意购买信息和知识,就没有问题。"[1]信息作为经济实体与其它实体并无差别。问题是信息社会的信息作为工具对经济实体的改造更为显著,乃至改变了信息社会的经济存在方式。信息社会的核心概念就是信息,信息社会的经济存在方式由工业社会的实体性开始转向虚拟性。

1. 信息社会经济流动的加速

一切都可以转化成信息,金融和经济活动也不例外。对信息社会最重要的发明为互联网(海底电缆)和通讯卫星,对人员流动贡献最大的是喷气飞机、汽车和火车等等。正是通过海底电缆和通讯卫星,人类缩短了信息流动的时间。由此作为基础,历史上第一次出现了经济的全球化,促生大量的富可敌国的跨国经济实体。互联网促使了人与人之间有可能在瞬间可以分享异地的信息,这与过去的电视和广播的单向信息流动,以及电报电话沟通的局部性是有天壤之别的。在光缆中以光速行进的信息,载着经济和金融的数据穿梭于世界各地。经济或金融资本的流动速度比历史上任何时候都缩短了,乃至于地球真正形成了一个所谓的地球村落的感觉。跟人们日常生活关系紧密的就有网上银行、网上购物和电子汇款等等,虚拟经济已经渗透到了寻常百姓家。

缩短了信息流通时间的转变方式对金融和经济的影响,甚至超过了历史上从以货易货的交易方式向使用通货(即货币)交易方式转变的重要性。采用通货作为交换单位,交易变得比以货易货方便许多,同时交易速度也提高了许多倍。货币流通向电子信息的转化加速了信息社会的金融流通,但是也导致经济或金融与实体经济的脱节,从而使得信息社会的金融或经济是实体经济的放大或缩小即不确定性,从而造成信息社会经济的虚拟性。

2. 信息社会经济的虚拟性

当信息开始控制和影响实体经济的时候,信息与实体经济或产品是反映与被反映的对应关系,而信息与实体经济关系不是严格的一对一的镜像般的反映,而是一种指示或指代关系。信息的价值一般来说并不等于它所指代的实体价值,在信息和实体经济之间可能由于某种环节放大或缩小,总是使得信息价值要么大于实体价值，要么小于实体价值。比如说股票，股票市场中股票的价格虽然是由股票的内在价值所决定的，但是股市中股票的价格是围绕股票的内在价值产生上下波动的。一般而言，当市场步入调整的时候，市场资金偏紧，股票的价格一般会低于股票内在价值，当市场处于上升期的时候，市场资金充裕，股票的价格一般高于其内在价值。决定股票内在价值的即股票未来收益的现值，即预期股息收入和市场收益率。从这里可以看出，当股票价值的上下浮动使得股票外在价值处在不确定中，股价上升的话，必然导致公司股票等虚拟资产上升。但是公司总的股票价值永远是停留在概念中，无法全部兑现。如果当该公司股票全部抛出套现的话，必然会导致股票价值的下跌，甚至导致股票的崩盘。当公司倒闭时，股票甚至变成废纸而一钱不值。与股票类似的虚拟经济还有期货价格、外汇利率等等，它们永远处于变化中，处于不确定的状态，从而呈现出某种虚拟性。

信息社会的虚拟性还表现在单位或者个人的财富变成了银行账户上的数字而已。财富的涨涨跌跌也就变成了数字游戏。信息社会的快速流动的信息加速了财富累计和消散的速度，每天都有大量公司的创业，但同时每天也有大量的公司倒闭。公司或者集团的财富可以因为投资政策的正确导致财富迅速地积累，也可以因为金融策略的失误导致一夜之间的破产。个人的财富也可以一夜暴富（如购买彩票），也可以一夜暴贫，如股市崩盘或地产的泡沫，美国的次贷危机就导致了很多个人和家庭的破产。

3. 虚拟资产的比重增加

在信息社会中，有一个显著的特点就是无形资产占整个社会资产的比重显著增强，知识和技术（信息）在经济发展过程中起着关键性的作用。无形资产的经营对企业的生存和发展关系重大。无形资产是有形资产的对称，是指特定主体控制的不具有独立实体，对生产经营与服务能持续发挥作用并能带来经济利益的一切经济资源。由于它是无形的特殊资产，因此它的价值也有其自身特点。

（1）无形资产价值的弱对应性，具有模糊性和不确定性。尽管有些无形资产的形成是可以进行成本核算的，但无形资产的成本往往是不完整的。一般来说，无形资产属创造性活动的结果，常常是在一系列努力与失败和投入与浪费后（不确定性）才取得的一些成果，而失败的损失代价很难预计和确切量化，从而使无形资产的开发费用缺乏明确的对应性。

（2）无形资产价值的虚拟性。由于弱对应性的特点，无形资产价值的评估值一般低于有形资产的评估值,特别是无形资产的内涵超出外在形式时,无形资产的成本只具有象征意义而无法现实化。例如商标成本包括商标设计费、注册费、广告费等,而商标内涵是包括质量信誉的,此时商标价值远远高于其成本价,只具有象征性或称虚拟性。

（3）无形资产具有增值性与贬值性。无形资产评估值的增值性,不仅仅表现为其交换价值随着市场的变化而波动,更为重要的是其增值性源于收益能力和有效期。无形资产收益能力不是固定的,而是永远处于变化中。

（4）无形资产的价值构成不同于一般商品。无形资产很多是由复杂的脑力劳动创造的,由于凝结在无形资产内部的劳动量比较大,再加上无形资产的产生不能批量生产,而是个别的一次性生产,具有较大的探索性和风险性,常常是在经过一系列的失败以后才取得的。因此,无形资产的价值比有形资产波动更为剧烈和动荡。

（二）信息社会的文化特征

大多数未来学方面的学者在一些基本概念上达成一定的共识,如认为信息社会的文化必然多元化,这点是毫无异议的。这里的多元化有时被理解为像农业社会一样的多样性,即具有民族特色的文化和区域地方特色文化必将繁荣。这种说法的根据,可能是由于信息社会是个人张扬个性和特立独行的时代。个人个性化的张扬意味着他们的选择的个性化或者多元化,因为只有多元才允许有选择的余地,如果仅是一元的社会,人们是没有选择的权利的。由此推断出来,民族的个性或者地域集团的个性必然相应张扬,最终导致该民族或地域的亚文化的多样性。这是目前比较盛行的一种看法。

但是从理论上来讲,文化的多元性可以细分为两种:一种是共时性的多元化即空间上的多元性,一种是历时性的多元化即时间上的多元性。所谓共时性的多元性就是指在世界各地由于民族或区域的不同造成的文化在空间上的分布多元化,即农业社会文化多样性。而历时性的多元化就是在所有的空间(有点像康德的空间概念,世界是同一个空间的局部)上保持一种主流文化,或者说存在着一种世界性的潮流,它主要是通过信息的扩散而迅速地向世界各地蔓延而形成的。在某一个相对长度的时间内,世界各地文化总是同一个主流文化的渗透或者变体。也就是说在某一个长度的时间,文化总是全球同步的。而在时间轴上,主流文化是在不断的加速变化的,也就是说历时性的多元化是体现在时间轴上先后出现的文化数量的多元性。而这种说法应该是信息社会的多元化的主流形式。这其实很好理解,打个比方来讲,美国和欧洲的流行文化无论是音乐、时装、电影或者时尚总是以非常短的时间在全球蔓延开来,像电影或音乐唱片甚至采取全球同步发行的策略。全世界无论哪个民族或者地区都在同步享受欧美流行文化。但是,每个流行文化、时尚或者音乐流行和持续的时间越来越短,用走马观花来形容并不为过。不同的流行文化、时尚或者音乐不断地在迅速地更新和轮替,导致文化在时间轴线上的多样性和多元化。这种历时性的多元化即时间上的多元性才是未来信息社会的多元性,是建立在统一性基础上的多元性,是在工业社会充分发展后的含有工业社会基因的多元性。而共时性的多元化即空间上的多元性则是不包含有工业社会基因的多元性。

工业社会的文化是精英文化和主流文化。所谓精英文化或者主流文化就是在相当长的时间内占主导地位的文化,这与工业社会信息传播的单向度有关系,如广播、电视和书籍等等,信息反馈几乎非常缓慢甚至根本不考虑信息的反馈。当工业社会迈入到信息社会时,信息传播的速度加快,任何一个精英文化或主流文化占据的时间都在缩短,当时间短到一定程度时,必然会产生很多精英文化和主流文化。当精英文化和主流文化多到一定程度时,它们就自然变为非精英文化或非主流文化,或者说精英文化或主流文化自行消解。当然更为重要的是,信息社会的信息交流随着互联网的展开迈入双向和多向的互动式的交流,这种多向的交流就使得每一个人,只要他或她愿意,就可以成为文化建设的参与者,这种文化必然导致一种大众参与性的文化[1]。在工业社会,由于文化交流的单向性,导致少数即社会精英控制和主导文化的建设和发展,一般大众都被排除到文化建设和参与的大门外,自然,工业社会的文化必然是精英文化。

信息社会的历时性的文化多元性必然是一种大众性的文化。大众性文化形成的关键在于信息社会的科学技术使得人人参与或影响文化建设成为可能。当然信息社会的文化也是消费文化,与工业社会的商品文化或生产文化相对应。当工业社会在启动大规模的调度能源的机器,致力于满足人的生存性消费的时候,信息社会凭借更为先进的科学技术和信息管理与处理水平,生产的方针已经转向享受性的消费了,体现在产品的个性化和奢华性上。

与文化密切相关的教育制度,也在面临着一种新的变革。工业社会的学校是按照工厂流水生产线的方式来进行建制的,这与工业社会的标准化和集中化的精神相吻合。正如托夫勒(Alvin Toffler,1928–)所说:"然而,把大量学生(原料)集中在中心学校(工厂)里,由教师(工人)加工,仍不失为工业社会的

[1]当今的微博就是信息社会的典型代表,其特点是,参与成本低、参与人数多和信息互动快,对社会事件具有干预甚至改变事件的走向的威力,如2011年的"郭美美事件"。微博预示着信息社会未来的一些运作模式。

[1][美]阿尔温·托夫勒.未来冲击[M].孟广军,吴宣豪,顺江译.北京:中国对外翻译出版公司,1985:349.

[2][美]阿尔温·托夫勒.未来冲击[M].孟广军,吴宣豪,顺江译.北京:中国对外翻译出版公司,1985:349.

一种创新。教育制度是按照工业体系官僚式的模式发展起来的。"[1]工业社会,除了标准化和集中化,还要求专业化,其实专业化就是集中化在知识结构上的运用而已。他因此还说:"把知识组织成永久的学科是以工业方面的设想为依据的。"[2]他认为,未来社会的发展速度过快,那么人们知识结构更新速度必须与外界同步才不至于被淘汰出局。如果要保证这一点,首先未来的教育就必须打破现有的标准化方式,同时要加快课程更新速度,另外要发展一种终身教育的理念。因此,今后的教育首先考虑的是多样化的教育,比如小班教学或者短期课程。这样,托夫勒设想信息社会的教育模式将是家庭教育,而不是公共教育。也就是说以家庭为单元的小型化、灵活性的教育。当然,托夫勒的家庭教育与农业社会的家庭教育不可同日而语。要言之,今后的教育体制虽然目前还不明朗,但教育总的指导思想是明确的:个人的知识结构的更新必须同步于信息社会的外界更新的节奏。

(三)信息社会的政治特征

信息社会的经济特征和文化特征,在目前工业社会和信息社会的过渡时间内,有所表现,可以根据现实透露出来的星星点点的资讯,结合目前时代对信息社会达成的共识,推断出来一些认识。而作为信息社会的政治特征,目前所能接受的资讯特别的少,且政治作为上层建筑的重要组成部分,在时间上有滞后性。因此对信息社会的政治特征,对于大多数未来学家来说,更多的是一种纯理论推断和逻辑思考的理论产物。

信息社会的核心在于信息,而信息的特点在于瞬间的传递,乃至于有可能,把信息光速传递给社会中每一个愿意接受它的人,同时也可以以光速把他们连结成一个多向互动的网络整体。正是凭借这一点,使得信息社会的政治特征发生一个史无前例的巨大变化。

在农业社会,政治制度多为专制制度,由最高统治者到普通平民百姓之间形成一个等级森严的金字塔式的封建制度。信息或政令只是严格的单向运动,即由最高统治者出发,一级一级地层层传递,直到百姓。一项政令传递到全国各地,时间长的需要几个月,短也需要几天。而且在这个金字塔的制度设计中,没有考虑或者安排由百姓到最高统治者的信息逆向通道。因此,百姓的主张或者想法,要想到达金字塔的上层就非常的困难。

本书前面曾经讨论过科技发展必然会导致民主思想的萌芽,但是民主思想要以社会制度的形式表现出来,必须有相应的科技作为后盾,才有可能。工业社会的典型的政治制度就是代议民主制。代议民主制度又称间接民主制,简单地说就是指在一个政治社会中,选民们通过自己选举出来的代表来行使政治权力,参与政治事务的决策,协调自己的利益,并在实质意义上对政治事务掌握控制权的这样一套制度。美国和英国的政治体制,一般被视为西方代议政制的典范。代议民主制度作为间接民主制,通过选民们的代理人来行使政治权力。信息在代议民主制中的流动实现了双向流动。政令或政策可以由最高统治者传递到普通公民那里,反过来公民的主张或者要求可以通过代理人(议员)反向反映到最高统治者那里,影响他们的决策制定。而工业社会相对农业社会而言,科技发达得多,出现了广播和电视等等单向信息传递手段,可以支撑信息在政治制度的双向运动。对于可以充当社会中个人之间的信息互动的电话和电报等等工具,仅能小规模的局部运作,几乎没有可能或者说没法在个人之间产生多向互动,因此需要一个中间的代理人作为信息的中转。

信息社会的政治制度可能转向一种直接的民主制,称之为参与式民主制(Participatory Democracy)。参与民主制,发源于古希腊雅典等城邦国家,其主要特征为:全体公民参与公共事务辩论和政治决策,而不通过中介和代表;政治家非职业化,公民轮换担任政府职务。古希腊城邦的人口数量不多,领土的面积也不大,使得这项制度在两千多年前成为可能。而作为现代意义上的民主国家,人口和面积远远超越了当时的古希腊,没有当代通讯技术,参与式民主制只能成为海市蜃楼。信息社会的通讯卫星和互联网的发达,降低移动电话和互联网等等信息传递的运行成本,而使得信息传递惠及到社会中每个成员成为可能。参与式民主制,正式凭借当代通讯技术作为后盾和技术支持,迎来了真正复兴的历史机遇。

代议民主制本身是不完善的,也有一个"阿基里斯之踵":随着公民对政治参与的减弱,公民容易患上政治冷漠症,美国大选投票率的下降就是明证。于是政治决策有被少数利益集团和权势集团操纵而致使民主畸变的危险。参与式民主制增强参与公共事务讨论意识,从而加强对权势集团的权力控制。

三、信息社会的精神特征

在目前,被认为信息社会的典型技术就是互联网。网络促使了信息传递的加速,改变了人们的思维方式,提高了生产效率,改善了工作环境,更为重要的是资源分享。网络结构比任何其他现有的组织以速度更快、更节省能源的方式传递信息。从本义上来讲,网络组织的初衷是共享信息,它还可以由单纯转移信息变成创造与交换知识。网络中的每一个人都可以接触到最新的和大量的信息,因此,经过他们的综合便可以得到新的观念和新的思想。而这些新的观念和思想在网络上又将促生更多的新的观念和思想。网络时代或者信息时代,最为显著的特征之一就是知识爆炸和信息泛滥。网络可以提供一种金字塔式的官僚制度永远无法提供的交流方式,即横向交流,也就是前面所说的多向互动的网络交流。网络组织在结构上强调每一个网络节点都是中心,从而在公民政治生活中引发一种反权威、反精英和反主流的运动。在学术思想上促生出反整体、反中心和反形而上学的反本质主义。在建筑历史上,促生出一种反现代主义的后现代主义运动和解构主义运动。

信息社会的高速传递的信息,催生出庞大的信息量,使得处于川流不息的信息流动中的人们,必然产生眼花缭乱的眩晕感。在来来往往的信息流中,人们发现观念和思想在迅速地变化,观念和思想本质上来讲其实就是观察和理解世界的方式。也就是说,观念和思想的变化,导致人们大脑中的对这个世界的认识和理解在不断地更新。人们最终感受的不是观念和思想的变化,而是这个身外世界的不断的变化。也就是说,信息社会的第一个印象,就是不断加速的变化。在信息社会中一个人感觉到一切在变,世界在变,社会在变,唯独不变的就是自身或者作为自我意识的不变,如此,人在世界中必然产生一种"不确定感"和危机感。

互联网络使得每个网络的节点或网络的参与人(从理论上来讲,社会中的每个成员都可以无条件地或轻易地参与到网络中),成为网络中的一个节点。网络结构本身是一种反金字塔式(即具有明显中心的等级)结构的内在欲求。网络时代中的每一节点都是中心,每一个参与者都是中心。换句话来表达,当所有的节点都是中心其实就是在取消中心,也即每一节点都不是中心。其实"网络时代中的每一节点都是中心",真正的意思是每一个节点都是平等的,而不是每一节点都是等级系统中的中心("中心"概念是"平等"概念的反面,也就是不平等的一端)。互联网消除了中心,消除了等级制度,因此凡是与等级制度相关联的概念都一律要受到批判。表示等级制度强势一端的概念如本质、精英、主流、权力、形而上学和中心的等等是信息社会批判的对象;描述等级制度存在状态的概念如整体、结构、秩序、威严和确定等等也是批判的对象。由上述概念衍生出来或者相关联的概念也是批判的对象,如肯定、透明和清晰(确定性的推论)、整齐和规范(整体的推论)等等。

如果要用一个词来表达信息社会的典型特征,它就是"不确定性"(Uncertainty),其反义词或对应的状态就是"确定性"

（Certainty）。"确定性"和"不确定性"是直接描述等级秩序中存在状态的对应词。由"确定性"可以推断出等级制度的隐含内在结构,由内在结构则可以推断出结构内构成要素的关系,由此便可以推断出一切表示等级制度强势一端的概念如本质和中心等等。反过来,从表示强势的词如本质和中心开始,也可以反推出表示描述等级制度存在状态的概念如整体和确定等等。从这个意义上来讲,选择表示反等级制度强势一端的概念或者描述反等级制度存在状态的概念作为核心概念,从逻辑上来讲,都是可以接受的。但是,如果要求进一步作深思的话,可以发现站在信息社会和工业社会不同的角度上,由于视角的局限性或立场的不同,在选择词汇上存在不同的侧重点,从而导致选用的核心概念上存在细微的差异。

　　无论在工业社会还是农业社会中,强调的是等级秩序,而等级秩序中,在某个特定的层面中,一般总是存在着对立的双方或共存的多方(内在构成要素),其中对立的双方或共存的多方总是存在着强势的一方或多方,也必然存在着弱势的一方或多方。在所有的要素中,强势的一方总是占主导地位,起决定作用。在工业社会中或者等级秩序中,总是强调等级秩序中的强势端,而往往忽视或轻视弱势端,因此,它们更加青睐于表述等级制度强势的一端作为核心词汇。因此在信息社会以前,文化或者艺术总是强调本质(对应词是现象)、内容(对应词是形式)和中心(对应词是边缘)等等概念。而在信息社会,由于等级秩序的解体,内在构成元素的平等化或者均质化,使得在信息社会在核心词汇上,不可能选择表述系统中(在均质化的状态中,结构或系统是不存在的,在此只能借用"系统"这个较为中性些的词汇来表示均质化所在的集合体)构成元素方面的概念,因而只能选择描述系统状态的词汇,如"不确定性"、"模糊性"和"变化"等。在本书中,沿用后现代哲学中所选用的"不确定性"（Uncertainty）作为信息社会的核心概念,以与工业社会的"本质"或"中心"相对应。

四、信息社会的建筑特征

　　在后现代主义建筑思潮中,不同建筑学家采用的概念和术语也是不同的:比如文丘里的"模糊"、詹姆逊的"双重译码"、日本后现代思潮的"新陈代谢"、屈米的"解构"和伊东丰雄的"风"和"轻"等等。在本书中,把后现代思潮的主要特征描述为"不确定性"（Uncertainty）,一方面考虑了哲学界和当代后现代思潮的术语的习惯,另一方面,也是结合了后现代主义建筑思潮的一些特征。本书凸显了"不确定性"的概念,进而把其他概念遮蔽下去。如此处理是为了在本书中统一术语即"不确定性"。其实后现代的特征本身也是不确定性的,试图统一后现代主义建筑思潮的"术语"几乎是不可能。本书就以"不确定性"作为这些概念一个代表。

　　信息社会的建筑从理论上来讲,必然是信息社会的"不确定性"精神特征的外化。但是建筑界在认识信息社会的"不确定性"上却走了一个很大的弯路。建筑界对信息社会建筑特征的摸索始于美国的后现代主义建筑流派。美国后现代主义先锋者罗伯特 · 文丘里(Robert Charles Venturi, 1925–)在《建筑的复杂性与矛盾性》中提出"要模糊,不要清晰"的口号来反对工业社会成熟的建筑流派现代主义。但是,美国后现代主义最终是用历史元素和俚俗元素的双重译码来对抗现代主义的"清晰"或者"形式的抽象性"。之后,日本的后现代主义,以"新陈代谢"为代表的建筑师集团企图用高科技来响应信息时代的召唤,"新陈代谢派"强调事物的生长、变化和衰亡,表示他们意识到"不确定性",但是,他们极力主张用新技术来解决问题。到

图 1-07　妹岛和世的作品
Dior 大厦

了上世纪 90 年代,欧美的建筑界接着发起了解构主义运动。解构主义反对历史上的一切传统,在消解了一切历史基托后,解构主义提出反中心、反权威、反二元对抗、反非黑即白的理论。某些解构作品依赖感觉来重建自己:即疯狂的色彩,不规则的形式,神秘或者说直觉的设计方法。只有等到日本建筑大师伊东丰雄(Toyo Ito, 1941–)、妹岛和世(Kazuyo Sejima, 1956–)和西泽立卫(Ryue Nishizawa, 1966–)等等的天才式探索(图 1–07),建筑界才真正摸索到信息社会的命脉即"不确定性",并成功地把不确定性视觉化。当然,他们喜欢用的概念是与"不确定性"相关联的"风"和"半透明性"等等。本书将在后面的章节中详细地阐述建筑界对"不确定性"的认识逻辑过程,从学理上梳理建筑学发展的艰辛的心路历程。在此,指出信息社会的建筑上的主要特征就是"不确定性"就可以了。

第四节 社会形式内在关联性

如果从信息社会的核心概念"信息"作为串联农业社会、工业社会和信息社会之间的内在关联性的话,可以发现,农业社会信息流动的单向性和传递速度的缓慢,工业社会的信息流动基本上还是单向的,但速度却大大提高了,只是在特定条件中允许逆向流动。如政治上选民可以投票决定谁当总统。文化创造也是由文化精英们来创造,普通人对此很难有所介入。信息社会的信息流动速度已经变成瞬间了,更为重要的转变是,信息社会的科技使得多向互动的网络系统成为现实,从而打破了之前历史上不均质的整体主义,而走向均质的个体主义。农业社会和工业社会的信息流动的单向性表明它们同属于一个整体主义的大范畴,而信息社会则创造出了一个全新的反整体主义的个体主义的新范畴。农业社会的政治专制,工业社会的代议民主制同属于一种相似性质的社会制度,即作为被统治阶级的农民和公民的自由是有限制的,只不过限制的程度不同而已。也就是说,相对于工业社会与农业社会的差异来说,信息社会与工业社会的差异可能要大些。也可以如此表达,农业社会和工业社会同是整体性的社会,因而是确定性的社会。而信息社会则是"不确定性"的社会。但是同属于整体性的农业社会和工业社会,之间还是存在着差异。农业社会的整体性是一个几乎静止的整体结构性社会,而工业社会的整体性是一个存在着运动的整体结构性社会,这个整体结构自身在时间的长河中可以慢慢地更新。或者这样说,农业社会的整体性更新速度极慢几乎陷入停顿,工业社会的整体性更新速度大大加快了。而到了信息社会整体性更新速度快到了否定整体性的结构存在的可能性了。整体性结构的否定,就意味着必须颠覆过去的思维方式和观察问题的角度,从而与过去发生了断裂式的巨变。

历史上建筑的特征也是十分配合信息流动速度所造成的社会整体结构的变化。在农业社会,建筑发展和更新非常缓慢,一个流派或者风格延续的时间要上百年,如哥特式建筑等等。建筑的外在特征也是与极端静止的整体主义相适应,封闭而昏暗的室内,庄重和笨拙的外形。工业革命在英国从 18 世纪 60 年代开始,到 19 世纪中期基本结束。但是建筑界积极反映工业社会的探索精神也可以追溯到 18 世纪 70 年代以列杜(Claude-Nicolas Ledoux,1736–1806)、部　雷(étienne-Louis Boullée,1728–1799)为代表的激进建筑师。在全社会沉浸在复古思潮中时,他们力图标新立异,表现了昂奋、狂热的激情和昂扬的英雄主义。真正符合工业社会的时代精神和现代主义建筑的出现,一直到 20 世纪才开始成熟起来,在格罗皮乌斯(Walter Gropius,1883–1969)、柯布西耶(Le Corbusier,1887–1965)和密斯(Ludwig Mies van der Rohe,1886–1969)等现代主义大师们的艰苦卓绝的与传统思想的斗争下,才在全世界铺天盖地地倾泻而来,以摧枯拉朽之势,涤荡一切历史传统。现代主义的精神与时代是相符的,但是由于信息流动的加快,人们很快厌倦现代主义的清教徒式的抽象形式。对现代主义的背叛是从内部开始的,也就是从美国的后现代主义运动开始的。

第二章　理论中不确定性的形态

　　按照前一章的叙述，信息社会相对于在它之前的工业社会和农业社会，都已经有了飞跃性的发展。至少从表面上来看，人们在生活方式、精神状态和时代精神上都有了巨大的变化。信息社会与之前的社会可以说是一种断裂式的发展，或者说是一种突变。在正处于社会和文化剧烈变化时代的当代人来说，这种变化是非常剧烈或者感受非常深切的。更准确地说，正处于工业社会和信息社会转型之际的当代人，这种感觉就会更加强烈。其中的原因，也比较容易理解。出生于并成长于工业社会的一代人，大脑中充满着工业社会的知识文化背景和生活方式，却不幸要来处理信息社会所特有的矛盾和冲突。也就是说，当代人拿着工业社会的工具，来解决信息社会的问题，本身就是一种倒置。这就好比夹在文化冲击（Culture Shock）中的人一样，来到了一种陌生的语言和文化背景中，所表现出来的紧张和不安一样。但是，当工业社会到信息社会的转型完成之后，生于并成长于信息社会的新一代人就天然地适应信息社会，他们并没有什么特殊的文化上的不适反应，而且会对他们上一辈的过度紧张和不适的反应表示奇怪和不理解。在这过渡时期，一部分年纪稍大的人存在着紧张和不适应，而青年人一头扎入到信息社会的高节奏中，如鱼得水。

　　但是从理性的角度来看，其实工业社会和信息社会之间的巨大变化对当代人产生的冲击，也许要逊于农业社会向工业社会转型时期的人们。这是因为农业社会向工业社会转型时期，伴随着一个精神信仰的危机。如果去翻一翻19世纪末相关书籍和资料，你就会发现那时候的人们除了拥有同今天转型时期的人们相同的生活方式和文化的冲突等等外，还面临着一个更为痛苦的精神信仰危机：当达尔文（Charles Robert Darwin，1809-1882）提出物种进化论和尼采（Friedrich Wilhelm Nietzsche，1844-1900）宣布"上帝死了"，人类的灵魂从此失去了精神家园。但是，这并不是说农业社会向工业社会转型的变化剧烈程度大于工业社会向信息社会的变化剧烈的程度。

　　信息社会相对工业社会来说，是一种文化上的突变，是一种全新的思维方式的转变，是对以前文化的形式的一个否定式的继承。文化上的发展和进步,首先展现出来的是先知们的呐喊,之后就是人们的深切体会。人类社会的进步原动力是生产力发展和科学技术的发展,这在前面一章作了详细论述。信息社会的变化,源于信息成为人们所面对的重要因素,而在过去人类所面对的重要背景,就分别是农业社会的大自然和工业社会的机器。信息社会里,一切都被信息化,人们面对的不再是自然界或机械,而是信息,是信息在改变和塑造人的认识。一般而言,科技的进步带来了具体生产方式和生活方式的不适应,之后在跌跌撞撞中,人类调整了自己并适应了种种变化。总的说来,思想界、学术界和艺术界总是要比一般民众更早地感受到这种变化,在他们的著作中和艺术作品中更多地展现出了信息时代的特征。历史上的哲学作品、文学作品和艺术作品应该说忠实地记录了历史上的人类思想的多次转变。为了能够充分地论证信息社会的转变,本书试图从人文方面的纯思想领域(本章)和艺术领域(第四章)的转变两个角度来阐述历史上的人类思想的这场变革。

概　述

要言之,当代西方社会正在经历巨大的变化,最为明显的是从工业社会到信息社会的过渡阶段。工业社会的主要特征体现在思想上某种主流文化(如精英文化)的主导性,也就是说思想上体现为一元性或者说确定性(Certainty)。而信息社会的特征体现在思想上大众或消费文化的主导性,是多元(样)性的文化。由于文化的多样性存在,缺乏长期占主导地位的文化,在某个特定历史时期,每个主导文化都是短暂的和临时的,非固定的,这样就导致主导文化的“你方唱罢我登场”的临时性。也就是说主流文化在不断的流动中,也即为不确定性(Uncertainty)。举例子来说明,在建筑界,过去的风格如哥特式或古典主义作为主流建筑形式往往长达数百年,而现在主导流行风格尤其在现代主义之后,基本上流行时间不超过十年,而且这个流行时间还在缩短。

对于后现代思潮的理解也是多元化的和暂时的,没有占主导地位和固定的认识。这种对后现代认识的现状也纯粹是“后现代式的”,如此循环的解释其实道出了后现代思潮的实质。目前对后现代思潮的认识可以说是五花八门,总的来说,可以概括为拒斥形而上学,反基础主义、反本质主义、反理性主义,主张不可通约性、不确定性、易逝性、碎片性、零散化;也有人说,后现代思潮的本质是破碎的世界、断裂的历史和游戏的语言。

第一节 感觉上的不确定性[1]

人们或者会说,人们所面对的世界是千真万确的世界。但是科学告诉人们,人类的感觉是相对的,不是世界本身,是世界在某种认知体系下的产物,是一种信息化了的知识,是人类意识的文化构筑物。

人们看见的世界,并不是世界本身,而是世界在人类意识反应机制下的信息产物。万事万物是在可见光下的视觉转换或图像产物,声音是在空气振动的听觉转换后的旋律,嗅觉、味觉和触觉的工作机制都是差不多。在本书就以视觉和听觉为例来论述一下。

人们都知道,视觉世界是通过光线作为中介来呈现出来的。光波是一种辐射能,光是能在人的视觉系统上引起明亮感觉的电磁辐射。人类的视觉系统就是把某一特定范围波长的光波转换成相应的色彩意识。通常所见的七色光,即红、橙、黄、绿、青、蓝、紫等,是与一定波长的光波相对应。当然对于地球上的人来说,这个光也不是任意的光或者电磁波,而是具有特定波长的可见光,超过可见光的范围,人的眼睛什么都看不见。没有光,就没有视觉中的世界,就如同黑夜中伸手不见五指一般漆黑。世界只有通过光才能呈现给人类。这样一说,在人类的视觉意识与世界中间还需要一个中介,如此你也许会沮丧地发现,人类意识永远不可能直接感知到世界本身,永远隔着一个中介。

如果这个中介出问题了,人类的视觉意识就会相应地受到歪曲。当用红色光照射一个白色物体时,它在视觉系统中呈现红色的色彩,当照射光变成绿色时,该物体在视觉中呈现绿色的意象。如此一来,可以发现视觉中物体意识受到中介影响极大。红绿色盲不能分辨红色和绿色,其实也就反映出了人类视觉的相对性[2]。

在此做一个假设,在宇宙中地球之外的某星球上存在着与人类类似的高等生物姑且称为外星人。外星人观察世界的视觉系统先假定跟地球上人类差不多。但是外星人的可见光波与人类的光波是错开的,人类视觉系统中的红色光波,在外星人视觉系统却变成蓝色或其他颜色。这样一来,当外星人来到地球时,面对同样的世界,得到完全不同的视觉意象。夕阳下的美丽晚

[1]参见:王发堂.建筑审美学[M]南京:东南大学出版社,2009:第四章第三节.

[2]红绿色盲(redblindness)是一种最常见的部分色盲,分为红色盲和绿色盲。患红绿色盲的人不能区分红色和绿色,他们把整个光谱看成两种基本的色调:长波(红、橙、黄、绿)部分为黄色,短波(青、蓝、紫)部分为蓝色。凯尼格(K.E.Koenig)认为,红绿色盲者视网膜上缺少感受红光或绿光的锥体细胞。菲克(A.Fick)认为,患者视网膜上同样具有正常人感受红光和绿光的两种锥体细胞,但把来自这两种细胞的信息混合在一起,故大脑分不清是红光,还是绿光。参见百度百科 http://baike.baidu.com/view/15373.htm.

[1] [美]约翰斯顿. 情感之源[M]. 翁恩琪,刘赟,刘华清译. 上海:上海科技出版社,2002:21 和第一章.

霞在外星人眼里变成了蓝色的云彩或其他颜色。显然地球上的人类不能说,我们的视觉系统是正确的,外星人的视觉系统是错误的。这里不存在正确与错误之争,而是让人们理解了人类面对的美丽世界仅仅是人类视觉合成的视觉意象而已,而不是世界本身。

在听觉方面,也存在着同样的问题。科学告诉人们声波不过是空气中压力变化所产生空气中分子的运动,人们用手搁在扬声器上可以明显感觉到这一点,这些空气的压力经过听觉器官后,它们就变成美妙的音乐或烦人的噪声。音乐的获取是来自于人的听觉器官和意识,这种音乐性并不是空气分子运动的客观属性,而是人类的知觉系统自我合成的一种意象或者说幻觉。如此一来,客观世界被我们消解了。

外在世界真实状态就是,"混沌的世界犹如一口冒着气泡的深锅,里面盛有能量和物质在持续的热量翻涌中舞蹈。颤动的无法自由遨游的分子,通过共用电子对或不同电荷间奇异的吸引力,正在释放和吸收包围着浓雾的小泡。几乎不受重力影响的自由气体分子,从四面八方受到它的邻近分子的冲撞,在振基质的作用下,形成或凝缩或扩张的漩涡,这就是人的知觉的对象即外部世界的真实的存在状况"[1]。虽然是个混沌且凌乱的画面,但确实是世界的真实面目。

人类认为千真万确的感觉被消解了,被相对化了,被不确定化了。这就相当于说明,不确定性从人类一出现就已经出现了。只不过人类把这个"不确定"的世界无意识中确定化了。

第二节　自然科学上的不确定性

在人们的固有思想中,科学是可靠的和确定的。"科学"一词,英语为"science",源于拉丁文的"scio",最后定形为今天的写法,其本意是"知识"、"学问"。汉语中"科学"可以追溯到日本,最先把"science"译为"科学"是日本的思想家福泽瑜吉。"科学"一词在汉语语境中有了"合理的"和"可靠的"内涵。但是就是"科学"作为现代文明高度发展的最为可靠的理论体系也变得"相对化"和"不确定"了。但生活中常识却在顽固地否定这种看法,原子弹爆炸和太空飞船的发射总是可靠的,这么说科学不可靠就显得有悖于常识了。这个问题稍后再作解释。

一、测不准原理[1]与互补原理[2]

物理学上著名"海森堡测不准原理"，简称为"测不准原理"，英文"Uncertainty Principle"，是量子力学的一个基本原理[3]，由德国物理学家海森堡（Werner Karl Heisenberg, 1901–1976，图2-01）于 1927 年提出。该原理表明：一个微观粒子的某些物理量（如位置和动量，或方位角与动量矩，还有时间和能量等），不可能同时具有确定的数值，其中一个量越确定，另一个量的不确定程度就越大。

可以这样来做个大脑实验（Thought Experiment）：假设有一架高倍电子显微镜，通过某一个单独光子来测某一个单独的电子（黑点），光子与电子的大小和质量都比较接近。显然，观察用的光子运动会干扰或者改变电子运动轨迹。也就是说，当光子与电子接触后所形成的电子数据，由于受到了光子的撞击而变得不准确了。或者，对于在小于光子的微观世界中，测不准定理似乎永远无法完全消除，无论人们如何改进测量仪器，也不可能获得准确数据，除非人们能够把光子无限缩小。"测不准原理"被认为是科学中所有道理最深奥、意义最深远的原理之一。"测不准原理"所起的作用就在于它说明了科学度量的能力在理论上存在的某些局限性。人类不是万能的，科学也不是万能的。

1927 年玻尔（Niels Henrik David Bohr, 1885–1962，图2-02）在"测不准原理"基础上提出著名的互补原理，其基本思想是：任何事物都有不同的侧面，在某一个理论体系内，承认了对象的一些侧面就不得不放弃其另一些侧面，也就是说它们在通常意义上是相互矛盾和排斥的；另一方面，那些另一些侧面却又不可以完全废除的，因为某些的条件下，还需要它们来做解释。在这种意义上说，不同的侧面是"互补"的。光的波粒二象性正是互补性的一个重要表现。对经典理论来说是互相排斥的不同性质，在量子理论中却成了互相补充的一些侧面。

玻尔指出，在物理理论中，人们总是认为可以不必干涉所研究的对象，就可以观测该对象（在宏观世界中，观察工具的影响虽可以忽略，但还是存在），但从量子理论看来却不可能，因为对微观世界的粒子体系的任何观测，都将涉及所观测的对象在观测过程中已经有所改变，因此不可能有准确的数据。

玻尔认为他的"互补原理"是一条无限广阔的哲学原理。为了对观察到的微观世界有一个合理的解释，因果性概念已经不敷应用了，必须用互补性概念这一"更加宽广的思维构架"来代替它。因此他说，互补性是因果性的"合理推广"。也就是说，"互补原理"颠覆了（或者说超越了）"因果推理"，而因果关系是

[1]参见互动百科 http://www. hudong.com/wiki/ 的"海森堡测不准原理"条目.

[2]参见 http://www.lailook.net/qdsw/ 06/2010-04-08/3186.html.

[3]霍金也曾经说过："海德堡测不准原理是世界一个基本的不可回避的性质。"参见：霍金.时间简史[M].许明贤，吴忠朝.长沙：湖南科技出版社，1996：60.

图 2-01　物理学家海森堡

图 2-02　物理学家玻尔

[1]参见百度百科 http: //baike.
baidu.com/view/4243.htm 和 http:
//baike.baidu.com/view/24944.htm.

传统科学的安身立命的基础。

二、爱因斯坦的相对论[1]

爱因斯坦(Albert Einstein, 1879–1955, 图 2–03)相对论是关于时空和引力的基本理论,分为狭义相对论和广义相对论,狭义相对论提出于 1905 年,广义相对论提出于 1915 年。目前科学界认为,狭义与广义相对论的区别在于是否涉及引力(时空弯曲)问题(图 2–04),即狭义相对论只涉及那些没有引力作用或者引力作用可以忽略的问题,而广义相对论则是讨论有引力作用时的物理学。一般而言,广义相对论是基于狭义相对论的。如果后者被证明是错误的,整个相对论理论大厦都将垮塌。因此,在此本书主要用通俗的语言阐述一下狭义相对论的基本理论,来充当本书论据。狭义相对论提出两条基本原理:

（1）光速不变原理。在所有惯性系中,真空中的光速等于恒定值 C。光速大小与参考系之间的相对运动无关,也与光源、观察者的运动无关。光子由于无法静止,所以它没有静止质量,这里所说的质量是光子的相对质量。也就是说光子的质量最轻接近无,因此任何比光子大的粒子的速度必然不可能超过光速,光速是物体或粒子运动的极限。由于光子没有静止质量,无法获取地球的动能,所以光子无论是顺着还是逆着地球自转方向发射,光子运动速度都是恒定的。

（2）物理定律在所有的惯性系中都是相同的和等价的,或者说物理体系的状态变化的定律,同描述这些状态变化时所参照的坐标系究竟是具体的哪一个并无关系。物质在做永恒的运动,没有不运动的物质,也没有无物质的运动,也就是说世界上所有一切都在运动,因此无法找到一个绝对静止的坐标来描述物质的运动。或者说描述物质运动的任何一个参考物或参考(坐

图 2–03　物理学家爱因斯坦

图 2–04　时空弯曲

标）体系，都是临时的或相对的。这些所有的参考体系都是等价的或者说都不是绝对的。可以这样说，不同惯性系的物理方程形式是相同的。

爱因斯坦的相对论彻底改变了人类的时空观，指出了物理世界的参考体系的相对性，第一次打破了一元论的固定思路。爱因斯坦相对论的基本假设是相对性原理，即物理定律与参照系的选择无关，也表明了不存在绝对的体系，一切体系都是相对的（不确定性的）。但是，爱因斯坦并没有完全贯彻这一点，由于狭义相对论中还有一个绝对的参照体系即不变的光速，所以爱因斯坦一直坚守严格的因果性和实在性，绝然反对量子理论的不确定原理和几率解释。一直到生命的终点都没有认同在受他的相对论启发而发展起来的量子力学的基本观点。他宣称"上帝不投骰子"，这些都导致他的后半生游离于物理学主流之外，成为他后半生的精神痛苦根源。

三、普利高津的"确定性的终结"

1997 年比利时研究热力学的物理学家普利高津（Ilya Prigogine，1917–2003，图 2–05）获得了诺贝尔化学奖，他的著作等身，如《确定性的终结》《从混沌到有序》和《探索复杂性》等等。他的研究成果是物理学"混沌"和"自组织"理论，揭示出宇宙中不同系统发展的演变机制。

热力学第二定律认为，一个孤立系统的熵一定会随时间增大，熵达到极大值，系统达到最无序的平衡态，所以孤立系统绝不会出现有序的耗散结构，换言之，开放和非平衡是系统发展的必要前提[1]，系统向有序结构发展就是熵值减少的过程。

耗散结构（dissipative structure）可概括为：一个远离平衡态的开放系统，通过与环境进行物质、能量和信息的交换或者耗散，就有可能自发组织起来，实现从无序向有序的转变，形成具有一定组织和秩序的动态结构。通过交换或耗散，只要从环境引入的负熵大于系统自发的正熵，系统整体上就可以实现熵的减少；当系统进入非平衡态，其中的非线性相互作用得以表现出来，就可能形成新的有序结构（低熵）。所以对于开放系统来说，系统可以通过自组织从无序进入有序的耗散结构状态。

发展是通过涨落起伏达到有序。从系统的存在状态来看，涨落是对系统的稳定、平均状态的偏离。从系统的演化的过程来看，涨落是同一系统发展、演化过程之中的差异，也表现出发展过程中的不平衡。涨落是普遍存在的。涨落是系统的创新之源，是系统发展演化的建设性因素。在一定条件下，当一定的涨落得到系统整体的响应时，小的涨落就被放大成为引起系统整

[1] 参见百度百科的《耗散结构理论》条目：http://baike.baidu.com/view/62783.html?fromTaglist.

图 2–05　物理学家普利高津

体进入新的有序态的巨涨落。巨涨落可能是"质变",也可能是"革命"。

耗散结构提出了突变概念,是指临界点附近控制参数的微小改变导致系统状态明显的大幅度变化的现象。在控制参数越过临界值时,原来的热力学分支失去了稳定性,同时产生了新的稳定耗散结构分支,在这一过程中系统从热力学混沌状态转变为有序的耗散结构状态,其间微小的涨落起到了关键的作用。耗散结构的出现都是以这种临界点附近的突变方式实现的。"蝴蝶效应",就是对耗散结构的生动应用,已经成为混沌学理论中的基本概念。

气象学家洛伦兹 1963 年提出:一只南美洲亚马逊河流域热带雨林中的蝴蝶,偶尔煽动几下翅膀,可能在两周后在美国得克萨斯引起一场龙卷风。其原因在于:蝴蝶翅膀的运动,导致其身边的空气系统发生变化,并引起微弱气流的产生,而微弱气流的产生又会引起它四周空气或其他系统产生相应的变化,由此引起连锁反应,最终导致其他系统的巨大变化。此效应说明了系统对初始条件敏感性的一种依赖现象。输入端微小的差别会放大到输出端。也就是说,初始条件的极小偏差,将会引起结果的极大差异。

准确理解耗散结构理论,还要弄清楚其它几个关键概念:远离平衡态、非线性、开放系统、涨落、突变。本书在这里仅是作个简单的解释,其后转到我们的问题上来。耗散结构理论有很多不同层面可以供不同领域的学者来开发,这里只谈谈与"确定性的终结"相关的解释。从耗散理论的涨落和突变理论可以看出,微小的涨落或者变化都可能引起系统巨大震荡,乃至于走向新的有序结构体系。也就是说系统的发展或者宇宙演化的过程中,系统最终发展不是由什么主导因素或者原因所决定,而是在偶然性的因素影响下发展起来的。这也就打破过去的很多看似非常有道理的理论,如地理决定论和历史决定论等等。按照耗散理论,系统的发展充满了很多偶然性和随意性,并不是存在着一条贯穿系统发展的主要线索。也就是说在任何一个系统的发展演变上,起决定性的因素并不是不变的,而是在不断地变化,而且有时还是很不起眼的因素。

在生活中,从名人的成功传记中,可以发现很多偶然因素在起作用。在名人成名的早年中,他们周围中总是存在着很多比他们更优秀的人,但这些人都没能成功。这其中的奥妙,除了名人自身(他周围的优秀的人同时也在努力)的努力外,偶然性的机会几乎起决定作用。还有一个业界熟悉的说法可以佐证耗散结构,就是"规划不如变化"的尴尬。做规划的时候,规划师根据各种经济上或人口上或者其他的"理论或者公式"来对未来城市的发展做出规划和布局。但是，事实上，城市的发展并不是按各种"理论或者公式"的规定来发展，虽然这些"理论或者公式"也一直在或多或少地起作用。城市发展的很多偶然的因素是不可预计和设想，但是最后却起决定作用，这从某种程度上颠覆了城市规划存在的理论基础，城市是不可规划的。法国人基本上不谈或不太喜欢用城市规划（City Planning）一词，而用都市设计（Urban Design），表明了法国建筑学界这种共识[1]。

　　总而言之，耗散结构理论表明，系统的发展包含有宇宙、自然界、生物进化和人类历史等等的发展都是不可预知的和不确定性的。耗散结构理论提出后，在自然科学和社会科学的很多领域如物理学、天文学、生物学、经济学、哲学等都产生了巨大影响。著名未来学家托夫勒（Alvin Toffler，1928- ）在评价普利高津的思想时，认为它可能代表了一次科学革命。过去寻求"确定性"规律的人类求知的冲动都是人类自身的一厢情愿或者对自身的痴迷。

四、哥德尔的不完全性定理

　　哥德尔不完全性定理是德国著名数学家哥德尔（Kurt Godel，1906–1978，图2-06）在1931年提出来的。这一理论使数学基础研究发生了划时代的变化，更是现代逻辑史上很重要的一座里程碑。该定理与塔斯基的形式语言的真理论，图灵机和判定问题，被赞誉为现代逻辑科学在哲学方面的三大成果。

　　当然哥德尔不完全性定理是深奥的，但是本书在此以比较通俗的语言来表达它的意义，以便能够有一个正确的理解，而不至于变成本书的噱头。不完全性定理是数论上的基础理论，在逻辑上可以作这样一个理解，任何一个逻辑体系总是存在着一个命题是这个体系无法证明的，这个命题可以在其它体系中得到证明，而这个命题通常就是这个体系的前提和基石。不完全性定理在数学上是这样表达的："任意一个包含算术系统在内的形式系统中，都存在一个命题，它在这个系统中既不能被证明也不能被否定。"或"任意一个包含算术系统的形式系统自身不能证明它本身的无矛盾性"。

　　举例子来说，欧氏几何就是把一些显然的事实（哲学上称为自明的）作为定义和公理作为前提或者基础，以形式逻辑方法，从而建立了一套从公理、定义出发，推导出其它定理，进而形成了一个严密的逻辑体系——几何学。欧氏几何的五条公理是：

　　1.任意两个点可以通过一条直线连接。

　　2.任意线段能无限延伸成一条直线。

图2-06　数学家哥德尔

[1]根据形式逻辑的三段论,由前提推导出结论,当然前提又需要另外一个前提来保证,如此循环往复乃至于陷入推理黑洞。因此,哲学家在建立哲学体系时意识到这个问题,大多数只能武断地设定哲学的前提,如黑格尔的"绝对精神"、中世纪基督教哲学的上帝和亚里士多德的"第一推动力"等等。近代哲学家为了避免这种武断,只能把哲学的前提搁置到直观或者常识上,以避免自己的哲学成为武断的体系。

[2]把建筑历史划分为建筑感性史和建筑理性史是基于建筑教学而提出来的,在这里这两种提法不准确,权且勉强凑合着使用。参见拙文:王发堂.建筑感性史[J].同济大学学报(社科版).2008(5):41-47.

3.给定任意线段,可以以其一个端点作为圆心,该线段作为半径作一个圆。

4.所有直角都全等。

5.若两条直线都与第三条直线相交,并且在同一边的内角之和小于两个直角,则这两条直线在这一边必定相交(平行公理)。

这五条公理就是欧氏几何的前提和基石,而这些基石是在欧氏几何中无法得到证明的。一般而言,欧氏几何在这里就诉诸直观或者常识。因为这些公理是显然的和明白无误的。事实上后来的非欧几何就是在指出了平行公理的不完善性而建立起来的。

哥德尔不完全性定理在哲学上也有应用。某一个哲学体系的最初命题或者基本命题无法在本体系中得到证明,因而给人造成一种独断的哲学。因此很多近现代哲学家把他们的哲学前提建立在直观或自明的基础上[1],如胡塞尔(E.Edmund Husserl,1859-1938)的现象学建立在本质直观上,笛卡儿(René Descartes,1596-1650)的理性哲学建立在"我思故我在"的基础上。

哥德尔不完全性定理指出了任何体系或者任何科学理论都是有前提的或者说有条件的,如果说条件发生变化了,任何体系或者任何科学理论就会被其他的理论推翻并取而代之。也就是说,正是由于科学理论或者体系的不封闭性或者说开放性,导致了它的相对性。世界上没有绝对的真理,只有相对真理,科学真理也变得流动起来了。

第三节　人文科学上的不确定性

一、建筑历史发展的不确定性与偶然性

在常识中,建筑历史发展是有规律可循的,而并不是一盘散沙或者说是偶然的、不确定性的。结合耗散理论,把建筑历史作为一个个案来做具体分析。

为了便于阐述,建筑历史分为两部分:建筑感性史和建筑理性史[2]。建筑感性史强调的是建筑物实际存在的历史,也就是说在建筑发展史上著名建筑物的排列史。建筑理性史,强调的是建筑发展的内在结构和内在本质的历史,也就是说透过表面上建筑物的内在演变史,希望发现隐藏在具体的前后涌现的

建筑物的规律性或者恒定不变的抽象线索。建筑理性史关注的是,在历史上建筑演变的内在动力和发展规律。

　　建筑的真实历史,在历史时间的长河中,只有一个。如果对建筑历史作原生态的考察,便会发现所谓在历史上真正上演的建筑历史,仅仅是著名建筑物接踵登场不同顺序的历史而已,只有不同建筑在某个历史时间段建造起来。历史上先后出现的建筑物,被时间推选到历史的中心舞台上从而成为著名的建筑物,一般依据就是它杰出的艺术成就或者结构成就。建筑物的艺术成就与结构成就并不成正关联,也就是说,一个建筑物取得杰出的艺术成就并不能保证它的结构成就的杰出,甚至杰出的艺术成就建立在糟糕的结构之上都是屡见不鲜的,如圣彼得大教堂和帕提农神庙等等。[1]由著名建筑物按时间顺序就排列成一个建筑感性史,它们之间的关系,并没有一定确定性的关联性,充满了很多不确定性。

　　建筑的自然生态史(感性史)就是一栋栋著名建筑物的被创作的历史。每一栋著名建筑物的出现都是由很多因素决定的,很多著名建筑物的出现都是充满了不确定性。雄厚的资金保证、开明的业主、优秀的建筑师和时代的文化背景都是重要的因素,同时还具有很多偶然因素:流水别墅由于结构问题险些流产,范斯沃斯别墅建造过程的碰碰磕磕,柏林犹太人博物馆要不是建筑师李伯斯金的夫人的韧性就会被埋没等等。存在着无数的不定的因素使很多优秀的建筑方案成为废纸,因此,一栋优秀的建筑物的产生是无数偶然的因素碰撞后的产物,没有必然性。

　　建筑理性史关注的是历史上建筑演变的内在动力和发展规律。前面说过,真实的建筑史只是一栋栋著名建筑物在时间长河上出现的排列历史而已。建筑理性史就是要整合建筑感性史,在一个凌乱的建筑堆砌的建筑感性史中"归纳出"(这里用"捏造出"可能更准确)理论框架,这样就形成了建筑理性史。凡是与这个理论框架冲突的材料或者建筑物都被无情地打入历史的黑洞中去。比如,西方人编写世界建筑历史时,总是把中国建筑历史放到一个角落里。而且,不同的人,如果立场不同写出的历史也是不同的,胡适曾经说过,历史是任人打扮的小姑娘,就是这方面的一个证明。这也就是说明了建筑感性史只有一个,建筑理性史可以有不同的很多个版本,一切都是相对的和不确定的。

　　建筑理性史把历史上出现的著名建筑物的无序状态整理为有序状态,把著名建筑物出现的偶然性从理论层面上把它们变成必然性,把有史以来散乱的建筑活动整理成有秩序的或者有

[1]圣彼得大教堂的穹顶用铁链加箍的方法来平衡穹顶的侧推力,帕提农神庙的柱子的直径远远大于荷载所要求的截面,柱式的截面的大小是根据柱式的规定而确定的,而不是根据荷载计算出来的,在某种意义上来讲,结构是不科学的。

[1][美]纳托利.后现代性导论
[M]潘非,耿红,聂昌宁译.南
京:江苏人民出版社,2005:1.
[2]我想,这也是康德批判哲学中
物自体提出的一个主要根源
吧。

规律的活动系列,挖掘建筑感性史后面的抽象的东西。这样,就必然提出各种各样的假设或者理论框架,建构起某种理论,以便把这些建筑活动和著名建筑物填进去。建筑理性史着重于解释历史,因此在理论上即使保证不了在前因后果方面梳理得非常清晰,至少也必须自圆其说。

建筑理性史只能用于解释历史,而无法根据它们总结出的规律,来预测历史。因为历史发展中的任何偶然性,根据耗散结构都可能成为决定性的因素。也就是说建筑历史只能向后解释已经发展了的历史,而无法解释未来的发展,因为未来的发展是不确定的和随机偶然的。

二、证伪说与科学范式

"范式"理论是库恩(Thomas S Kuhn,1922-1997,图2-07)哲学的核心。"范式"就是指某一科学家集团围绕某一学科或专业所具有的共同信念。这种共同信念规定他们有共同的基本理论、观点和方法,为他们提供了共同的理论模型和解决问题的框架,从而形成一种共同的科学传统,规定共同的发展方向,限制共同的研究范围。

范式一般具有相对稳定的特点,只有出现更好的范式替代它,并为科学共同体所接受时,才会出现新旧范式替换的局面。科学革命的实质就是范式的转化和更替。科学的发生和发展一般要经历前科学时期、常规科学时期、科学危机时期、科学革命时期四个阶段。整个科学史就是遵循从前科学时期、常规科学时期、反常和危机时期、科学革命时期和新的常规科学时期的周期运动规律,而向前推进和发展的。

"范式"在这里其实是指出了科学理论体系的相对性。科学在常人眼里不可能是相对的,永远是绝对的,但是事实上科学永远是相对的。

后现代观点认为,人类虽然生活在客观实在中,但是,更准确地说,他们生活在对事实的各种表征之中[1]。人类意识中世界永远是一种文化建构,一种对人类自身和外在世界的表征。也就是说后现代理论认识论中所涉及的对象分为三部分:外在世界、人类的意识和科学知识或文化建构。人类无时无刻地生活在客观世界之中,但是人类意识无法直接面对和直接接受客观世界。人类的意识和反映世界的视觉系统都属于认识的主体一端,外在世界总是不说话,人类意识所接收到的客观世界永远是人类的独白或者自言自语[2],如同视觉系统与外在世界一样。在过去,人们就把人类意识中的信息直接当作客观世界本身,或者混淆了意识内容与它的对象。作为意识的产物的科学知识或

图2-07　哲学家库恩

者文化建构也不是客观世界本身，而是对外在客观世界内在结构近似模仿而建构起来的信息体系。科学知识或文化建构，如果是对外在世界的模仿，那么永远存在着科学知识或文化建构与外在客观世界无限接近的问题。这样，就发现其实科学知识也不是绝对的，而是建构的，是人类意识的产物。

回到库恩的范式理论，由于任何一种范式总是对外在客观世界的进行近似描绘的理论模型，随着工具的改进和人类认识的加深，就得不断地调整范式使这些理论更加接近客观世界。这其实就是范式不断变换的实质原因。由于范式或者科学体系不断在接近客观实在，存在着一种更为精确的范式代替不太精确的范式，这就是波普尔（Sir Karl Raimund Popper, 1902–1994）的证伪说的基本运作原理。换言之，所有要掌握一种普适的判断准则的断言（或范式）都是自我证实的断言，永远都会受到其它自我证实的断言的挑战[1]。

[1]［美］纳托利.后现代性导论［M］潘非，耿红，聂昌宁译.南京：江苏人民出版社，2005：27.
[2]王岳川.后现代主义文化研究［M］.北京：北京大学出版社，1992：151.

第四节　当代哲学对不确定性的认知

库恩的范式理论其实也是当代科学哲学对信息时代不确定状态的反映。通过当代主要哲学流派对时代做出的反应，人们获得了一个更为真切的后现代不确定性的信息社会变换不定的图像。

自 18 世纪启蒙运动开始，理性（Reason）就被现代哲学推到了至尊的地位。但当代哲学对理性（或者说确定性）的责难却并非始于后现代的发端。康德（Immanuel Kant, 1724–1804）首先对理性进行深刻的批判，强调先天认知能力的局限性。到了 19 世纪末，尼采（Friedrich Wilhelm Nietzsche, 1844–1900，图 2-08），提出非理性主义，对现代哲学的理性或者现代性作了全面的批判，其后激荡出了以彻底反传统、反理性、反整体性（或者说不确定性）为标志的后现代主义思潮[2]。后现代把对"理性"的怀疑态度作为其最重要的标识。

当代西方哲学有两个流派，一是欧洲大陆的现象学、存在主义和哲学解释学等，还有法国的结构主义和解构主义；另一是英美国家的分析哲学。在欧洲大陆的主流哲学，始于胡塞尔的现象学，但是胡塞尔本人在早年还曾追求哲学作为一门严格的科学，也就是说，胡塞尔的现象学还信奉确定性，而反对不确定性，如同爱因斯坦反对量子力学一样。而在他的继承人海德格尔和伽达默尔那里，不确定性也就表现得淋漓尽致。在英美分

图 2-08　哲学家尼采

[1] 参见：张祥龙.海德格尔传[M]北京：北京大学出版社,2008：49-74.

[2] "意识实项内容"实质构成现象的各种要素，比如感觉材料（stuff, data）或质素（hyle）以及意识行为。它们以被动或者主动的方式融入一个原发过程，一气呵成地构成更高阶的意义和意向对象。

析哲学那里，情况稍好些，在弗雷格的哲学中已经意识到不确定性，但理解还是比较片面，到了维特根斯坦和美国逻辑实用主义那里就变成了本能地对不确定性的维护了。

一、现象学、存在主义和解释学

（一）胡塞尔的现象学[1]

现象学是一门关于纯粹现象的科学。主要含义就是指在纯粹直观中对本质的研究。它是让那显现自身者，以自己显现的方式，如其所是的来展现自身。由此，胡塞尔（E.Edmund Husserl, 1859–1938，图 2-09）提出了现象学还原理论。所谓的还原理论就是意味着中止通常意义上的认识前提或认识框架，把这些认识前提或认识框架悬搁起来。对于胡塞尔来说，还原意味着自然主义的终结，即将一切关于某种东西"已经在那儿"的存在预设"悬搁起来"使其失效。打个比方来说，看到玫瑰花时，通常用爱情或者美好情感赋予给它，现象学认为，这种爱情或者美好的前提妨碍了对玫瑰花的认识。在看到玫瑰花时应该关注玫瑰花的形式（皱褶）、色彩（浓烈）和人对它的最初感受，而不是爱情或其他的外加在玫瑰花上的认识。也就是说，任何一个命题，如果包含对于某种超出了自身给予范围的论断，都必须放入括号里或者被悬搁，使之失效。通过还原，就是要达到那些自身显现的纯现象。

具有意向性的构成机制的意识不断地激活实项的内容[2]，从而投射出或者构成着（某种意义上来讲是创造出）那超出实项内容的内在被给予者，也就是意向对象或者被显现的东西。也就是说，人的意识总是在不断地根据视觉和听觉等提供的材料在不断地合成或者创造出一个认识对象。比如对面走过来了一个张三，视觉膜上的色彩和听觉中震动被合成一个人的意象或者说张三（这个人）的概念。因此，胡塞尔认为，意识活动从根本上来讲，总在依缘而起的意向合成行为，根据实项内容而构造出的观念性（ideal）的意义和意向对象。

意识从本质上是一个动态的过程，这在他的视域或边缘域的理论和现象学时间（或内时间）分析中表现得更加充分，由于涉及术语过多，就省略不讲。正是这个动态的不断合成的意识流为后来的存在主义和其他流派，奠定了坚实的理论基础。

现象学开拓了一种新的哲学传统，它拒绝借助于旧的传统，拒绝借助于以往的理论和前人的学说，而是要求直接、明证、原本地把握绝对真理自身；胡塞尔有意强调意向对象的自明性、确定性和客体性，以维持他对哲学科学性的认识。

胡塞尔期望得出一种没有前提的确定性的哲学，最终这种

图 2-09 哲学家胡塞尔

努力以失败告终。因为任何哲学包括现象学都是有前提的。哥德尔的不完全定理说的是同一件事。现象学的前提就是生活世界。生活世界中的经验本身是一个不可再还原的最后剩余。生活经验只能是主观的但并非随意的。生活世界是多元的和相对的。胡塞尔的现象学开始于"严格科学"或确定性,终于生活世界或者多元性,这不仅仅是胡塞尔的个人学术历程,也是西方当代哲学的必由之路。

(二)海德格尔的存在主义[1]

海德格尔(Martin Heidegger,1889–1976,图2–10)存在主义的哲学核心是以此在为基点来展开"实际生活本身(即存在的领悟)的形式或境遇显示",由此引出此在的"时间的时机化"生存方式。而"形式或境遇显示"体现为烦或译作牵挂、畏和沉沦等,"时间的时机化"体现为此在根据境遇和先行理解而做出不同决断,体现出此在的时机化(不确定性)的本质。

海德格尔张大、深化和改造了胡塞尔的意向构成中的边缘域,使之获得了存在论的含义,使这境遇不仅仅是"时间的内意识"和意向活动的背景,而更是人的生存本身的特点,人是一种永远处于未完成状态(具有各种可能性和不确定性)的生物。

海德格尔在自己思想的形成时期力求寻找一种让生活经验之流本身的冲动充分显示,同时能够表达出这种经验之流本身的形式或关系结构的方法。这就是后来影响了他一生的学术方法和话语方式的方法——实际生活经验本身的形式指引。海氏所说的形式指引其实就是世界境遇或者关系的体验,就是指各种原发方向或关系姿态。形式本身就是指实际生活经验本身形式的形势本性或境遇本性的表述。

他的哲学名著《存在与时间》的基本思路是去解决存在意义问题,由此对人类此在的生存方式进行分析,而这种分析会解释出这此在的本性就是牵挂及这种牵挂的纯形式——时间性。这种时间性的各种时机化(不确定性)表现为一切要理解存在含义的努力所依据的基本视野。

(三)伽达默尔的解释学[2]

现代解释学开创者海德格尔认为此在对于自己的存在和世界都已经有了所谓前理解,理解是此在的存在结构,是在总结过去、把握现在的基础上,对未来作出的筹划。任何新的解释都有已经理解的东西作为先见和前概念,新的解释虽然是从理解中派生出来的,但反过来为后来的更新理解规定了显现方向、方式和更具体、更清晰的内容,这就是海德格尔所理解的解释学循环。

伽达默尔(Hans–Georg Gadamer,1900–2002,图2–11)的哲

[1]关于海德格尔的哲学论述,参见:①张祥龙.海德格尔传[M].北京:北京大学出版社,2008;②张祥龙.当代西方哲学笔记[M].北京:北京大学出版社,2005.

[2]参见:刘放桐,等编.新编现代西方哲学[M].北京:人民出版社,2000:495–506.

图2–10 哲学家海德格尔

学释义学就是要发现一切理解模式共同的东西,要说明理解现象的内在实质,而不是仅仅提供方法论。理解本质上是一种效果历史(Effective History)的关系。伽达默尔关于哲学解释学的基本观点是:人文科学不可避免地具有历史相对性与文化差异性。他在艺术、历史与语言这三个领域中,分别对这一主题进行了深入研究。

伽达默尔从海氏那里继承了历史性(或称时间性的东西)思想,也就是说,此在在实践中的展开与实现就是他的历史性。伽氏由此提出了涵盖了主观和客观关系的效果历史。历史(旧的理解)既是(新的)理解的前提(客观性),又是(新的)理解的产物,表现为理解的当下处境与视域(当下认识的前理解的总和)之间的相互作用的融合。效果历史为理解活动提供了存在论的基础。理解效果历史就是理解的视域和理解的处境之间的互动,处境是历史的产物,人始终存在于处境之中,并且在处境中理解而不能站在处境之外对它进行完全把握。因此处境是人的理解范围的界限,这个界限叫视域,视域不是一个固定的区域,而是随着理解点变化而相应地围绕着理解点而相应地变动,随着理解而移动的生成变化的动态过程。现在的边缘视域与过去的相接触,并且向未来的视域开放,不断地扩大、拓宽。伽达默尔把视域的生成流动和不确定性称作为"视域融合"(Fusion of Horizons)。处境是由环境与过去的理解共同造成的,而且视域的融合又造成了处境面向未来的变化。处境是效果历史的产物,具有相对独立性和静止性,视域则是效果历史的过程,具有流动性和开放性,它属于效果历史的实践,又是效果历史的动力。

伽达默尔认为人的存在局限于传统之中,其认识会有不可避免的"偏见"。人类历史由传统的各种力量积累而成,他称之为"效果史"。在"效果史"中,过去与现在相互作用,当前的认识受制于过去的传统因素。他认为真实的理解乃是各种不同的主体"视界"相互"融合"的结果。

二、结构主义与后结构主义

20世纪50年代以来,法国哲学引来了又一个春天。第一次是结构主义向以萨特为代表的存在主义提出挑战。第二次是后结构主义对结构主义的消解。结构主义(包括后结构主义)是具有学术背景的不同学者,将原来在语言学中运用的结构主义方法推广用于其他领域而形成的一种庞杂的思潮。结构主义认为科学的研究方法是基于结构主义而不是还原主义(如现象学)。结构主义方法就是从混杂的现象背后找出秩序或者结构

图2-11 哲学家伽达默尔

来。结构主义最早出现在法国,之后形成了浩荡的国际性思潮。在这里就挑选几个有代表意义的哲学家的思想来谈谈。

(一)巴尔特结构消融论[1]

巴尔特(Roland Barthes,1915–1980,图2-12)主要研究文艺理论,把文艺批评和社会性研究结合起来。结构消融论的核心概念"零度写作",基本主张是指离开对外在现实真切的描写,主张去掉文学中浮夸的形式以及不必要的内在结构(或内容)而找出其"无意识的原型"。

"零度写作"认为文学是一种符号,这种符号的统一体至少有两种记号系统:第一种是由所指、意指和能指三个层次所组成的语言交流系统;第二种就是文学系统。人们读一个作品时,总要追求作品文字后面的意义,甚至第一次读时是一种理解,而第二次读时又寻到了另一种理解。这样,作品的结构就不是固定的了(不确定性了),作品的结构可以由于阅读的进行而经常变动。按照他的理论,阅读首先是把文学放在语言的上下文中去了解,而不是把它放在与事物的关系或与思想的关系上去了解,这里已经接近分析哲学的思路了。符号就是符号本身,不代表任何事物。文学的意义是读者或文学批评家所赋予的。意义的结构是流动可变的和不确定的了。要言之,由于结构而变动的意义是在一定的范围之内,读者或文学批评家就是在这个范围内进行多重解释。对文学作品的了解不是绝对的,而总是相对的。

巴尔特对作品文本的分析细化为可读性与可写性。后者要求读者要突破自身的角色,对作品进行自己的解释,创立我们现在的世界。因此,可写性的阅读只是一种"信码的游戏"(詹姆逊的"双重译码"的理论原型),人们不是得到一个确切的真实世界,而是进行无休止的创作,在分析创作中得到快乐。这种对文本的多重解释导致喊出了"作者死亡"的口号。

(二)德里达的解构主义[2]

德里达(Jacques Derrida,1930–2004,图2-13)是著名解构主义哲学家。他的哲学建基于胡塞尔的现象学基础上的,对西方文化进行了解构性的解读,在欧美学术界产生了广泛的影响。

德里达认为"解构"就是消除和分解内在结构。这里的内在结构实质上是指西方文化之安身立命的逻各斯。所谓形而上学的历史就是逻各斯以隐喻或换喻的方式改头换面的历史。它的原型是将"存在"确定为"在场"。传统哲学都提示着某种不变的逻各斯的存在。"逻各斯中心主义"是指在场的形而上学与语音中心论的结合体,它意味着语言能够完善地再现和把握

[1]参见:刘放桐,等编.新编现代西方哲学[M].北京:人民出版社,2000:425–427.

[2]参见:刘放桐,等编.新编现代西方哲学[M].北京:人民出版社,2000:427–432.

图2-12　哲学家巴尔特

图2-13　哲学家德里达

[1]参见:刘放桐,等编.新编现代西方哲学[M].北京:人民出版社,2000:432-438.

思想和存在。传统哲学总是将存在规定为在场,寻求确定的基础和第一因。而语音中心论则是指一种把语音或言语作为语言之本质的语言观。它认为鲜活的言语比不在场的文字能更好地表达思想。

传统哲学的"在场"遮蔽"不在场",忽视"不在场",都是不全面的,德里达从历史深处重新拎出"不在场",要表明"不在场"不仅不该缺席,它应该与"在场"平起平坐,相互倚重对方。众所周知,美国建筑师艾森曼与德里达比较密切,后面将会继续介绍解构主义的理论渊源,这里就不做过多的介绍,以免重复,详见第六章第三节。

(三)福柯的后结构主义[1]

福柯(Michel Foucault,1926-1984,图2-14)反对启蒙运动将理性作为进步的象征,颠覆现代性正当合法的权威地位,认为现代性实质上是控制和反控制的技术操作而建立起来的,知识和理性的尊严等等都是构造的产物或者说是一种文化建构(相当于康德的批判哲学"人为自然立法"的观点)。他与别的哲学家不同,从不起眼的方面如病理学、医学、监狱和性学等等,对这种控制形式作了深入的研究。他对现代性进行了激烈的批判,质疑和揭示知识、理性和社会制度等现代形式的合法性和正当性,认为天经地义的"常理"实际上是特定社会和历史条件下的产物,而且具有权力和控制结构,是相对的而不是绝对正确的。

启蒙运动的历史进步的观念其实是虚构出来的,只是控制和塑造人的权力机制和技术日臻完善的产物。福柯认为现代理性是一种强制力量或者权力,他集中关注人的理性在社会制度、话语和实践中被控制和被塑造成社会主体。在古典时期,人类从神学束缚下被解放,为了在神学废墟中重建新社会秩序,不得不把理性推到过去上帝的宝座上。用理性的知识系统和话语实践来区分和规范各种经验形式,压制异己的声音和理论体系。启蒙的理性神话利用各种权力来掩饰和压制多元性和差异性。福柯用不可沟通性、差异性和离散性来对抗现代性的理性压抑。

知识考古学是福柯早期的研究思路,考古学方法既不同于解释学方法,以考古学的方法梳理人类知识的历史,似乎是在追寻落在时间之外,今天又归于沉寂的印迹。福柯认为支撑话语理性的各种规则并不是普遍和不变的(不确定性的),它们都将随历史的变迁而变化,并且只对特定时期的话语实践有效。

福柯后期转向了谱系学方法:把话语置入社会制度和实践之中,揭示其中的权力机制。谱系学方法并不与考古学方法相对立而是互补的。福柯直接继承了尼采《道德谱系学》的权力

图2-14　哲学家福柯

基本思路,对那些被主流社会和科学所排斥和遗忘的边缘性话语,对道德、禁欲、正义和惩罚等等进行了历史研究。福柯认为这些边缘话语,诸如癫狂话语、医疗话语、惩罚话语和性话语等等都有着独立的历史和制度。这些微观话语是在宏观的国家和经济制度下一直被压制。

从 70 年代起,福柯开始在非总体化、非表现性和反人本主义的框架下重新思考现代权力的本质及其运作方式,提出了一套后现代的微观权力论。福柯认为"权力"是一个尚未规定的、推论的、非主体化的生产性过程,它把人体不断地构成和塑造为符合一定社会规范的主体,它本质上不是压迫性的、而是生产性力量,它只关注生产性力量,让它们发展并且规范它们,而不愿阻碍它们、压抑它们或者毁灭它们。

福柯的研究表明了所谓的现代性并不是天然合法的,而是权力在打压异己中建立起来的。现代性也只是一种知识或者文化的建构,是相对的。

三、英美分析哲学

分析哲学形成与发展过程分为三个阶段:第一阶段,20 世纪头 10 年是分析哲学形成阶段,以弗雷格(Friedrich Ludwig Gottlob Frege,1848–1925,图 2–15)、摩尔(G.E.Moore,1873–1958)和罗素(Bertrand A.W.Russell,1872–1970,主张逻辑原子主义)的哲学分析方法为代表。第二阶段 20 世纪 20 年代至 40 年代,是分析哲学全面发展阶段,以维特根斯坦(Ludwig Wittgenstein,1889–1951)的《逻辑哲学论》和维也纳学派(逻辑实证主义)形成为依据。第三阶段则是 20 世纪 50 年代至今,分析哲学从欧洲转移到美国,同时也是分析哲学从鼎盛走向衰弱的阶段,以奎因(S.V.O.Quine,1908–2000)的逻辑实用主义为标志。

弗雷格首创现代数理逻辑的分析技术并将之运用到语言,这种开创性的工作使他获得"分析哲学之父"的声誉。弗雷格提出了"语境"原则,认为只有在语句的环境中,而不是孤立的词语中,才能找到词语的意义。这一点为现代分析哲学的语言意义问题提供了平台。或者说弗雷格认为语言中词语意义并不是固定的和不确定的,随着词语所处的上下文而处于不断的变化中。后来,弗雷格提出的意义(含义)与意谓(指称)的区分,澄清了传统哲学中的语词对象与语词所指称的对象模糊认识,开创了分析哲学对意义理论的研究方向。

(一)罗素的逻辑原子主义[1]

传统哲学的哲学基础是"内在关系"说,即认为关系是内在于或者说附属于事物的性质;而新兴的逻辑则要求"外在关系"

[1]参见:刘放桐,等编.新编现代西方哲学[M].北京:人民出版社,2000:261–262;张祥龙.当代西方哲学笔记[M].北京:北京大学出版社,2005:136–157.

图 2–15 哲学家弗雷格

说,把关系看作是外在于事物独立存在的,像纽带一样在事物之间起连接作用。如果关系是内在于实体内部的性质,仍需要借助于其他外部的实体之间的关系才能得到证明。这说明"关系"的范畴比性质的范畴更为基本,不能仅局限于一个实体的内部。关系比属性更具有必然性,因为关系是外在实体的联系,不以感觉为转移。而属性的感觉是因人而异,缺乏必然性。

关系是外在于实体而独立存在的,关系和实体具有相同的本体论地位。把关系当作实体的属性是传统形而上学的偏见,导致主谓逻辑对人类思想的长期统治。罗素(图2-16)提倡"外在关系"说,为后来命题真正的意义由逻辑结构所决定的奠定了基础,逻辑结构本身有自己的内容或实质,而不仅仅是传统的形而上学所谓实体的反映,是第二位的。也就是说为关系逻辑奠定了哲学基础。他所说的是命题与命题或词项与词项之间的逻辑关系。外在关系说属于当时反对心理主义,提倡逻辑本体论的倾向。

上述的说法还是太抽象,过去哲学强调内在关系也即事物的内在性质,把事物的内在性质当作本质和哲学核心。而罗素说,事物的外在关系比内在关系更为本质、更为核心。也就是说事物本质在于外在所处的关系,是外在关系决定了事物本质,同时外在关系是在不停地变化的,这相当于说本质是不确定的了。这与弗雷格所谓上下文的语境(外在关系)决定语词的意义是一致的。还是打个比方来说,人的本质是什么,不同哲学家有不同的说法。马克思说"人的本质是一切社会关系的总和",亚里士多德指出"人本质上是政治动物",卢梭(Jean-Jacques Rousseau,1712–1778)认为人性本恶,中国儒家认为人性本善。所有这些说法,都是在某一特殊的知识背景或者理论体系中提出来的,都是一种外在关系。没有谁可以提供一个没有外在的知识背景或者理论体系的关于人的本质最权威的绝对认识。也就是说人的本质是一种外在关系,是相对的和变化的,根本不存在着一种关于人的本质的内在关系。

罗素在历史上的贡献就是开创了逻辑分析方法,坚持哲学上的任务就是以现代数理逻辑为工具,对语言的逻辑工具进行分析,以求克服日常语言的局限,建立一种理想的人工语言。罗素借此表明命题真正的意义由逻辑结构所决定的,逻辑结构不等于语法结构或者形式语言,逻辑结构本身有自己的内容或实质。传统哲学认为,理论总是要求与外在的客观世界相符合才是真理。后来,分析哲学发现人类用来表达理论的逻辑和语言也有自己的生命和内在要求,而不仅仅是理论的工具。所谓的语言上的悖论,就是表明语言体系内在规则与外在客观世界的

图2-16　哲学家罗素

冲突而产生的。内容意味（客观世界规律）通常与形式意味（语言逻辑规律）产生冲突，造成命题上意义的混乱和思想上的困惑。只有经过逻辑分析，才能澄清命题的真正意义，才能排除虚假概念，使概念更加明确、语义更加清晰，建立一整套的逻辑语言来消除日常语言的困惑，成为罗素和后来逻辑实证主义的奋斗目标。

（二）维特根斯坦的逻辑图像论[1]

维特根斯坦（Ludwig Wittgenstein，1889–1951，图 2–17）与其他分析哲学家的不同在于，他对哲学终极问题的敏感和追问，表现在他对图像论（世界逻辑结构）的追问和后期的语言游戏的家族相似性的思考（生活形式与日常语言的关系），前者把意义标准定为逻辑规则，后者把意义标准定为日常语义规则，直接指向哲学的原发状态和逻辑生长点。它直接引发了逻辑经验主义和日常语言分析学派。

《逻辑哲学论》的基本思想就是认为语言有与世界同构的深层逻辑结构，理解了这种结构便能发现清楚表达和有意义言说的界限。他在《逻辑哲学论》中指出："只有命题才有意义；只有命题在联系关系中名称才有指谓。"[2]维特根斯坦认为语言意义优先，也就是说语言由于内部自身系统化而成为一个自洽的体系，语言先于世界而获得意义，再通过世界来检验语言命题的真伪。这样，语言相对于世界来说，多了一个维度（语言自身的维度），因而语言可以超越世界，从而产生形而上学等等的"无意义"的体系。这也便是维特根斯坦后期工作的起点。《哲学研究》通篇在表达这样的意思：一个词的意义就是在于语言中的使用。语言的意义在于实践，而不是由语言自身的逻辑结构所赋予（早期观点），更不是语言对象的外在世界所决定的（传统哲学观点）。从这里可以看出维特根斯坦认为语言的最小有意义的单元是命题，而不是语词。命题在不同体系中的意义也不是固定的。这与弗雷格认为"语词意义在于语境"有了一个大的提高，比罗素的外在关系说有了一个理论上的推进。

（三）维特根斯坦的语言游戏论[3]

维特根斯坦认识到语言多出来的维度大于世界，由此他把世界扩大到生活形式，为了与生活形式作相应调整，语言也由逻辑语言扩展到日常生活语言。世界依存于包括语言在内的生活形式。但是，语言是生活形式结构的一部分，这样把语言的意义和外在的客观世界图像逻辑关系（他的早期观点）隔离开来（不再是同构关系）。语言的意义在于用法，在于规则的遵守，在于主体间性（借用胡塞尔的术语），来自于社会的共识。语言的本质或者意义在逻辑上是属于公共性的。这样也就把语言意义与

[1]张祥龙.当代西方哲学笔记[M].北京:北京大学出版社,2005:161–182.
[2][奥]维特根斯坦.逻辑哲学论[M].贺绍甲译.北京:商务印书馆,2005:35.
[3]刘放桐,等编.新编现代西方哲学[M].北京:人民出版社,2000:274–278.

图 2–17　哲学家维特根斯坦

[1][奥]维特根斯坦.哲学研究
[M].李步楼译.北京:商务
印书馆,2004:7.

[2]参见:[奥]维特根斯坦.哲学
研究[M].李步楼译.北京:
商务印书馆,2004:31.

[3][奥]维特根斯坦.哲学研究
[M].李步楼译.北京:商务
印书馆,2004:46.

[4][奥]维特根斯坦.哲学研究
[M].李步楼译.北京:商务
印书馆,2004:48.

[5]刘放桐,等编.新编现代西方
哲学[M].北京:人民出版社,
2000:286-294.

内在的体验和意识(传统的哲学如笛卡尔的哲学)隔离开来,反对所谓的私人语言。语言—游戏的规则来源于共识,认识来源于家族的相似性,最终要靠共同的遵守。

维氏说:"我也将把由语言和行动(指与语言交织在一起的那些行动)所组成的整体叫做语言游戏。"[1]语言之所以有意义,首先是因为它是人们的一项行动。人们不仅仅是在沉思中理解世界,同样也在实践中体验世界。语言与行动是不可分割的,它们相互绞结在一起,通过名称来指示事物只是其中的一种。根据"语言—游戏"的实践性和多样性,维氏要求人们以动态的观点来观察语言的意义,得出了一个具有深远影响的结论:"在多数情况下,虽然不是一切情况下,我们可以给'意义'这个词下这样的一个定义:一个词的意义就是它在语言中的使用。"[2]后来的日常语言哲学家就把这段话简化为"意义即用法"。这就指出了词语并不是一成不变的意义的标签,它在语言中有多少用法就有多少意义。

哲学家们虽然承认语言现象的多样性、复杂性和差异性,但是他们总是企图给语言下个完整的定义,企图在定义中把握所有语言现象所共有的本质特征。继而开始否定游戏作为活动的共有特征,虽然存在着一个共有的名称,但并不存在一个共同特征或者说定义,把这个定义说成对所有游戏活动本质的概括。"我不是在所有可能被称之为语言的现象中制造出一个共同的东西,而是说,在这些现象中没有一个能使我们用相同的词语来概括的共同特征,这些现象是以不同的方式联系在一起的。正是由于这种这些联系,我们把这些现象称之为语言。"[3]进而提出了:"游戏是一种复杂的重叠交错的相似性的网络:有时是整体的相似,有时是细节的相似。"[4]他把这种相似性看成"家族相似",就是一种反定义(概念)或者反本质的传统哲学下定义的某些倾向。

"意义即用法"击中逻辑原子主义的要害,其实质在于告诉人们意义是不确定的,在于它的用法。而所谓的"家族相似"则告诉人们,其实并没有什么作为永恒的"本质"东西,本质一直在变化的。从这里你会发现家族相似性、伽达默尔的视野融合和德里达的延异似乎在诉说相同的故事,或者说同一个故事的不同版本。

(四)逻辑实用主义(实在论者)[5]

奎因(S.V.O.Quine,1908-2000,图2-18)把美国实用主义与逻辑经验主义结合起来,用实用主义的思维模式补充逻辑经验主义。因为反对经验论的两个教条和还原论,奎因彻底击毁了逻辑经验论的基础而名噪一时。

图2-18　哲学家奎因

　　奎因认为在命题中可以有意义地使用某个名词而无须预设名称所指的对象存在,可以使用谓词(属性)而无需默认存在一个被称作意义的东西。这些表明当我们使用了逻辑上所说的约束变量或量化变项,如有个东西(something),无一东西(nothing)或一切东西(everything),都陷入了对本体论的承诺。也就是说,如果使用了量化变项,就已经做出了关于存在这种变项所指称事物的承诺。对这些变项所指称事物的承诺意味着一种本体论。奎因认为当理论谈论一个事物,它就对这个事物的存在做出本体论的承诺,而当我们接受了一种理论,也就有义务接受一种本体论,反过来说,接受一种本体论也就如同接受一种科学理论,而一旦决定了对科学更为全面的概念结构,也就决定了本体论。

　　奎因把简单性作为选择本体论的标准,因为作为一种方便的工具,简单的本体论解释会受到各种理论体系的青睐。奎因采用了实用主义的立场,认为采用何种理论体系,应采用宽容的态度,抱有宽容精神和实验精神,允许不同本体论的继续探索。奎因的本体论承诺本质上就是一种科学上的约定论,科学理论以约定为基础,在建立科学时其实在做出不同的约定,而选用约定的标准则是根据它们的实用性。任何理论都是虚构的产物,在构造理论时也就约定了理论所指向事物的存在。

　　任何两种语言之间完全对应关系是不确定的,并不存在两种语言之间的彻底翻译,或者说一种语言不能在它原来使用的意义上毫无歧义地翻译成另外一种语言,这就是所谓的"翻译的不确定性问题"。由于无法以某种特定的语言作为绝对参照系,只能作为相对的参照系,因此概念和本体论都具有相对性,这就相当于对意义和指称概念给出了一种实用主义解释。

　　由此提出了一种整体论思想,概念出现的整体决定了概念的意义和指称。概念的意义和指称是以整体体系为单位,而不是语词、陈述和意义。只有在这个层面谈论意义和概念才有意义。奎因把整个科学当作一个同心圆,最外端或者说边界是经验,离经验最近的是关于感觉经验的命题和物理命题,其次是关于普遍的和关于自然规律的命题,最远的是逻辑命题和本体论命题。当科学理论与经验事实产生冲突时,首先需要做出调整的是离经验最近的命题,其次是关于自然规律的命题,最后才达到作为科学的和新的逻辑命题和本体论命题。所有这些命题构成了科学整体,它们之间具有不同的逻辑关系,因而其中的某些命题发生变化,必然会引起相关命题的变化。但由于逻辑命题和本体论命题离经验边界最远,经验上的变化通常不会直接影响到这些命题的变化。这样人们在选择这些命题时具有很大的自由余地,而不必考虑它们与经验的关系。这就是他所谓的"本体论的相对性"。

第五节 信息社会的不确定性

一、确定性与不确定性的辩证关系

从感觉层面、科学层面和哲学等层面,上述理论都论述了对"不确定性"的理解。在上述理论中,本书觉得最为彻底的理论就是玻尔在"测不准原理"基础上提出的著名的互补原理,使得理论呈现出二元或者多元的态势,也就是说把信息时代理论的相对性贯彻得最为彻底,并没有企图一元化或者统一化,或者说确定化。狭义相对论理论是不够彻底的,因为在爱因斯坦的理论中还保留了一个一元论的尾巴即具有绝对性的恒定不变的光速,如果今后的爱因斯坦相对论理论被更好的理论所替换的话,突破点肯定是在光速不变这一点上。其他的哲学家和理论家在建构他们的哲学体系时,总是念念不忘理论的统一性和确定性。比如美国分析哲学家奎因在他的理论中提出了"科学的整体论",认为,具有经验意义的单位只能是整个科学,其中每一个命题的证实都是依赖于与它相关的命题,因此单个的命题或陈述无法作为有意义的单位,只有作为整体的科学才是一个完全独立的单位。这种统一的思路也许是未来理论建构的大忌,这与玻尔的"互补原理"直接对立,在此姑且存疑。

从当代科学、哲学和相关人文科学的角度来阐述信息时代的本质特性,即不确定性和相对性。上面的论述都无不在解释这一点。但是,无法理解的就是,知识界和建筑界都强调了当今的信息社会的不确定性。其实世界还是从农业社会继承下来的世界,外在的客观世界并没有变得飘忽不定和不确定化,而理论界却弄得风生水起,让人捉摸不到头脑。

过去,农业社会或者工业社会的人们对世界有一个认识,认为世界就是所看到或者所理解的那样想当然和天经地义。例如在地心说时代认为地球是宇宙的中心,科学家们想方设法把一切事实都往这个地心说理论框架里塞。碰到与这种现象相违背的事实也总是用修正理论硬往里填塞。后来的日心说出现,就会发现地心说中存在很多牵强的理论解释。不管在地心说还是日心说时期,地球一直在围绕着太阳转,但是日心说使人们更好地理解了这个世界。牛顿万有引力理论体系很好地解释了行星的运动规律,但是后来的广义相对论的出现,解释了很多万有引力无法解释的现象,能够更加合理解释客观世界的运作规律。广义相对论的出现使人们认识到万有引力是存在着一定的适用范围(宏观世界),而不是放之四海而皆准的法则。人们虽然生活在客观世界中,但对世界的认识或者理解从来就不是客观世界本身,而是人类所创造的科学理论体系中所描述的世界。还有一个例子可以更好地说明这一点,在细菌和微生物(包括电磁波或者核辐射等等)没有发现之前,人们用肉眼无法看到或者发现它们,虽然细菌和微生物在地球上的生活时间比人类长得多。只有在发现他们之后,人类的意识中才会把细菌和微生物叠加到原来的世界上。从这里也可以看到,人类对客观世界的认识或者解释总是相对的,人类不是上帝,无法直接"看到"客观世界。客观世界不是直接展现在人类的意识内,而要通过人类的科学和文化这副眼镜才能认识。悲观地一点来说,从目前的分析来看,人类意识与外在客观世界至少隔着两层障碍物,一是人类的感官系统,另一个就是刚才所说的科学知识或者文化建构(也即思想观念)。从这个意义上说,人类一直生活在客观世界中,但从未直接地接触到客观世界,而一直生活在人类文化建构的信息世界中所呈现的世界。

也就是说,人类过去之所以认为这个世界是确定的,是因为人类的认识有限导致的,但是这种不全面的认识给他们的生活和生产并没有带来多少不便,因为这些认识来源于他们对生活朴素的认识和总结,来源于生活,虽然显得非常粗糙。但是,不断深化的认识会给人类改造世界带来强有力的理论支持。地心说并不妨碍人们的农业耕作,日心说却可以更好地解释行星运动。万有引力虽有局限,但是用来指导火箭发射还是没有问题,而广义相对论的出现帮助人类释放和控制核能,并且制造出原子弹。并且不能排除,随着对世界认识的深化,星际旅游变为可能。从这里可以看出,人类的认识或者称科学知识或者思想观念,虽然能够用来指导改造世界,但总不是绝对的,而且人类似乎无法一劳永逸地彻底认识世界,且不说还隔着两个障碍可能带来的信息转化中的损耗,如此一来,这里科学的绝对性就被消解了。

上述的论述基本上是理论层面的,与大众的日常生活关系并不大,下面来探讨一下信息社会对大众日常生活的影响和他们的真切感受。

二、信息社会的外在感受

美国未来学家约翰·奈斯比特(John Naisbitt,1929–)在

《大趋势——改变我们生活的十个新趋势》中把"1957年苏联人把卫星送上天"这件事看作信息时代来临的边界（起点）。工业时代以商品为基本单位，而后工业时代是以信息为基本单位。信息时代的重要特征是：信息（数量上）的泛滥。这样带来了一个问题：每个信息，占据或者被关注的时间变短了。在来来往往的信息流中，我们发现自己处于一个（信息）流动的世界中，处在一个不断变幻的世界中，我们感觉自己处于"不确定性"中。从客观上讲，"不确定性"的感觉来源于现在生活节奏的加快（如信息的剧增）。我们停留在某一具体事或物或人的时间，相对于农业社会和工业社会来说，都在迅速变短。例如，人们频繁地更换工作，接着身边同事也就在不停变换，邻居、朋友都可能随之变换，人们周围的世界也都是流动的，因此人们陷入了"不确定性"之中。还有流行的时尚存在的时间在变短，甚至婚姻的持续时间都在变短（离婚率上升）。从信息层面讲，知识更新的时间在变短，我们的喜好某一特定对象的时间在变短。我们发现一切都在变，唯有不变的就是"变"本身。我们身外的一切流动都在加速，我们生命标尺也在不停地变换，我们丧失了一种确定感，我们被抛入"变化"的深渊，也即"不确定性"之中。在现实生活中，尤其当网络在生活中铺展开来时，这种感觉就更加明朗化和清晰化。面对网络，我们拥有虚拟世界，拥有庞大的信息获取量，但是，我们都迷失在网络中，网络最终作为信息社会的典型事物，即使最不敏感的人，都无法不受到这种"不确定性"（虚拟性）的冲击。应该说，网络加速了信息社会在现实世界的全面展现，或者说，网络就是信息社会最有力的技术支撑。

信息社会的核心是信息，信息最为本质和特有的性质就是它的虚拟性。由虚拟性又引出了它的一个特性就是信息的可复制性。正是信息的虚拟性，它才可以较为容易复制或者克隆，也就是说信息可以很轻松地传递和交流。信息的其他特性还有可识别性，信息必须能被人感知并理解和可传递。信息的可识别性、可复制性和可传递性三个特性，对于信息的对象——客观世界也拥有的。比如，手机信号是可以识别和可以在不同的人之间传递的，当然也可以复制。但是，由于信息的虚拟性使得信息的传播和复制变得非常轻松或者成本很低。萧伯纳说过：倘若你有一个苹果，我也有一个苹果，而我们彼此交换这些苹果，那么你和我仍然是各有一个苹果。但是，倘若你有一种思想，我也有一种思想，而我们彼此交换这些思想，那么，我们每人将有两种思想。这段话其实就是表明了信息的最为本质的特征。

在人类历史上，语言的出现使得信息交流在空间中传播变得很轻松；文字的出现，尤其印刷术的出现[1]，使得信息在时间中交流变得很轻松，不同时代的人交流成为可能。这是信息发展历史上的两大变革。信息发展史上的第三次变革就是计算机和互联网的出现，使得信息复制和传递成为瞬间的事情。

目前的信息基本上是以电子信号的方式存在，高效和迅速是它的基本特点。当人类拥有了电子信息这个工具和视域，那么他们意识中一切能够电子信息化的无不尽量电子信息化。货币被信用卡或电子帐号代替，身份被电子化（身份证），购物被电子化，实物交易都被期货交易所代替。网络空间成为年轻人最为喜欢的去处。

在日常生活中，互联网成为了一种不可缺少的工具。人们通过网络与远在异国的亲人进行视频或者通话，消除了人们空间上的距离。人们可以通过网络获取所需要的信息和资料，进行网络购物，年轻人甚至上网络学校，在网络上接受教育和培训。在网络上进行交友，开设博客，通过微博交流看法和新的认识。当然，网络还提供多种多样娱乐设施，比如看电影和玩游戏。网络几乎成为了人们的第二个现实世界，随着互联网的发展和今后物联网的出现，今后的世界已经超出我们的想象力。

作为信息社会最为普遍的两大载体——计算机和互联网，展现出过去信息载体如书籍或者磁带所没有的很多特征。过去的载体虽然携带有很多信息，但它还是局限在物质性中，比如书籍可以包含有大量信息，但是携带和运输还是不太方便。而电子信息本身已经虚拟化或者电子信号化了，所以基本上消除了物质的很多不利的特性，电子信息基本上以光速在互联网空间中传递，而且非常容易复制和编辑。虽然电子信息并没有完全而且也不可能完全摆脱物质性，因为电子信息或者硬盘或者光盘还是物质载体，但是电子信号的传递方式和电子化特性几乎摆脱了物质的很多特性，使信息传递呈现出历史上从未有过的令人激动的震撼和变革。

电子计算机本身就具有很多令人困惑的魅力。电脑的信息是存在硬盘或者光盘中，电脑中的信息总是展现出虚拟性，存在硬盘中的照片，只有在打开电脑时你才能觉察到。关了电脑你什么也看不到。电脑中的照片对于观察者来说，你说它存在（确定性），它又不像物质那样存在，你说它不存在（不确定性），它又可以随时出现在你的眼前，只要你打开电脑。电脑中的信息总是像云像雾一样包围着人类，让人们觉得非常神奇。

作为以计算机群为依托的互联网，继承了电脑的所有奇妙之处，还添上了一个神奇的传递速度。网络的高效传递改变了人类的工作效率和生产速度。过去，需要人去传递的信息可以

[1] 雨果在《巴黎圣母院》中借书中人物之口说出，印刷术将要杀死建筑。印刷及书籍的传播将增加大众的素养，减弱了建筑艺术的神秘性，进而削弱了建筑艺术在大众的崇高形象。西方建筑艺术的地位随着时间推移，一直在下降，也许雨果表达的是这种趋势。

在瞬间完成。设计图样可以发给千里之外的业主,然后瞬间把修改意见反馈回来了。如此一来,人们的生活节奏必然被互联网牢牢控制,人类与其说是互联网的操控者,还不如说是互联网的奴隶。或者说这就是现代性的困境。

第三章 现代性与后现代性

西方世界的现代性(Modern)一直要追溯到文艺复兴运动(Renaissance)。在英语中"近代"与"现代"用的是同一个词Modern,因此在中文中的"近代"在英文中还是 Modern。英语中与 Modern 相关的词汇就是 contemporary,中文意思就是当代或者同时代的意思。也就是说,从文艺复兴以来,西方划分为现代和当代(含后现代),而国内学界划分为近代、现代和当代(含后现代)。但是,在西方建筑史上的划分又不同于上述文化上的划分,建筑历史中现代建筑史部分的最初点可以追溯到工业革命或者说具体到水晶宫。而这之前至文艺复兴时期的历史成为西方古代建筑史,在中国建筑理论界好像不存在西方近代建筑史一说(但是,在中国建筑史有中国近代建筑史的说法,大多是指1840 年至 1949 年时期),显然在 1840 年至 1949 年时期的西方建筑历史划入了现代建筑史。像建筑史的划分与文化、文学和哲学上的划分存在着很大的不同,这点在阅读文化方面的书籍时,要特别注意,不要把建筑史的划分与文化史划分混为一谈。

为什么会出现这种文化史和建筑史标准的差异。也就是说西方现代建筑追溯到工业革命,而西方文化史的划分却追溯到文艺复兴时期。下面来探讨一下这个问题。

所谓的现代性,简而言之,就是个体意识的觉醒,包括个体自由和个体理性的运用。这在文艺复兴时期建筑中也表现出了一种建筑师的激情,反对中世纪的宗教禁欲主义和基督教教会强权,这是因为要解放个人,赋予个人以理性,首先得掀掉压在中世纪人们之上的神权,进而提倡以尊重人和以人为中心的人本主义。文艺复兴时期的建筑师总是以豪迈的热情参与到建筑设计中,期望建筑在壮观上和高度上超过历史上任意一个时期,以张扬建筑师的自由创造的热情。也就是说,在文艺复兴时期的社会环境虽然或多或少地转向现代性,建筑师只是在建筑热情或者建筑态度上渗入了现代精神,但在建筑设计的对象上还没有触及到。后来法国的古典主义也是发扬了理性的精神而形成理性主义,强调理性的构图。但是他们把这里的理性理解为"普遍和永恒的理性",而非后来理解的作为个体自由前提的理性,作为个体意识清醒的理性。前者的理性外化成具体的理性规则,而不是后者作为判断规则的理性。

在工业革命之前,虽然现代性已经融入时代精神中去了,但是在建筑界由于封建意识的惯性和新技术、新材料尚未出现,使得文艺复兴以来的建筑界的革新没有在建筑上表现出新精神和新时代,而是在建筑态度上和建筑指导思想上作了一定的适应。文艺复兴及后来法国古典主义仍是表现出西方传统建筑的风貌。第一个打破这种僵局的建筑就是水晶宫,但是这座建筑在正统建筑界受到了冷遇和蔑视。在当时的一些进步人士眼中,水晶宫(Crystal Palace)无疑是一声巨大的春雷(图 3-01),炸响在欧洲的上空,预示着一个狂飙激进的和席卷天下般的现代主义运动的到来,这必将对西方传统建筑进行摧枯拉朽的颠覆运动。

只有到了 19 世纪末,由于新材料和新技术不断涌现,为后来的现代主义运动提供了物质基础。当时各种文学团体运动和艺术团体创新的探索为现代主义运动提供了理论基础,再加上先前的文艺复兴以来所奠定的现代性思想基础,建筑界先锋人士立即投入到轰轰烈烈的建筑革命运动中。

在谈论建筑的后现代性与不确定性之前,应该把相关概念和后现代主义之前的一些历史(如现代主义和确定性及其之前的现代主义酝酿)阐述清楚。本书认为,唯有如此,才有可能把后现代主义阐述透彻和全面。

图 3-01　水晶宫

第一节 现代性与现代主义的概念

关于现代性,按照德国著名哲学家哈贝马斯(Jürgen Habermas,1929–)的说法,从 18 世纪后期开始,它已经构成了哲学讨论的主题。在国内,大约从 20 世纪 90 年代中期以来,国内的讨论很多,现代性就成为了理论界的研究热点。国内学者有关现代性的话语也越来越多了,研究的成果也逐渐丰富起来。只要你到网上搜索一下关键词"现代性",就会搜寻到成千上万篇的论文。总的来说,别的专业如哲学、文学与艺术等专业关于"现代性"讨论,相对于建筑理论界的讨论来说,就我的阅读范围来说,应该更加全面些和深刻些。就建筑界对现代主义的研究来看,至少在做到更加系统和更加全面的道路上还有一段征程要走。

一、现代性的概念

现代性、现代化和现代主义等是一组意义相关的同义词,之间存在着一些内在意义上的关联性。现代性(Modern)是指现代化(Modernization)或现代主义(Modernist)内在的特性,是使现代化或现代主义之所以成为现代化或现代主义的东西。简而言之,现代性就是现代化或现代主义的本质和核心。

现代性(Modern)是中世纪根据词根 modo 一词创造出来的,modo 的意思是"最近"和"刚才"。根据《拉丁语言宝库》,现代指的是"我们时代的、新的、当前的"等等,其相对应反义词就是"古的、老的和旧的"。[1]也就是说现代性的内在核心拥有时间的意识,波德莱尔在《现代生活的画家》把(美学)现代性归结为:"现代性是短暂的、易逝的、偶然的,它是艺术的一半,艺术的另外一半是永恒和不变的……"[2]从这里,可以看到现代性和后现代性之间的共性,这个将在后文作详细论述。

一般而言,与中世纪的神权或宗教社会相比,现代性体现为社会世俗化或者社会人权化。也就是韦伯(Max Weber,1864–1920)所说的社会的祛魅化的缓慢历程。这里的说法是从所谓的社会层面或制度层面的宏观变化。而引起这种变化的因素是一系列的,包括个体意识的萌芽、个体理性的成熟和个体自由权利的实现。

在中世纪只有神权,人在上帝前面是渺小的。上帝是万能的,是世界的创始者。而人是上帝创造的对象,因而人是不完善的或者说是有限的,人只有依赖于上帝或者把自己托付给上帝

[1] [美]马林·卡林内斯库.现代性的五幅面孔[M].顾爱斌译.北京:商务印书馆,2002:18–19.
[2] [美]马林·卡林内斯库.现代性的五幅面孔[M].顾爱斌译.北京:商务印书馆,2002:49.

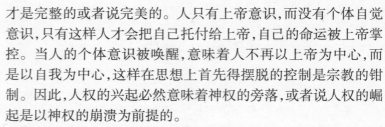

[1] 理性可以外化成科学、艺术、道德和宗教等等，也就是说科学仅是理性的一个分支的逻辑建构和逻辑发展而已。理性的概念内涵远远大于科学的概念内涵，这一点在生活中常常容易造成误解，从而把科学当作理性的惟一继承人。

[2] 罗荣渠. 现代化新论——世界与中国现代化进程[M].北京：商务印书馆，2004：15.

[3] [美]马歇尔·伯曼. 一切坚固的东西都烟消云散[M].徐大建，张辑译.北京：商务印书馆，2003：1.

[4] 同上，第17页.

才是完整的或者说完美的。人只有上帝意识，而没有个体自觉意识，只有这样人才会把自己托付给上帝，自己的命运被上帝掌控。当人的个体意识被唤醒，意味着人不再以上帝为中心，而是以自我为中心，这样在思想上首先得摆脱的控制是宗教的钳制。因此，人权的兴起必然意味着神权的旁落，或者说人权的崛起是以神权的崩溃为前提的。

既然神权或者上帝在思想中被打压了，那么意味着上帝再也不可依靠，人类被迫去处理世界中的各种事物。如此一来，人们就得开动脑筋去解决生活中各种难题（包括各种不同层次制度设计）或者困境。这样，人类的理性就不得不浮出水面。当然摆脱神权本身就是人类理性成熟的结果。康德提出了"人为世界立法"。很明显，人在这里取代了上帝而成为世界的创造者。人借助于理性为世界立法，而且只有凭借理性才能够成为世界的支配者。

人类运用理性需要自由来做保证。人们只有拥有自由，才能谈得上思考，才能自由地作出自己的判断并付诸实践中。一个人如果没有自由如中世纪那样依附上帝，他的理性也是无法产生实际的积极结果。换个角度来说，人类的自由又是由理性来做保证，一个人如果没有思考能力，那么就不可能有所谓的真正自由，如动物那样。

理性外化为事物或者某种制度时，就是所谓的科学[1]。自由外化为外在制度或者思想观念时就是民主。也就是中国五四运动以来所追求的赛先生和德先生。解放后，赛先生演变为四个现代化的国策和科技兴国的政策。

对于现代化的概念，从不同的层面有不同的提法。如果从宏观层面来说，现代性有的学者如罗荣渠就理解成为"工业化、都市化、普遍参与、世俗化、高度结构分殊和普遍的成就取向等"。[2]英国著名学者吉登斯（Anthony Giddens，1938– ）从社会学的角度把现代性看作是工业文明的缩用语，包括人与自然的关系的世界观、经济制度和政治制度。哈贝马斯从哲学层面把现代性看作一种理性的价值体系与社会思维模式。

在微观层面，对现代性定义也存在很多不同的看法，但是这些微观定义可能更加切近现代性的本质和内核，对本书梳理现代性必然有很多帮助和启发。美国学者伯曼（Marshall Berman）认为：现代人试图成为现代化的客体与主体，试图掌握现代世界并把它改造为自己家的尝试[3]。换句话说，"所谓现代性，就是发现我们自己身处一种环境之中，这种环境允许我们去历险，去获得权利、快乐和成长，去改变我们自己和世界，但与此同时它又威胁要摧毁我们拥有的一切，摧毁我们表现出来的一切。"[4]他

图 3-02 黑格尔

的意思就是个体意识的觉醒，并试图运用自己的理性，以此作为现代化的最初标准。著名观念论（国内多称为德国古典哲学）哲学家黑格尔（Georg Wilhelm Friedrich Hegel，1770—1831）认为现代性就是主体性（图 3-02），而主体性包括个体性、理性和自由[1]。法国著名哲学家福柯把现代性理解为一种态度，"所谓态度，我指的是与当代现实相联系的模式；一种由特定人民所做的自愿的选择；最后，一种思想与感觉的方式，也就是一种行为和举止的方式，在一个行动的时刻，这种方式标志着一种归属的关系并把它表述为一种任务。"[2]福柯把现代性理解成为一种批判精神，一种源自于理性经由康德所发展下来的逻辑思路。

还有一种关于"现代性"是指持续线形进步的和不可逆转的发展的时间观念，这种观念显然来自于理性与科学发展的推论。科学总是在不断地向纵深方向推进，不断取得重大成果，总是在不停地向前迈进。人们显然把这种印象赋予给了现代性。

法国哲学家利奥塔（Jean-Francois Lyotard，1924—1998）认为，现代性的显著特征是：对世界进行把握和系统化，并在一个认知的和可控的系统中对生存条件的征服使人的可能性获得解放。对一个透明世界的总体把握的冲动不仅已经导向了解放，而且也已导向恐怖和强制性的一致（这是对二次世界大战的反思）。[3]一般而言，利奥塔认为现代性是一种宏大叙事或者元叙事，突出了现代性内在逻辑的一致性的内在建构进而屏蔽了多样性，而其实所谓元叙事也是相对的而非绝对的。黑格尔哲学用绝对精神的辩证发展而把世界纳入了一个强制的体系中，就是这种元叙事的最为集中和突出的表现[4]。

现代性的元叙事就是现代性的理性的必然发展。康德在《纯粹理性批判》中认为在一个特定的区域内，由于概念或者理念之间明显地存在着一种关系，理性或逻辑利用这种内在关系便可把此范围的一切知识联结为一个体系[5]。也就是说，在特定的范围中，知识是一个首尾相连接具有内在统一性的整体。作为整体就会出现排他性和封闭性，这样这个知识体系就会形成一个具有高度自律的不依赖外界的体系[6][7]。现代性由于理性追求一种完整性而形成一种具有内在结构的统一体。在某些学科中的统一性胜利使得理性企图把所有的人类知识整合成一个整体，如黑格尔那样，这种思维模式在学术界已经被公认为一个不可能实现的理想。

总的来说，存在着大量描述现代性的外在状态、内在本质和发展机制的语汇。描写外在状态的有官僚体制、线性发展、大众社会、工业社会、阶级组织、极权主义等等。描写内在本质的有个人主义、异化（Alienation）、主观主义、客观主义、普世主义、

[1]赵一凡.现代性[J],外国文学，2003（2）: 54-59.
[2]福柯.何谓启蒙[A].汪晖.文化与公共性[C].北京：三联出版社，1998: 430.
[3][美]大卫·库尔珀.纯粹现代性批判——黑格尔、海德格尔及其之后[M].藏佩洪译.北京：商务印书馆，2004: 389.
[4]利奥塔说："黑格尔的哲学把所有这些叙事（指不同的学科体系）一体化了，在这个意义上，它本身就是思辨的现代性的凝聚。"见［法］利奥塔.后现代与公众游戏[M].上海：上海人民出版社，1997: 167.
[5]参见［德］康德.纯粹理性批判[M].邓晓芒译.北京：人民出版社，2004, 285.
[6]后现代主义认为并不存在绝对的体系或者首尾相接的完整体系，根据哥德尔不完全性定理，任何体系总是存在着某些命题或者前提是在本体系中无法得到证明的，因此一切知识都是相对的，参见第二章第二节的哥德尔的不完全性定理。但是有限生命的哲学家或者学者建立某种哲学或科学体系，总是武断地设定前提，以便建立自己的体系。但当思考问题的角度发生变化时，那么某些科学或者哲学前提就被取消了。在西方历史上，哲学上表现出不同的哲学流派纷纭登场，最后无一例外地被后来者所超越。在科学史上，表现为一个理论体系被另外一个理论体系所代替，如日心说代替地心说，相对论代替牛顿力学。
[7]正是由于理性的充分发展，内在要求一个体系的完整性，这样必定形成某个体系的自洽性或者说自律性，这表现在文艺复兴以后，大量的学科从神学中分离出来，形成特殊的人文或自然科学体系，如人类学、化学和数学等等。就拿建筑学来说，从宗教的依附中解放出来，形成建筑学体系。但是这个体系由于较为理想的前提还未找到，这样使得建筑学依旧没有形成相对完善的体系，目前姑且称之为综合（艺术和技术）性的学科，这是建筑学的一个阿喀流斯之踵或者痛处。这个问题在后面的章节中要专门阐述。

化约主义（Reductionism）等等；描写发展机制的有理性化、世俗化、商品化、祛魅化、同质化、单一化、交杂化（Hybridization）、多样化、民主化、中心化、机械化等等。

二、现代性与现代主义建筑

由上面的阐述，现代性的概念可以归结为如下显著的特征：个体性、理性和自由。理性的运用和自由的权利必须由一个载体来承担，因此可以说，个体性（或者说个体意识或者哲学上所说的自我意识）就是理性和自由的前提。如此那么现代性的概念就可以高度浓缩为理性和自由，在宏观层面与之相对应的概念就是人们所熟悉的科学和民主。上面说的主体性就是个体性、理性和自由的综合。至于福柯的现代性态度、利奥塔的元叙事或宏大叙事，康德的理性统一性等等，均是理性的逻辑发展所建构起来的结论或者理性的推论。而前面提到的吉登斯和罗荣渠的理解，相对而言，比利奥塔、福柯和康德等的结论只能算是推论的推论了，在逻辑层次上更靠后些，更具体些或者更实在些。也许今后还会有不同的学者对现代性提出新的理解，但是本书认为，他们无法突破现代性的个体性、理性和自由所暗示的范畴。

现代主义建筑的特征也主要是理性和自由在建筑学层面上的逻辑发展和自我建构。本书讨论的思路是弄清楚现代性的概念，然后再根据这些概念来对照建筑现代主义的表现形式，指出现代性在建筑上具体的表现形式，把现代主义建筑置于一个更加宽广的视野中来进行考察。

现代主义建筑的基本特征，在建筑界虽然没有达成一致的共识，但是还是有一些较为显著的特征。与现代主义基本上处于一个等级的概念有功能主义（Functionalism）和理性主义（Rationalism）。

功能主义就是功能至上，首先，建筑平面布局依据建筑的使用，根据实用方便的理性原则来进行安排和组合。其次，建筑造型是依据平面根据经济原则来构思的，虽然谈不上完全依照平面像建模软件那样直接拉起来，但基本上做到空间或者体量依据平面功能来创作，芝加哥学派的沙利文（Louis Sullivan, 1856–1924）提出了"形式跟随功能"的口号。另外一个方面就是，建筑造型要与建筑类型的气质保持一致，这也是功能主义建筑的一个重要特征。功能主义把关注的中心放在功能上，其他建筑形式或者是空间都是由功能推导出来，这是建筑流派中最为理性的流派之一。

功能主义在历史上的发展和延伸都是与"形式跟随功能"

的原则相关联。众所周知,沙利文提出的"形式跟随功能"是基于生物学上有机体的外形与环境相适应的关系而提出的,后来赖特(Frank Lloyd Wright,1869-1959)的有机建筑就变得容易理解了。在工程界,工程师本着经济实用的原则,使得工业产品形式以功能为主,形式为辅。先锋建筑师们认为建筑要与汽车、飞机等工业产品一样,遵循功能和经济原则,因为只要合乎功能的建筑就是美的建筑,或者说正确的功能会自动产生最合理的形式,进而推崇机器美学[1]。无需多说,机械美学的功能主义也是"形式跟随功能"的衍生物或者说是其逻辑推导的合理发展。

　　建筑学上理性主义,正如英国学者丹尼尔·夏普(Dennis Sharp,1933-2010)所说是一个令人困惑难以捉摸的概念[2]。广义的理性主义包含所有的现代主义,外加法国古典主义和后来意大利新理性主义。哲学上的理性主义相对而言比较好理解,就是与英国经验论相对应的欧洲大陆哲学体系,强调理性是知识的重要源泉,是规范知识的重要方法和标准,而对感性认识持贬低和否定的态度。

　　法国古典主义是文艺复兴时期的建筑流派,强调存在一种先验的、普遍的且永恒的美,这种美是一种基于纯粹几何结构和数学关系的,特别强调建筑各个部分之间的数学比例关系(图3-03)。法国古典主义仅仅在建筑形式比例关系上下足了功夫,但是在建筑形式与功能或其他建筑部分都没有太多的勾连。因此法国古典主义,相对上述的功能主义来说,仅仅是在一个较为浅显的层面运用理性原则。至于意大利的新理性主义,基于类型学和抽象概念之上,来解读建筑与城市的内在意义和深层结构。在对抗功能主义基础上,试图返回到城市与建筑的历史文脉中寻求灵感。与美国后现代主义的追求建筑形式的历史文脉不同,更多的是关注建筑与城市的内在的深层结构之上。新理性主义的理性体现在凝聚集体无意识的历史建筑的类型的挖掘和理解之上,体现在令人肃穆的冷峻和简朴的外在建筑形式上。

　　现代主义建筑,基本上是一个统称,又称为现代派建筑,从19世纪末以来到上个世纪下半叶在西方建筑界居主导地位的一种建筑思潮,基本上把这个时代所有的进步建筑流派和设计团体包含在内。现代主义建筑基本诉求是要摆脱传统建筑形式的束缚,大胆创造适应于工业化社会的条件、要求的崭新建筑,因此具有社会乌托邦的浪漫色彩。

　　现代主义建筑最为强调的一点就是建筑要随时代而发展,用现在的话来说就是与时俱进。也就是说现代主义建筑是工业革命的产物,应该适应工业化社会的时代精神。现代主义建筑

[1]现代主义建筑大师是从机器开始突破。后来,伊东丰雄的后现代主义也是从汽车等机器产品中得到灵感。

[2][美]尼古拉斯·佩夫斯纳等.反理性主义者和理性主义者[M].邓敬等译.北京:中国建筑工业出版社,2003,第二部分的第一页.

图 3-03　残废军人新教堂

强调积极采用新材料、新结构,在建筑设计中发挥新材料、新结构的特性,以与历史上的传统建筑形式相对抗。建筑师首先要解决的任务就是建筑的实用功能和经济问题,同时创造一种全新的建筑风格。现代主义建筑的创新拓展了建筑学的范围,大大推进了建筑学的理论发展。

　　现代主义建筑大师们是在与传统建筑的斗争中成长起来的。他们的首要任务就是摒弃传统建筑的繁琐风格,进而发展出以经济和实用为出发点的现代主义建筑美学来。现代主义建筑相对于传统建筑来说,在经过文艺复兴以来的启蒙运动的洗礼后,在设计思想和设计方法上多了一份理性的眼光和逻辑的视野。在设计思想上,现代主义建筑大师们提倡理性的逻辑原则,他们表现为以实用和经济为基础,主张建筑造型与建筑内部功能相协调即形式跟随功能。建筑造型去掉了传统建筑繁琐的装饰,也是以经济实用为原则,进而发展出简洁的立面乃至于纯净的体量。同时非常关注建筑形象的属性,主张建筑形象与建筑功能属性保持逻辑上的一致,比如办公楼要有办公楼的形象。

　　设计方法上,与设计思想上强调理性不同,则是强调自由(与后现代主义对自由的理解不同且不在一个层面上)。与理性不同,建筑设计上的自由与一种新的设计手法成熟紧密相关联,这就是均衡的构图。均衡构图是对称构图的逻辑发展和历史必然。均衡构图和对称构图,在审美上都是追求形式上的稳定和心理上的愉悦。如果说对称构图体现出一种严肃和冷静,一种理性的精神,那么均衡构图体现了一种活泼和灵活,一种自由的精神。

　　柯布西耶(Le Corbusier, 1887–1965)1926 年提出"新建筑五点"很有代表性:底层架空、屋顶花园、自由平面、横向长窗和自由立面(图 3–04)。在这五点中,每一条中都闪耀着自由的光辉。自由的平面和自由的立面,在字面上直截了当,建筑的平面

图 3–04　萨沃伊别墅

和立面或者说造型根据建筑的具体情况做灵活的变化和轻松的组合。当然,这种自由的布置必须遵循某些形式美的规律,其中最能体现自由精神的形式美规律就是均衡构图(另外还有一种就是复合变化的韵律)。钢筋混凝土结构的框架结构由于摆脱了承重墙的约束,而使得窗户位置布置获得了空前的解放,建筑造型设计相对传统的石结构建筑而言,显得轻松和愉悦。横向长窗在柯布西耶理论中的意义就不仅仅是建筑设计条件变得宽松,而是一种建筑摆脱过去石结构的沉闷形象走向轻快和明亮的自由的象征。底层架空的意义,只有看看法国古典主义三段式构图底层的厚重感和笨拙感,就会展现出底层架空在当时古典复兴大背景下的叛逆性和革命意义。屋顶花园的意义,也不仅仅是对建筑屋顶的充分利用,而是把以前居于建筑外面的庭院引入到建筑室内的延伸和逻辑发展。就从萨沃伊别墅而言,在建筑二层庭院的引入,一方面作为弥补一层架空带来的庭院的损失,另一方面在二、三层建筑空间和庭院空间的交融创造出了一种新的建筑形象和新的生活方式。从这个意义上来说,屋顶花园也不仅仅是心血来潮的创新,而是一系列建筑观念革新后的必然产物,隐含着一种与传统建筑大相径庭的建筑创新的可能空间。

　　20 世纪西方现代主义建筑大师中,有两个最为耀眼的代表:一个是上面提到的柯布西耶,作为钢筋混凝土建筑的鼻祖和领军人物,他开创了钢筋混凝土的表现手法,基本上规定钢筋混凝土建筑未来的基本走向和发展的可能性。另外一个就是密斯(Ludwig Mies van der Rohe, 1886–1969),作为钢结构建筑的鼻祖和领军人物,他开创了早期钢结构建筑的表现手法,奠定了钢结构建筑未来的基本走向,为 20 世纪末以来日本后现代主义建筑大师对钢结构的探索至少提供了技术基础。

　　对于钢结构在现代主义时期表现为充分利用钢结构中的玻璃反射特性和钢结构的精美细部。现代主义建筑钢结构代表密斯的建筑实践基本上囊括早期钢结构绝大多数探索。就密斯而言,在还未进入到钢结构探索之前,他的建筑材料基本上是传统的石材,如在 20 世纪 20 年代之前设计的大量住宅和别墅,作为德国辛克尔(Karl Friedrich Shinkel, 1784–1841)的新古典学派年轻继承人,他的设计作品基本上属于传统建筑的范畴。但在 20 年代之后,他的建筑设计就已经完全变成地道的现代建筑了。这些建筑不仅在平面上变得非常灵活,讲究均衡的构图方式。在建筑造型上,建筑窗户变大了,而且窗户摆脱了承重墙的限制,而变得轻松。这个时期的密斯的创作注重建筑平面的自由布置和建筑造型的简洁,虽然没有达到柯布西耶萨沃伊别墅的成就,但在当时的钢筋混凝土建筑设计师中也算是先锋者和佼佼者。

　　密斯从 20 世纪 20 年代之初,开始了钢结构和玻璃组合的摩天大楼的构想(图 3-05)。这些方案大多停留在设想的图画阶段,还有很多粗糙的地方值得完善。这些初期的玻璃摩天大楼具有高度的简洁性和纯净性,几乎没有任何装饰,显得高度的理性和冷峻。但是,这些摩天大楼的平面并不像造型那样简洁,而是充满自由的灵动。也就是说,密斯早期的摩天大楼构想基本上把理性和自由有机地结合起来了。这种手法在巴塞罗那德国馆达到了前所未有的高度。在这之后,密斯的钢结构玻璃的建筑慢慢走向了密斯特有的稳健和成熟。建筑平面慢慢变得方正和呆板,褪却前期的自由和灵动的构图,只剩下矩形和方形了。建筑造型发生了同样蜕变,变成光溜溜的玻璃方盒子和钢筋混凝土方盒子。这个时期的密斯的建筑创作强调建筑的细部(所谓上帝就在细节中)。密斯后期的建筑丢掉自由而只剩下理

图 3-05　玻璃塔楼方案
(1922)

［1］参见 http://baike.baidu.com/view/
711.htm.

性,这一转变,对后来的建筑历史影响巨大,其中的缘由和细节
有待今后的研究。密斯的建筑简洁而干净,给人一种冷冰冰的
印象,但是密斯的建筑并没有给人留下一种呆板和笨拙,这是因
为建筑外表的玻璃的虚化而反射周围环境丰富了自身建筑的外
貌。

综合上述,在现代主义建筑的范畴中,对于钢筋混凝土结
构,在建筑上所表现出来的是理性和自由的综合,而钢结构玻璃
建筑则主要是理性的化身。建筑上的理性和自由除了在建筑外
在形式中表现出来,比如建筑形象的理性化、均衡而非对称的灵
活构图、简洁的细部处理和纯净利索的体型,更重要的是在建筑
设计的指导思想上和设计方法上的渗透。唯有参透了这个现代
主义建筑的动力机制,才可能真正理解现代主义建筑之精髓。
顺便说一下,目前建筑界最缺乏的就是对现代主义建筑的动力
机制的掌控,虽然整个城市有着一副现代主义建筑表情,但在骨
子里表明缺乏现代主义建筑的素养和精神。

三、现代主义建筑中的现代意向

"意向"(intention)是一种未分化的、没有明确意谓对象的
情感倾向,它意味着一种趋向、动态和走势。"意向"本身具有
一定的模糊性和含混性,它让人感受到一种情绪。它与现象学
的"意向性"(Intentionality)相关联。胡塞尔认为,人们的每一
个意识行为或每一个经验,都是意向性的,在本质上是"关于某
事物或别的事物的意识",或者说是"关于某事物或别的事物的
经验"。我们所有的意识都有指向对象,或是事物,或是情绪或
者心绪,或是心理活动。

"意向"与意象不同。意象是美学上的专有名词,所谓意象
(Image),就是根据外在世界的客观物象,经过创作主体独特的
情感活动过滤和筛选,或者说创造出来的一种艺术物象。一般
而言,意象就是寓"意"于"象"中,就是客观物象中注入了创作
主体的主观情感,而创造出来的艺术物象。因此,"意象"就是
主观的"意"和客观的"象"的结合,也就是融入创作者内在感
情的"物象",是赋有某种特殊含义的具体形象[1]。意象作为美
学术语主要用于文学艺术(含诗歌)鉴赏上,文学艺术特别是诗
歌艺术中,一般意象都存在一个或隐或现的外在客体形象。在
文学艺术(含诗歌)鉴赏中,意象是思维联想活动的基本单位,
意象是用来指代事物,以唤起相对应的感觉,激发思维活动的涟
漪。联想是基于意象单元之间相互勾连,记忆中外界的影像、文
字、声音的储存总是与相应的或强或弱的情感或者情愫(较弱的
情感)联动构成。在意象的构成中总是存在着两部分:可供想

象的物象（不一定是外在世界存在，可以使人们想象且大家熟悉的物象，如龙）和与该物象相勾连的情感或情愫。

之所以用"意向"这个术语，这是因为在建筑艺术鉴赏中，建筑虽然有一个具体且感性的艺术物象，但是并不存在与其相对应的客观物象，或者说投射另外一个存在或一个感性的客体物象。也就是说，建筑艺术鉴赏在大多数情况下，与抽象艺术一样，并没有一个可供鉴赏者在大脑中想象的外在客体形象。但是，建筑艺术给予鉴赏者一种心理上的愉悦和情感上的影响。这样，在建筑美学上，使用"意象"可能不能准确反映出建筑艺术的真实状态，也就是说，他山之石并不能攻玉。

但是在建筑艺术审美中，大多数情况下，鉴赏活动中虽然并没有提供着一个可供想象的物象，但是总是能给鉴赏者一种艺术上的享受和愉悦。这种说法与英国艺术理论家克莱夫·贝尔（Clive Bell, 1881-1964）在重要著作《艺术》中提出的一个著名的美学观点即"有意味的形式"（significant form）相似。"美"是"有意味的形式"，否定再现，或者说否定存在着一个物象或者说意象，强调纯形式（如线条）所具有某些特殊意义的审美性质。

现代主义建筑展现出许多现代建筑的内在精神，如理性与自由，但是这些都是建立在一种逻辑分析和把握之上，而不是建立在纯粹的感官之上。在这里本文引用《一切坚固的东西都烟消云散了》中的材料来说明和展示所谓的现代建筑意向和体验。

首先是关于街道的现代意向。19世纪50年代，这是一个以流动状态和蒸汽状态作为现代意向的基本元素和品质的时代。巴黎最高行政长官奥斯曼在拿破仑三世（Charles Louis-Napoléon Bonaparte, 1808-1873）的授权下，在这个古老的中世纪城市的市中心炸开了一个巨大的林荫大道网络。这条林荫大道（Champs Elysees，即香榭丽舍大街，图3-06）为聚集大量人气创造了新的基础。临街的一侧是小企业和各种店面，街道的拐角处则是饭店和带有人行台阶的咖啡馆。奥斯曼建造的人行道和林荫大道本身一样，也特别宽，在人行道的一侧设有长凳，并植有茂密树木。但是，这条林荫大道却创造了一种现代的意向和现代的体验：在其中人们能够在公共场合不被人打搅，不用将自己关在房间里就能够亲密地在一起。人们沿着大街走，让自己淹没在林荫大道的巨大无际的连续变化之中。在19世纪那个年代，这条林荫大道给当时还处在前现代生活状态的人们提供了现代意向：繁华的商店，快乐的街道和无穷无尽的诱惑，这种宽阔的街道都可供人们在其中自由地穿行和激情地欢乐。林荫大道成为巴黎现代景象的舞台，是在城市规划层面制造出来的现代城市意象。这也成为柯布西耶在《明日城市》所描绘

[1]参见,[美]马歇尔·伯曼.一切坚固的东西都烟消云散[M].徐大建,张辑.北京:商务印书馆,2003,167–221.

未来城市的一个主要元素。不过"明日城市"宽阔的大道是供车流,而不是巴黎这条林荫大道供人们交流的公共场所。在这点上,也使柯布西耶懊丧不已。[1]

再来看看关于水晶宫的现代意向。陀思妥耶夫斯基(Fyodor Mikhailovich Dostoevsky,1821–1881)在小说《地下人手记》曾经对水晶宫做了精彩的描述。"所有的构件都是现成的,得到数学上的精确计算。"作为现代和先进化身的建筑乃至于"每一个可能出现的问题都会消失,只是因为每一个可能出现的问题都会有解决方案"。水晶宫的巨大体量和耀眼的室内光线给予参观的人们一种心灵上的震撼和胁迫(图 3–07)。"难道一个人不该将它作为终极实体而从此沉默吗? 它的一切

图 3–06   香榭丽舍大街意向

图 3–07   水晶宫内景

是那么成功，那么壮丽和那么的自豪，以致你为它屏住了呼吸……你感觉这儿发生了什么终极的事情，发生后结束了。"这是陀思妥耶夫斯基眼中作为现代化身的水晶宫，它在结构上的精确和体量上的庞大，俨然是神圣理性的化身。实际上，水晶宫是一座玻璃建筑，用几乎无法觉察的铁梁支撑着。轻快的结构呈现出流线型的、雅致的曲线，轻得快要没有了重量感，看起来随时都会飘到天上。它的色彩一会儿是穿过透明玻璃的碧空色，覆盖着大厦躯干的大部分；一会儿变成它的细窄的铁梁的天蓝色。这种色彩的糅合让人们浸泡在眩晕的太阳辐射下，从水天一色捕捉阳光，犹如水光潋滟。水晶宫内部呈现出历史上前所未有过的室内壮观，暗示着建筑摆脱承重围护结构的开始，彰显着建筑上内部印象的自由可能性。水晶宫的室内暗示了萨沃伊别墅的室内的明亮，同时也是后来密斯钢结构建筑的鼻祖。水晶宫所表现出来的现代意向即使在今天，我们认为也还没有挖掘完。水晶宫是科学和自由的化身，是现代的化身。[1][2]

　　从上面论述，可以看出现代的"意向"是一种感觉，在审美的过程中没有任何可感的形象出现。因此用包含有形象内涵的"意象"来研究建筑艺术可能无法切中建筑审美的核心。对于建筑意向的提法，可以弥补当今建筑艺术鉴赏中的某些不足。在建筑艺术鉴赏中，建筑师是在所谓的形式美规律的熏陶下培养起来的，因此建筑师或专家总是用形式美的原则来评价建筑，比如设计中虚实对比和均衡等等。但是对于大多数没有受过专业训练的民众，他们在鉴赏建筑时对建筑师的评判原则不熟悉，因而不可能用建筑学理论上的原则来评价。他们在鉴赏时，一般而言有一个大体印象，就是所谓的建筑艺术意向。如果要求他们再进一步详细地描述自己的感受的话，那么就不得

[1]参见,[美]马歇尔·伯曼.一切坚固的东西都烟消云散[M].徐大建,张辑译.北京：商务印书馆,2003：308–326.

[2]水晶宫在当时建筑界保守势力的心目中，因与当时复古思潮中的建筑概念相距甚远，呈现出粗糙和怪异的印象，是落后和简陋的意向，没有丝毫美感。这里很好地说明了"观察渗透理论"的著名命题，采用不同的理论框架，对待同一个对象评价可能完全对立。

图 3-08　国家大剧院

不挪用他们所熟悉的生活鉴赏经验,比如大家熟悉的对人的评价、对服装的评价和对生活的评价等等。拿一个熟悉的例子来说,国家大剧院造型给予参观的人一种现代感,大多数人会有现代的意向。但是,再往深处描述,一般会说,大量高档的钛金板,外表的金属金光闪闪,夜景漂亮的照明和硕大的水池,样子(造型相对于周围的建筑而言)轻松。这些细节描述都是对他最初的现代印象的补充和说明。而建筑师可能会说,强烈的虚实对比,一是玻璃与钛金墙面的对比,另一是实体建筑与水中倒影的对比。外形简洁,轮廓完整,造型高度自律。

对于普通的民众和建筑师最初的印象即现代意向都是差不多的,仅仅在分析和描述这种感受由于教育背景的不同而呈现出差异。建筑艺术鉴赏通过建立意向的概念和研究意向的理论,便可以在建筑师和民众之间架起一座桥梁。

建筑学者或者建筑专家们可以在两个方面进行一些深入的探索。一方面是做一些材料意向表,另一方面可以做些形式意向表。何谓材料意向表,本书认为就是一些材料可以传达出一些能够让大多数人共同感觉到的某些意义或者意味,在对材料做一些相关研究后,由此形成一些实验结果而编成的参考手册。最简单的比如玻璃的透明传达出轻盈和宽敞的意向。对于一些磨砂玻璃可以传达朦胧氤氲的意向,玻璃砖也可以传达出轻松且有厚重之感的意向。这里能够想得到的就是材料要得到这种效果,应该还有一个面积大小的约束。比如玻璃虽然有轻盈的意向,但是如果只有一扇窗户那么大,这种效果是无法显现出来的。也就是说,除了对材料的意向作一些简单的实验测试,还应该对面积与建筑之间的比例关系做一些试验来测试,以便得出一些规律来,不是说供建筑设计师查表用,至少是可以在建筑设计时作些参考。另外还有形式意向表,人们大多数时候都有这样的一些感觉,一些桥梁的巨大的梁柱结构使人震撼,犹如帕提农神庙和古代神庙给予人的感受一样。同时有一些现代悬索桥梁的拉索形式给予人的意向是纤细和脆弱。这些形式的感受意向,人们在生活中都可以或强或弱地感受得到,只是没有人去有意收集和整理,但是中国的建筑学者完全可以在这方面做一些工作。如果材料意向表和形式意向表能够形成一定成果,必将提升广大建筑师的艺术素养和专业能力,再往深处说,必定有助于国内建筑界整体设计水平的提升。

意向的理论也会敦促建筑艺术鉴赏研究者挖掘建筑材料后面的隐喻或象征,整理出建筑材料与人们印象之间的关联性,以便指导建筑师的创作。如此一来,建筑师除了形式美规则外,还有材料意向表和形式意向表可供支配和使用。

第二节　理性与建筑学的自律

一、理性与建筑学学科的独立

在工业革命之前，人类知识作为一个整体而存在。神学、法学、哲学和医学基本上囊括了人类的绝大部分知识。仅仅在文艺复兴之后，随着理性精神的回归，知识也开始大裂变，最为突出的是自然科学的出现，如物理学和化学等等。任何一门学科的分立或者说科学化的前提是必须具有专门的研究对象、共有的研究方法和统一的理论体系，由此形成一个科学共同体。

当自然科学纷纷从神学和哲学中独立门户时，建筑学和绘画艺术也似乎按捺不住，似乎在策划从先前的母体神学（更准确地说是宗教）和艺术中分离出来。它们有意或者无意地模仿自然科学的方法和思路，企图走向科学化的自律之路。但是，建筑学和艺术与自然科学不一样，在于当它们形成自然科学的理论建制之后，就否定了自己的重要属性即艺术性，而走向科学性。也就是当建筑学和艺术学变为科学之后，结果变得科学不科学，艺术不艺术，最后落得两头不讨好，最终面临着身份危机的尴尬。

二、建筑学的自律化背景

在西方传统文化中，建筑学是一门综合艺术或者说整体性艺术，它囊括了美术、雕塑、音乐和文学等等。艺术包括建筑艺术主要是为宗教服务。从风格流派的历史演变来说，无论是过去的古希腊罗马建筑、拜占庭建筑、哥特建筑和古典主义建筑等等，都是依附在宗教主题之上。显然，建筑学对宗教的依赖必然造成自身的寄生性，就好比中世纪哲学寄身于神学中一样，形象点来说，哲学充当的是神学的婢女。同样，建筑学要自律化，就必须摆脱宗教和神学的庇护，必须寻找自己安身立命的学理基础。

欧洲自文艺复兴以来，在工业革命的推动下，新的建筑类型、新材料和新的生活方式不断涌现出来。对当时的建筑思潮和建筑理论产生了很大的冲击。当时的建筑界夹击在新的生活方式和旧的复古思潮之中，左右不是，进退两难。在这种建筑思潮混乱之际，首先出场的就是英国的文化学者拉斯金（John Ruskin, 1819-1900，又译为罗斯金，图3-09）。拉斯金在艺术思想上持典

图3-09　约翰·拉斯金

[1] 参见：[美] 弗里兰. 西方艺术新论 [M]. 黄继谦译. 南京：译林出版社，2009: 1.

[2] 参见，王发堂. 罗斯金的艺术思想研究 [J]. 东南大学学报（哲社版），2009（6）: 74-80.

[3] 参见，[英] 佩夫斯纳. 现代设计先驱 [M]. 王申祜译. 北京：中国建筑工业出版社，1987: 1.

[4] 自然样式具有强烈的生命力表征，由此，可以把自然样式与民主主义从逻辑上联系起来。也就是说，新艺术运动的内在精神含有民主主义的基因，具体参见，王发堂. 罗斯金的艺术思想研究 [J]. 东南大学学报（哲社版），2009（6）: 74-80.

[5] 参见，[美] 弗兰姆普敦. 现代建筑：一部批判的历史 [M]. 张钦楠等译. 北京：生活·读书·新知三联书店，2007: 114-121.

型美和活力美两分法，表现在建筑上就是哥特风格和自然主义风格复合的主张。在拉斯金的思想内有保守的一面即典型美和哥特风格，也有进步性的一面即活力美和自然主义风格。具体说来就是拉斯金的思想保守性占主导地位，进步性居于补充地位。[1]拉斯金认为装饰是建筑艺术的主要部分[2]，但是装饰必须出自于建筑内在本性或者社会目的的呼唤，必须与结构相一致。当装饰与建筑结构有机结合或者与建筑材料内在本性相吻合时，装饰就是真诚的或者真挚的，拉斯金在此把建筑装饰与伦理学相提并论。值得注意的是，拉斯金在此表现出来的"内容与形式的一致性"标准，为后来的建筑理论家们提供了理论发展的路径和解决问题的思考方式。莫里斯（William Morris，1834-1896）在英国掀起的美术工艺运动继承了拉斯金的大部分思想。美术工艺运动核心理念可以归结为历史主义和民主主义，或者说，恢复历史传统手工艺和艺术应为大众服务（艺术品不应该是"富贵人家可鄙的奢侈品"）。但是，历史主义和民主主义在本质上存在着无可调和的内在矛盾。历史主义希望恢复传统的手工艺和文化传统，而排斥机械化大生产导致产品的昂贵，从而远离大众，结果是排斥民主主义。而其后的新艺术运动，走的是后印象派"为艺术而艺术"的路线。他们抛弃了历史主义以及其陈腐的形式，而从自然界的自然样式中寻找灵感（这也是拉斯金的艺术思想的一部分）。他们放弃了历史主义，也就意味着他们可能不会很反感机械化大生产，为今后的流派接纳工业新技术奠定了思想基础，虽然此时他们还没有民主主义的萌芽。但是，由于他们未能找到有效手段解决内容（工业革命精神）与形式（自然式样）的统一性关系[3]，而丧失发展动力。到了德意志制造联盟，已经完全抛弃了历史主义而投入了工业革命的怀抱，同时民主主义也基本酝酿成形了。贝伦斯（Peter Behrens，1868-1940，参见图 5-11）把"工业化"当作时代精神和民众精神的复合，认为艺术家的使命就是要给"工业化"赋形。阿罗瓦·里格提出了"形式意志"的精英理论来代替历史主义撤退时留下的空档。这种"形式意志"理论更多的是一种美学倾向，而不是技术倾向（非技术决定论，即功能决定形式）[4]，这种思想最终影响到了密斯的超验形式。费尔德（Henry van de Velde，1863-1957）则坚持"形式的力量"美学，具有浪漫主义倾向，他对装饰和装饰化的区分，证明他已经来到技术（功能）决定论的边缘。所谓的装饰就是外在形式的美化，而装饰化则是指内在本质的装饰化，其实就是说结构本身就是装饰，或者说由内在功能决定的与对象连为一体，这与拉斯金的思想如出一辙。贝伦斯 1909 年设计德国通用电气公司透平机车间

图 3-10　威廉·莫里斯

图 3-11　透平机车间

（图 3-11），开始探索现代主义建筑。1911 年格罗皮乌斯（Walter Gropius，1883-1969）等设计的法古斯工厂（图 3-12），把贝伦斯角部厚重的混凝土去掉，创造出更加符合现代精神的建筑。1914 年科隆展览会上的办公楼（图 3-13）已经表明现代主义已经来临了。他宣称上述两座建筑的重点放在功能上，这是他早期反对的"风格"特征的继续发展。至此，欧洲的先锋建筑师已经转向了现代主义的功能技术决定论了。

　　美国芝加哥学派在建筑学界是比较自觉打破建筑学寄生性的建筑流派之一。1853 年芝加哥大火之后，在满目疮痍的废墟中开始了重建工作，由此引发了现代主义建筑的滥觞。芝加哥学派，强调建筑平面的功能性，在此功能性就是合理性的代名词。在建筑造型上，一反过去装饰的繁文缛节，强调建筑造型上的简洁，在此简洁也就是反具象装饰和强调抽象的形体，从而呈现出现代主义的简朴的抽象风格（图 3-14）。在美国芝加哥出现早期现代主义的两个外部条件就是：①大火之后，百废待兴，重建经费必然捉襟见肘，也就是说芝加哥学派的风格源于经济上的拮据，换而言之，建筑师是被动而非主动探索的结果。②美国相对于欧洲来说，传统文化的包袱相对来说要轻些，这为芝加哥学派的出现创造了一个有利的思想环境。当然由于传统思维的惯性，大约在 1893 年芝加哥的哥伦比亚世界博览会之后，芝加哥学派受到折衷主义的强大冲击，芝加哥一头栽进了"商业古典主义"复古思潮中。芝加哥学派在新建筑的开发上主要贡献有以下方面：①提出了形式跟随功能的主张，这是现代主义

图 3-12　法古斯工厂

图 3-13　展览会办公楼

图 3-14　芝加哥会堂大厦

建筑的一个核心基础理论。②建筑上采用简洁的形式，以有效的建筑语言反映工业时代思维精神。

三、建筑学的自律性或科学性

现代主义特征最基本的是理性化和自由化。理性化可以推导出专业化（劳动分工）和标准化等等性能。理性化就是合理性，在建筑学中表现为平面使用上的便利（功能性）和造型的简洁性（经济性），归根结蒂来说，前者可以理解为功能理性，后者则可以理解为经济理性。建筑理性化也包含有很多层面，经济理性化和专业化就是社会分工结果，表现为社会劳动力合理配置和学术研究领域化。专业性在建筑上主要表现为学科的体系化和相关理论的集成化，也就是说建筑学的科学化和自律化。标准化一般而言在基于最大合理化和社会分工化的基础上，以最大化降低生产成本而形成的部件或构件统一化。理性化和标准化在建筑的风格或者特征上有所表现，而专业化体现在建筑学专业企图在理性化的基础上，把自身从一种综合性的学科改造为纯粹理性的科学的冲动。现代主义建筑风格在本书中等同于自律化的建筑学。

数学（尤其几何学）、力学等具有典范性的科学构成形式，一般是以一个或几个公理为起点，由此推导出更多的定理，再由定理去建构学科体系。建筑学作为一门综合性的学科，显然无法获得如此干脆和简洁的内在结构。建筑的科学化主要是指把建筑学改造为具有科学的某些典型特征,至少需要一个理性的依据或者基石。而"形式跟随功能"就是现代主义建筑学的公理,由此作为逻辑思路来推导建筑平面和造型布置,形成现代建筑学体系。"形式跟随功能"应该是指建筑学的理性化的具体表现形式,存在两层意思:一是平面形式理性化,也就是说平面形式跟随功能,以功能作为依据来组织平面,以功能上的便利性或合理性作为评判依据;这一条基本上得到建筑界的公认。二是体量造型的理性化,也就是建筑反装饰化、简洁化和朴素化。在早期芝加哥学派如沙里宁,把建筑形式与生物形式类比,认为有机形式高于装饰性形式,有机形式取决于生物功能和环境形式。空中的鸟或者鱼为适应飞翔或者游泳而形成纺锤体流线型,生物的体型或者形式的根据在于生物功能活动(自然法则)。后来柯布西耶的机器美学,把体量造型的依据也拉到了理性功能上。柯布西耶认为"工程师受经济法则推动,受数学公式所指导,它使我们与自然法则一致,达到了和谐"[1]。柯布西耶(经济法则)的承上(自然法则)启下(理性法则),也就是说,建筑师应该像工程师那样,用理性的眼光来对待建筑(体量)形式。现代建筑学从来没有完全放心把建筑体量形式决定性因素放在功能上,但是可以说形式的决定因素在理性上,而理性就内在地包含经济法则和自然法则。"形式跟随功能"作为一个原理,它的表面上的逻辑是功能在某种程度上是约束形式的因素,功能作为形式的标准,使得形式有据可依;在理论深处它至少可以引申出以下两层意思:一是形式之所以跟随功能,因为以功能为标准的建筑形式在使用上最为便利,在经济上为投入产出比最高;二是把建筑形式(平面二维形式和三维体量形式)的逻辑前提放在功能上,表明这种思维方式的理性化取向,不是情感化取向或者人性化取向。因此"形式跟随功能"其实含有三层意思,表面上是"(自然)逻辑法则",实质上是"经济法则",本质上就是"理性法则"。

用来验证建筑学是否是(纯)科学还有另外一个标准,建筑学是否是在呈线性的发展。科学发展在范式上是呈线性的进步发展,而艺术的发展则不遵守线性的发展规律,大多数时间是呈一种复杂的曲线行走路径。这其中的道理很容易说清楚:在范式之内,作为科学的前提存在着一些基本公理和作为推论的定理,由这些理论再来推导出整个科学体系,也就是说科学存在着一个成几个作为原理的核心。在科学范式之外或者范式之间就是一种理论的突变。当然艺术也是遵循一个基本定理,一般而言,艺术围绕的中心是情感,艺术情感的核心不在艺术内部而在艺术的外部,艺术由于没有内部的中心,因而总是在围着人性中

[1]参见:[法]勒·考柏西耶.走向新建筑[M].陈志华译.天津:天津科技出版社,1991:14.

[1] 王发堂.建筑审美学[M].南京:
东南大学出版社,2009:1-44.

情感的变化而呈现出某种反规律性。换而言之,艺术不是没有规律,其实它还是有(复杂)规律,不过规律的中心在人性中的情感[1],因此使问题变得非常复杂。或者说科学与其基本中心(变量)呈一次函数的线性简单关系,而艺术由于其基本中心的函数变项(变量)在其学科外部,艺术与其基本中心的函数变项(变量)不再是一次函数的线性关系,而是复杂的多次函数的曲线关系。建筑学,总是涉及建筑艺术,无法算是纯科学的学科体系,同理涉及较为专业的建筑技术,也使它无法提升为纯艺术的学科体系。因此,建筑学应该是一个综合性的学科,既不是纯粹科学也不是纯粹艺术,这就使得建筑学学科身份的问题变得非常复杂。建筑学风格在历史上的反反复复(非线性发展)也证明了建筑学的非纯科学学科性和综合性。

　　还是回到"形式跟随功能"的讨论上,只要回溯一下中外历史,可以凸显"形式跟随功能"的革命意义。在哥特式教堂中,建筑平面多为拉丁十字式,也就是说教堂平面的决定因素是基督教的象征性,而非功能,虽然拉丁十字式平面也包含有宗教礼仪的功能性。教堂的造型的飞券指向的天国(图3-15),体量造型的依据还是在宗教礼仪中。也就是说此时的建筑学是在为宗

图3-15　哥特式教堂飞券

教建筑服伺而没有独立性,也就不可能自律化。西方的文艺复兴时期的府邸平面或者造型的依据不在功能,著名的圆厅别墅就最能说明问题,此时建筑的平面或者造型依据不在建筑学内部,而在建筑学外部。在中国传统的建筑中,木结构平面基本上都是间的平铺,造型则是以屋顶、墙身和台阶特定类型组合而成。无论是宫殿、寺庙、衙门,还是住宅都是这一套,可以说是以不变应万变。建筑学的决定性因素在于社会礼制而非建筑学内部。当现代主义把建筑的平面布置和造型形式的依据放在内部功能上时,建筑学已经开始了科学化至少是自律化。

对于"形式跟随功能"的原则,在第一代大师那里理解也不尽相同。一般而言,对第一层面(即自然逻辑法则)大都能达成共识。赖特的草原别墅和有机建筑平面布置形式,相对于以前的折衷主义来说,更加注重功能的合理性。对于第二层面的体量形式,早期草原别墅的形式相当于复兴日本传统建筑形式(图3-16),后期有机建筑强调建筑体量形式与环境的协调,且倾向抽象构图和形式游戏(简洁倾向)。柯布西耶在第一层面平面形式布置因素早期强调经济性和合理性,晚期这种经济考虑就少了。第二层面的体量经济性和简洁性,早年他还是积极强

图3-16 赖特的赫特立住宅(1902)

调体量的经济性和抽象性,到了晚年似乎发现了问题,而转向表现主义或情感主义。格罗皮乌斯早期的建筑强调建筑平面的功能性和造型的简洁性。晚期在美国的协和建筑事务所(TAC)一直在践行着这一点。密斯成熟时期对"形式跟随功能"持反对态度,他提出了与之对抗的"功能跟随形式"。建筑平面采用了全面空间或通用空间,建筑造型采取了超验形式,所以密斯才告诉学生,"我希望你们将来会明白,建筑与形式的创造无关"。

在20世纪由于历史的际会,建筑学专业在科学化的端庄大道上唯我独尊昂首阔步地行走了半个世纪。在科学化的道路上,功能主义或者形式跟随功能,使得当代建筑设计在某种程度上有了自己的依据和标准,或者有了自己的基础理论。而不再像历史上那样把自己的原则放在建筑学的外部,东依西靠,六神无主。即使现代主义受到批评,但是它的"形式跟随功能"尤其是第一层面的平面形式与功能关系已经成为建筑学界一种共识和建筑学理论中不多的具有科学性或者逻辑性的知识体系。而关于"形式跟随功能"第二层面的造型形式与功能关系相对而言就不存在像第一层面那样严密的逻辑性,而且第二层面的造型的决定因素在更多的时候不在建筑学内部,而是在建筑学外部的人性中或者社会定位中(特定类型建筑有特定的性格或风格,这是由特定历史时期人类的价值取向来决定的)。在第一代大师那里,他们大多意识到"形式跟随功能"第一层面比第二层面更具有普遍性,对第二层面的造型形式,他们也就没有或在他们看来或许没有必要来严格遵循。

现代主义第一代大师们虽然高举"形式跟随功能"的旗帜,但是这种原则对他们约束性不大,这也就是说,他们制造出来的原则或者旗帜,更多的时候是来约束别人的。一般建筑师都是在现代主义的"形式跟随功能"的原则受教育并成长起来,他们把"形式跟随功能"的原则遍及到了世界每一个角落。他们扩大了现代主义的影响,但是由于他们的能力也是参差不齐,他们更多的时候不是向世人展现了现代主义的魅力,而是人为放大了现代主义的缺点,造成现代建筑的千篇一律和单调乏味。对于现代主义最为致命的不是来自于"形式跟随功能"的原则,而是来自于密斯的"功能跟随形式"的国际主义风格。密斯的建筑的造型,不像"功能跟随形式"那样,不同功能的建筑形式虽然简洁,但还是存在不同或者多样性。密斯的建筑无论是住宅、学校还是美术馆都是一个样或者至少差不多。这些在密斯那里还不存在问题,一方面因为大师精湛的技术构造和形式操控能力,另一方面,作为大师的他即使再勤奋,作为个体设计的数量还是有限的。但是,当其他建筑师们在世界遍地开花式竖起密斯式国际式建筑风格,那就成为一种灾难。再何况,密斯的追随者大多都没有密斯那样对形式和细部的控制力。也就是说,与其说密斯的"粉丝"发扬了国际化风格,不如说是毁了国际化风格,同时把现代主义也捎上了。

上面虽然从实践上探讨了现代主义式微的原因,但是造成现代主义衰落的最根本原因来自于内部理论与学科特性的矛盾性。建筑学的现代主义运动的历史就是建筑理论摆脱宗教和其他社会等非建筑层面的因素,而"形式跟随功能"是这种理论最为精致的表达形式之一。建筑理论把建筑学锁定在学科内部的功能或者理性上,至少从理论角度来考察没有什么不妥,完全能够成立。现代主义建筑学的自律性或者系统封闭性可以使建筑学理论更加清晰或者更加条理化。但是建筑学不仅仅是一种科学系统,它同时还有艺术的因素在内。而作为艺术来说,它的决定因素在于人性和人的情感。也就是说,建筑学如果要把艺术考虑进来的话,它就不可能纯化为清晰的科学体系,如此建筑学必然由科学性转向综合性。进一步分析,可以发现如果在现代主义建筑学中考虑人性,那么它的经济性和理性就必然受到冲击,也就是说艺术会冲垮建筑学的安身立命的基石。这是因为在人性中总是祈求变化,祈求多样性。建筑多样化必然会要求建筑形式与造型的多样化,甚至包括装饰的多样化,这就必然造成多样化与经济性和理性的牴牾。在这里,建筑学理论面临着一个两难选择:一方是自身的科学(纯)化;一方是自身的综合(杂)化。坚持前者会遭到人性的唾弃,但可以获得自身的科学性和自洽性。选择后者会使自身非科学化,但可以获得人性的支持,从而获得自身的发展。历史已经证明,现代主义由于反人性而遭到诋毁,从而转向后现代的隐喻文脉和文脉主义,同样由于人性化的推动,解构主义、新理性主义和极少主义也纷纷次第登场。

如果把所有的建筑流派当作一个整体来考察,现代主义建筑学有自己存在的合理性,只不过是作为建筑学流派中的一个分支而存在。换言之,当现代主义盛行的时代,它排除和打击其它建筑形式,消灭了建筑形式的多样化,从而激怒了人性。也就是说,现代主义建筑学作为建筑学的一个分支存在是具有合理性和存在的必要,但是当它上升为垄断地位时也就是它的末日了。20世纪初,为了打击折衷主义和复古思潮,现代主义作为建筑先锋被推上历史的舞台,对当时的人来说,思想(的启蒙)压过人性(的需求),当历史达到目的即解放了束缚新思想后,它的使命就已经完成,人性反过来压过思想。建筑的多样性的重要性压倒建筑的抽象性。事实上,后来的新理性主义、晚期现代

[1]在2007年,我们对建筑学的思考停留在建筑科学化的层面,详见《对建筑学作为一种科学体系的思考》(《同济大学学报(哲社版)》2007年5期44—49页),在清理建筑自律化的研究中,目前的成果使得我们不得不对早期观点进行重新审视。当然,不是简单而鲁莽地否定前者,之间存在的逻辑上的冲突应该也可以算是今后研究和思考的一个契机。

主义和新现代主义等等的出现都表明了现代主义建筑学具有很强的生命力,只要它循规蹈矩,不超出一定领域的话。

四、建筑学的自律化的历史意义

建筑的自律化在历史上的正面作用在于为建筑学提供了一个原理即"形式跟随功能"和后来发展出来的功能分区(包括城市规划层面的功能分区)推论,以及这个原理及其推论中蕴含着的理性法则,尤其是理性的精神。这使得建筑学在某种意义上具有准科学性的特征。在建筑学发展的历史上是一个了不起的大事。虽然在其他历史时期中如哥特建筑和古典主义中,都不乏理性精神,但是,其他时期的理性精神只是限于比例分析和古典构图上等建筑学的局部操作上,而不像现代主义时期那样贯穿于建筑学的整体上。

因此或许可以说20世纪的建筑学理论达到了历史上理性的巅峰。建筑学上的理性精神对当时的历史来说,有以下几个方面的意义:一是使得建筑学摆脱了宗教等社会外在因素的控制,相当于摆脱了加在当时建筑上的一些不必要的装饰(古典复兴等等),解放了加在建筑上的思想束缚,为工业革命后建筑学的理论发展开辟了道路,建筑创作获得了某种程度上的自由。二是"形式跟随功能"的经济法则,无意中契合了当时欧洲一战后和后来二战的欧洲的经济凋零和百业待兴的时局。这也是现代主义能够迅猛发展的一个外在原因。如果没有两次世界大战的话,工业革命的发展也需要大量的建筑如厂房、办公楼和(城市化后)住宅楼,也可以推动现代主义建筑发展,但是发展扩张速度就不至于这么快,在全球的传播也不会那样迅速,也许也就不至于那么快被击垮,现代主义的发展时间也许会更长些。换而言之,人们应该明白的是加速的就不仅仅是现代主义的传播,同时加速的还是现代主义的灭亡。

建筑学的自律化为建筑学的科学化作出了某种努力,虽然这种努力最终以失败告终,但它的努力也不是毫无意义的。至少有助于人们对建筑学学科的性质有一个更深的理解,为后来的建筑研究者提供了正面或者反面的界碑,毫无疑问还可以用来指导目前的建筑学理论的研究。建筑的自律化告诉人们,建筑学由于学科的综合性而反自律化的倾向,建筑学不可完全科学化[1]。

第三节　现代性、理性与确定性

一、后现代层面的确定性

理性,在哲学上有很多相近的表达,如规律、必然性、确定性、整体性、线形发展、进步和宏大叙事。也就是说,理性与这些词有着内在的逻辑关系,是理性在为适应不同场合下所采用的相关术语或者概念。比如在哲学上,理性对应于自由,理性对应于非理性,必然性和偶然性相配匹;在科学中,因果关系、规律和机制是理性的代用词;在艺术理论中,又演变为日神精神与酒神精神、理性和情感、逻辑思维和非逻辑思维等等。在后现代哲学中,则理性演变为确定性,和不确定性相对应。下面从不确定性的层面来理解确定性,也许会使人们的理解更深刻些。

人们已经达成一种共识,世界的每一角落和每一个局部都充满了不确定性,在永远的变化中唯一不变的就是"变"本身。一般而言,在不确定性理论的大背景下,所谓的确定性,就可以转化成概率统计问题了。但是事物运动过程中必然性有(内部因素)偶然性(外部因素),偶然性中也包含了必然性。人们虽然无法绝对地确定事件变化过程的每一个细节,却可以在众多的偶然性中寻找发生概率最高的事件,这种概率高的事件也就展现出某种必然性。自然规律使一些事物运动的结果出现的概率非常高,比如对地球围绕太阳转原则的运用,太阳明天照常升起的概率非常高,在日常语言中那就是非常确定的事情,但如果放在科学上,也不是百分之百的绝对,不排除意外的情况,如地球因其它原因偏离原来的轨道等等。在当代确定性与不确定性的关系由概率统计理论统一起来了,消除了过去所谓的绝对的确定性(必然性)和偶然性的划分。

确定性在混沌学中的定义,也很有意思。在混沌系统中,描述系统演化的动力学方程的确定性,是指方程(常微分方程和差分方程等)是非随机的,不含任何随机项。系统的未来(或过去)状态只与初始条件及确定的演化规则有关,即系统的演化完全是由内在因素决定的,与外在因素无关。这条原则称之为"确定性混沌"。基于确定性的内在系统出现了复杂而混沌的事件,即内随机性,人们才有可能考虑把混沌作为一种理论来研究。当然,由此确定性的混沌必将引向带有随机项的更复杂系统的非周期的不确定性的状态中。

[1] "自由本来只是隶属于人,只
有对人才有意义。对于人以
外的其它任何事物,自由是毫
无意义的。自由之所以隶属
于人,是因为它就其本性而
言,源自于人的意识自由,源
自于人的模糊思想模式,源自
于人的意志和无限的欲望。
意识、思想、意志和无限的欲
望是人所特有的本性,就此而
言,自由在本质上是来自人内
在的力量,来自人精神内取得
权力意志。" 引自于《后现代
论》。高宣扬. 后现代论[M].
北京:中国人民大学出版社,
2005:13.

因此,在现代性中规律、必然性和确定性,在后现代哲学中
演变为概率统计,后现代基本上不承认一成不变的僵化的东
西,这点需要结合其它章节一起来理解。

二、现代性中理性与自由

现代性有两层的内涵即理性和自由。而理性和自由既是对
立的矛盾体,又是统一的逻辑体。

之所以现代性是矛盾体,是因为在理性和自由之间存在着
对立的关系。理性是逻辑的同义词或者说别称,体现的是必然、
是规律;而自由体现的是偶然性和自发性,两个概念间存在着
势不两立的态势。如果说理性代表着规律,那么理性就等同于
必然性和确定性。而自由则是偶然性和自发性的代名词,那么
自由等同于不确定性和偶然性。因此,理性与自由在表面上呈
现出来的一种对立和矛盾,理性寻求的是规律,是一种必然性的
运动和规律性的实践,是排斥偶然性和自发性的,排斥非理性和
随意性。

当然,人们所说的自由包括多种层面的含义。对于非生命
界的事物来说,一般不谈论自由的概念。在生物界,动物是有自
由的,能够自由地走动和寻觅食物。但是,动物的自由活动与现
在讨论的与理性相关联的自由不是在一个层面。哲学上或者目
前讨论的自由,一般是在人作为主体性的层面来谈论的,因为只
有在人的层面来谈才有自由的问题[1],自由不等于反理性或者
违背理性,而是指自由并不是按照一种而且仅一种必然性的规
律判断后而做出,而是在对对象权衡之后所呈现的非特定某一
种线性的轨迹,自由并没有限于某种理性的轨迹中。在这里,自
由表现出在众多理性轨迹中,根据自己的利益或者目的,来做出
一种不受约束的选择。从这里可以看出,自由依旧是一种理性,
而且是一种复杂的理性,是一种判断的主体性在众多的理性判
断中追求最为合理的理性。因此,理性和自由又是统一的,统一
于主体性中,统一于意识中。

现代性概念中含有理性和自由两层意义,至于自由与理性
哪个是第一位的概念,存在着不同的说法,一种是说理性,一种
说是自由。认为理性是上位概念的哲学家和学者可能比较多,
著名的代表马克斯·韦伯,认为现代性(或者说资本主义精神)
最大特征就是理性化。认为自由高于理性的著名的哲学家就是
康德,他认为实践理性(自由)高于纯粹理性。就本书认为,理
性概念是第一位或者基础的概念,而自由的概念必须借助于理
性才能得到定义和规定。当把理性看作第一位时,就是认为现
代性基本核心就是理性化;另外一方面,人类运用理性需要自

由来保证。人们只有拥有自由,才能谈得上思考和作理性判断,才能自由地作出自己的判断并付诸于实践中。由此必然会认为自由高于理性,这就是康德等的观点。其实,无论理性和自由哪个作为具有优先权的概念,看你是如何理解。但是,从逻辑上来讲,理性为前提、自由为结论的关系是不变的。只有自由没有理性如动物一样,谈不上真正的自由,反而言之,只有理性或规律没有自由,如世界万物一样,也谈不上是理性,以致规律或必然性。从本质上来讲,自由就是多个理性之间的抉择。也许可以这样说,现代性是理性和自由的综合体,但是,理性占主导地位;同样,后现代性也是理性和自由的综合体,但是,自由或者不确定性占主导地位。

第四节 后现代性的不确定性[1]

一、后现代的包容性与不确定性

后现代的最为准确的定义就是无法定义或者不可界定性,换句话来说,就是后现代由于存在着多样性,这种多样性无法用语言来固定,因而显现出不确定性面貌,也就是说,在某种意义上来讲,不确定性是对后现代的无法界定性的描述,但是这种描述恰恰却成为后现代最为显著的特征,因而也演变成本质性的因素。

后现代的不可界定性并不是因为后现代过于神秘,而是目前可供调遣的传统语言自身的局限性。也就是说,传统语言及其传统思维无法涵盖后现代的多元性、复杂性、包容性、矛盾性、无限性和模糊性等等。如果用传统的现代性语言来概括后现代遇到了历史上未曾有的难度,无法用简单定义的方法来一统所有的内涵。而且,我们看到,后现代目前虽然形成了一定的形式和发展规模,但是它的内容还在继续扩充和发展,这样使得想一劳永逸地固定后现代的定义成为不可能。正是后现代这种在传统现代性语言或者传统思维的范畴中的不可言说和不可表达的特征,显示了后现代彻底的反传统性和与传统现代性的异构性。后现代性已经溢出了当代人类文化和知识的范畴,但是在当代文化背景中成长起来的现代人又不得不用传统语言对它进行言说,这样,就看到了当代文化的某种窘态和无奈,反映出当代人某种悲剧成分,明知无法言说,但是却偏偏要对它有所研究和表达。正如高宣扬所说:"'后现代主义'同传统文化的不

[1]本人的"后现代"启蒙,源于对高宣扬先生的《后现代论》的阅读,本人大多数的后现代观点都是直接来源于高先生《后现代论》,或者在其观点的启发下形成的。因此,此部分的大多数观点都是直接或间接转逐自《后现代论》。高宣扬.后现代论[M].北京:中国人民大学出版社,2005.

[1]高宣扬.后现代论[M].北京：中国人民大学出版社,2005:2.

[2]举例子来说,汉字"打"原始含义有敲击和进入的两层含义。因此现代汉语中有"打"的词语有的取自于其中"进入"含义："打的"、"打酱油"、"打伞"或者"与群众打成一片"等等；有"打"的词语有的取自于其中"敲击"含义："打字"、"打电话"或者"打扮"等等。

[3]高宣扬.后现代论[M].北京：中国人民大学出版社,2005:10.

一致性和非同构性,使传统文化和传统语言丧失了对'后现代主义'进行说明的正当性和有效性,也使'后现代主义'同传统文化之间自然地存在一种'不可通约性'和'不可翻译性。'"[1]高先生的说法,本书认为很准确地表达出后现代性某些特征。

之所以会造成传统现代语言或者传统思维处于失语状态,因为传统现代语言和传统思维习惯于因果逻辑分析和线性思维的运作,而后现代在表达时遇到障碍时,为了达到自己的目的,采取手段也就变得五花八门,甚至是文学艺术或者诗歌中的暗示、隐喻、换喻、借喻和各种象征的方式都用上了。后现代的这种灵活策略,并不是心血来潮,而是为了更好地贴近世界、还原世界和呈现世界。比如美国作曲家,先锋派音乐代表人物约翰·凯奇著名的音乐《4′33》,就是用空白来表达自己的观点,就是一个典型的例子。一般音乐总是有乐曲,而这里作曲家却反其道而行之,这样也容易引起质疑,这还是音乐吗？

众所周知,传统文化和现代文化,褒扬理性而压抑非理性。对于传统现代文化来说,被压抑的非理性并不足以称道,更不用说去千方百计把它表达出来了。但是在后现代语境中,并不排斥现代性的理性,还海纳百川把现代性所反对的非理性揽进自己的范畴。因此必然会面临着某些无法用传统理性来表达的事物或者状态,或者说用传统语言来表达往往是词不达意因而就显得啰哩啰唆。比如德里达的"延异",就是某一个词语或者概念,在历史长河词义发生变化的状态。围绕到该词语原始含义而产生意义漂移[2]。

后现代的包容性,不仅没有排斥现代性,而且把现代性和其它现代性所排斥的东西一股脑地收纳进来,如此一来,必然造成后现代的多元性和复杂性,必然涉及多学科性和多流派性。因此,后现代就是一个充满矛盾的、充满着刁诡的综合体。后现代性之所以变得极具复杂性,有两方面因素：一方面,源自于现代性自我快速分化后膨胀的产物；另一方面,源自于把现代性排斥的东西都包容进来了。[3]

二、后现代的自由性与不确定性

后现代的包容性,其实包含有自由性的因子。只要你愿意或者你喜欢的东西,都可以纳入到后现代的范畴。包容性或者说不可界定性都是对后现代做的一些描述,但是从这些表面的现象中,可以试着去发现后现代的内在精神。描述后现代的内在精神,比描述后现代是什么可能更容易些。

后现代性是现代性的继承和发展,现代性的发展之所以充满矛盾,就是现代性充满了自我反思和自我批判,因此使得现代性发展充满了多样性最终导致现代性的歧义性和矛盾性。现代性在自我批判的基础上,在理论层面作进一步的思考和调整。在现代性分化路上,不同的推理或者逻辑发展最终导致与在其它分化道路上的事件相互冲突和对立,这样现代性形成诸侯割据和战争不断的混乱局面。如此发展,也就需要一个所谓更具包含性的后现代来重拾山河。高宣扬在《后现代论》入木三分写道:"后现代之所以充满歧义和复杂性,最根本的原因来自于后现代主义者在其创作和批判过程中所表现出来的高度自由精神。这种高度自由表现为高度的不确定性、可能性、模糊性、超越性和无限性的综合。正如费耶阿本德所指出的,后现代主义高度自由的创作精神,甚至不需要任何方法,排斥一切固定不变的指导原则。正因为这样,后现代主义也是以'反方法'作为基本特征。"[1]

所谓的"反方法",就是说原来形成的方法本来是用来指导人们的实践或创作,但是,正是由于方法的形成或者固定,成为用来指导今后创作的标准规范。但是人们为了方便或者简单行事,遵循甚至固守经过实践的多次探索而形成的一定的方法。有了方法或者规律,创作因为有轨可循或者有法可依变得轻松和简单。但是,殊不知在这不知不觉沿着固定的方法或者规律行事时,却在无形中被剥夺了未来的可能创新的机会和创新的自由,创作者被强制性地引导自由创作继续沿着传统老方法的轨迹行进。反方法就是为了彻底打破一切对创新可能造成压迫或者影响的条件,哪怕这种用来保证创新的一些必要条件如果有负面影响也要破除掉[2]。后现代似乎真正做到无所傍依和高度自由创作状态[3]。

后现代创作精神的高度自由性,如果把它理解为绝对的自由那也就不对了[4]。人类的意识很容易幻想没有任何限制的自由,但是这种没有时空限制的自由永远只能停留在意识层面。在特定时空条件下,所谓的时空就是条件,就是限制和制约。自由的意识,只有在结合特定的时空下,才能成为现实中的自由,而不只是天马行空的自由。现实的自由,才能推动现实成为改造世界的力量,也就是把大脑中自由意识转变成某一现实的可能性。没有时空限制的自由永远是虚幻的自由,而真正的自由就是某一种意识加现实的潜在可能性,是一种可以转化成现实的可能性。但是,后现代强调的自由致力于把这种时空限制减少到最少而不是抛弃它,到这样的一个程度它不至于形成虚幻而是能在现实发挥威力。"后现代主义者为了摆脱传统文化的限制,宁愿牺牲形式中积极的因素,把追求形式和各种形式表现看作否定的力量加以放弃,以便在丧失形式和脱离形式的各种自由可能性

[1] 高宣扬.后现代论[M].北京:中国人民大学出版社,2005:12.

[2] 高宣扬.后现代论[M].北京:中国人民大学出版社,2005:13.

[3] "怎么都行"几乎成了后现代的一个口头禅,当然值得指出的是,"怎么都行"只是抓住后现代的一个侧面,而不能把"怎么都行"等同于后现代。

[4] 高宣扬在《后现代论》中,把后现代性的自由提到了绝对的高度,也许是出于对后现代性理论的框架整体性的需要而设定的。本书认为后现代性的自由为了摆脱现实或者现成的思路的可能制约而提出来的,并不等于后现代的自由是无任何时空限制的。当自由理解为潜在性时,它是无限制的,当自由理解为可转化型(即可能性)时,它是有条件限制的。

[1]高宣扬.后现代论[M].北京:
中国人民大学出版社,2005:
15.
[2]这种人生审美发生与所谓的
距离产生美的机制是一样的,
还应该加上康德的无功利的审
美。

中,最大限度地维持不断创造和不断更新的可能性。"[1]由于时空条件的减少,这样就意识的各种可能性的绽放提供了一个可能性。后现代创作中的高度自由表现为现实的可能性和无限性。

后现代的自由精神并不在追求某一个特定的目标,并不想使自己变成什么。后现代的自由精神的目的就是追求自我的自由状态,追求的是解除不必要的约束而让意识处于一种能够爆发出最大能量的趋势,决不墨守成规而停滞不前。后现代让自己永远处于具有无穷变化可能的新生状态,处于一种随时冲出意识而发展成现实的欲望之中。相对于可能性来说,现实性是受时空限制的,是定性的和固定的,也就是僵死的和无生命力的。现实性作为可能性的结果,总是把某一种可能性完全地释放出来而呈现的状态。而可能性的趋势是在现实中实现出来,但是这种可能性具有朝多种现实的方向发展的不定性。作为可能性的最终命运的现实性,总是处于特定的时空之中,因而具有稳定性和同一性,而可能性却与之相左,可能性具有超多个现实性发展的趋势,使得可能性处于不确定之中和变化中。在可能性转化成现实的过程中,只要条件稍微不同,就会使可能性的通往现实的轨道发生偏移而迈向可能性不同的发展趋势。后现代的自由精神的精髓就在于可能性的实现途径的多样性和不确定性,自由意味着对这种不确定状态的把持状态。

总而言之,从上面的论述中,可以发现后现代的自由精神是以包容性为前提,以把持可能性的不确定性为目的的一种活动状态。可能性就是自由的最好表现形式,它的实质就是不确定性。后现代的特征的多态势性和包容性,使得后现代的概念呈现出复杂的状态,而只能以"不确定性"来描述,但是正是这种描述也把它同现代性和传统性区别开来,后现代就以"不确定性"来作为自身的定义来界定自身。

"不确定性"是自由的外化形式,是生命力的表征,它在美学上或人生的道路上都扮演过重要的角色。年轻人充满朝气,充满对不确定的未来的憧憬,从而在他们的意识中呈现出近似某种审美的态势[2]。当年轻人逐渐变成中年人直至老年人,他们的梦想一步步地实现,梦想转化成现实,即使是这种现实是令人满意和自豪的,在他们的意识中不再有对未来不确定性的朦胧感,因而缺乏一定审美性和美感。这就是确定性和不确定性的不同的魅力所呈现出来的人生不同态势。

第五节 后现代主义建筑的不确定性

后现代主义建筑属于后现代性流派中的一个分支,但是后现代主义建筑在后现代流派中属于出现比较早,反映比较灵敏的一个分支。从这个意义上来讲,早期后现代主义建筑师和后现代主义建筑学者,是后现代流派的积极建设者和引导者。很多后现代学者在论及后现代理论时,后现代建筑和建筑理论都是一个重要的组成部分。

一、早期美国后现代主义

后现代性是一个具有包容性的流派,但是作为早期的后现代主义建筑,尤其是美国后现代主义建筑,却并不是一个具有很强包容性的学术流派。早期的美国后现代主义是在对密斯的国际风格的现代主义建筑的抗争中成长起来的,他们反对现代主义的简洁和理性,是因为现代主义的简洁和逻辑给世人带来了千篇一律的方盒子和现代建筑冷冰冰无情的表情。美国早期后现代主义反对的真正目的既不是理性,也不是现代主义本身,而是反对现代主义建筑尤其是密斯的国际主义风格建筑的冷漠造成的审美轰炸和审美疲劳。

正如前面所说,密斯作为大师,他的建筑是经得起推敲的,精美的细部与简洁的造型对于世人来说也是无可挑剔的(图3-17)。但是,致命的是,密斯国际风格的设计层面的易操作性导致国际主义风格泛滥。更为致命的是大量冒出来的国际风格建筑并没有密斯的精美的细部,虽不能说是粗制滥造,但这带来

图3-17 密斯建筑细部(巴塞罗那德国馆)

的结果必然是审美上的疲劳甚至对国际风格莫名的反感。当初，美国后现代主义的旗手文丘里（Robert Venturi, 1925– ）在《建筑的复杂性与矛盾性》中声称要模糊（不确定性），不要清晰（确定性），要模棱两可。文丘里在读书时就曾经提出了"少就是烦"（Less is abore）的口号针对密斯的"少就是多"（Less is more），他认为可以从两个方面来拯救现代主义建筑：一是历史建筑因素，一是美国的俚俗文化。美国建筑家斯坦因（Robert Stein, 1939– ）从理论上把后现代主义作了初步的整理，他提出了后现代主义建筑的一些特征。文脉主义、隐喻主义和装饰主义。美国建筑家詹克斯（Charles Jencks）甚至把后现代主义称为激进的折衷主义。

美国的后现代主义是一种实用哲学的反映，在经过短暂的实践之后，实质上他们的主张已经远离了当初的"模糊"和"不确定性"的感觉。

二、日本新陈代谢派

在日本战后，存在着三个主要建筑流派，其中最主要的一个是由大高正人（Masato Otaka , 1923– ）、菊竹清训（Kiyonori Kikutake, 1928– ）和黑川纪章（Kisho Kurokawa, 1934–2007）等等当时的"少壮派"所展开的"新陈代谢派"的运动。新陈代谢派"强调事物的生长，更新与衰亡"，把事物的"变化"看作是信息时代的典型特征。由此丹下健三（Kenzo Tange, 1913–2005）把新技术当作是对信息革命的"变化"措施。现在看来，如此对策是对信息社会的特征把握不准得出的。"新陈代谢派"之所以很快就消失，主要原因在于其思想着眼点的超前性和对信息时代特征的认识不足而造成的。也可以说"新陈代谢派"企图用工业技术（即工业社会的手段）去解决信息社会存在的问题。相当于后来欧洲兴起的高技派，在欧美的解构主义运动对"不确定性"冲刺失败后的无意识的反映。还有意大利的新理性主义干脆以建筑类型学的名义在进行"复古"的举措，瑞士的博塔（Mario Botta, 1943– ）就是新理性主义典型的继承人之一（图3-18）。也就是说，他们意识到"不确定性"的问题所在，但是却找不到正确的解决方法和对策。"新陈代谢派"的主张的实质性问题（即对信息社会特征的认识问题）只有到了伊东丰雄（Toyo Ito, 1941– ）才被真正地认识清楚了。"新陈代谢派"虽然自己在历史上没有结下什么硕果，但它的历史意义在于，为后来的日本建筑发展提供思想基础和人才储备，为当代日本建筑界的发展提供了强大的后劲。

由于"新陈代谢派"内在地存在不可克服的矛盾，无法把握

图 3-18　博塔的圣玛利亚教堂

实质问题,于是"新陈代谢派"的中坚分子都按照自己的理解来"误读"信息社会的特征,于是生发出种种的偏离:黑川纪章无奈地转向"新陈代谢派"的本义即生物学倾向以生物适应为基础的共生理论,从目前看来,这一支流后劲不足。游离于新陈代谢派之外的矶崎新(Arata Isozak,1931-)的历史后现代建筑虽然带动了日本后现代的探索,这一支在目前的活动基本上不属于主流。对于新陈代谢派之后,日本其他后现代主义的探索,基本上与美国的情况近似,就不多费笔墨。

三、解构主义运动

哲学上解构主义早在 20 世纪 60 年代就已经被法国哲学家德里达提出来了。德里达的解构主义是为了对西方哲学逻辑中心主义的解构,指出不仅是存在或在场重要,同时"不在场"或缺席也是重要的,甚至制约或控制在场或存在。通过这种分析,德里达达到了对西方哲学的全面解构。

德里达本人对建筑有兴趣,他希望通过建筑能够促进社会的沟通和交流,消解现代主义的垄断控制,为建筑的发展提供多样性思路。但是,建筑学上解构主义被演绎为反中心、反权威、反二元对抗、反非黑即白的理论可能,与德里达的想法有差距。美国建筑师艾森曼(Peter Eisenmen,1932-)与德里达比较密切,他的一些解构作品在视觉上呈现反常规形态的设计。盖里(Frank Gehry,1929-)的解构作品,多在建筑形式上反常规化,呈现出怪异和奇妙的面貌。在解构思想上走得远些就是屈米(Bernard Tschumi,1944-),屈米就声称建筑形式与发生在建筑中的事件没有固定的联系。他的作品强调建立层次模糊、不明确的空间。在屈米的理念中,建筑的角色不是表达现存的社会结构,而是作为一个质疑和校订的工具存在。他的拉·维莱特公园表现出把建筑解构成基本元素之后,追求原始的感官刺激,似乎在对建筑作一种执着的探索和研究。

四、日本当代后现代主义建筑

在新陈代谢派之后,在菊竹清训和伊东丰雄的这一支流,保持"新陈代谢派"的思想出发点的高姿态,即以信息社会革命为背景,所幸的是到了90年代初,电脑、网络和IT产业的日渐兴盛,社会环境也开始发生了十分明显的变化,由物质社会向非物质社会转变日渐明朗,这样,"新陈代谢派"时期的社会背景不足的原因,渐渐地消解了,"新陈代谢派"自然又"死灰复燃",最主要的是表现在伊东丰雄的建筑哲学中。正是伊东丰雄,成为日本建筑界乃至世界建筑界中的一位关键人物,他已经影响到日本和世界建筑未来的走向和新的发展趋势。

伊东的建筑哲学当初不是从信息社会着手,而是从自然界中的"风"的流动开始,风无形无踪,飘忽不定,风的最大特点就是任意性、流动性、自由性。这与伊东后来的建筑思想是一脉相承的。风的本质是飘忽不定的"不确定性"。这种"不确定性"作为一条主线一直贯穿延续到妹岛和世(Kazuyo Sejima,1956–)和西泽立卫(Ryue Nishizawa,1966–)的建筑哲学中。不过他们对于"不确定性"有着比伊东更加深刻的理解,而产生了自己特定的建筑思想和建筑创作。

建筑界从上个世纪60–70年代至今,一直酝酿和加深对"不确定性"的认识,虽然经过了后现代主义和解构主义的浅层解读或者"误读",终于走向其拨开云雾见天日的时候,这在新一代的建筑师如妹岛和世与西泽立卫身上表现得尤为明显。在前面师承关系上,可以看出建筑上的"不确定性"表现在三个方面,这三个方面只有作为三位一体完整地融合在一起的时候,才能确定地说建筑界对后现代社会中"不确定性"真正地领悟了和理解了。这三个方面分别是:形式上的不确定性,功能上的不确定性和设计方法的不确定性。其实,还有概念的不确定性、观念的不确定性等等。

第四章 艺术不确定性历程

　　建筑在工业革命影响下,由古典主义风格逐渐向现代主义建筑过渡,当信息社会开始渗透生活时,后现代主义建筑开始在地球上遍地开花。同时,西方艺术在工业革命的冲击下面临着同样变革的压力。西方绘画艺术所感受到的工业革命的冲击所作出的反应要比建筑艺术在同样情境下的反应更为敏感些。建筑艺术和绘画艺术在时代的洪流变革中,都在思考自己在这场历史剧变中的义务和责任。当然,在这场深刻的社会变革中,艺术变革反过来又影响和促进社会的变革。绘画变革的动作相对建筑来说,在时间上要早些,并对建筑艺术发展起了重要的促进作用。因此,在这里讨论绘画艺术(以下简称为艺术)的应对策略在两个层面获得支撑:一方面艺术与建筑同在工业革命的张力场中,研究艺术的反应有助于理解建筑在同样张力场的反应;另一方面,艺术变革在时代中的先知地位,曾经对建筑艺术的发展产生重要的影响。

　　艺术在历史上的发展是不均衡的,不同的时期有自己的强势艺术形式。在西方艺术史上,古希腊的主导艺术是雕塑和戏剧,中世纪则是音乐与建筑的王国,文艺复兴随着时代的视野转向了自然,绘画也便兴盛起来了。17 ～ 18 世纪欧洲则陶醉于戏剧的虚拟世界中,18 世纪至 19 世纪末,则是诗歌、音乐和小说轮番坐庄。从 19 世纪末开始,西方的绘画艺术一直在酝酿一场深刻的变化,这场变化一直延伸到今天。

第一节 现代艺术的先声

　　随着法国大革命的到来,文艺领域也充满着变革。工业革命的兴起,欧洲诸国工业化步伐的加快,使 19 世纪成为变幻莫测的世纪。西方的美术流派在工业革命的冲击下,寻求自身改变以便适应工业革命洪流。正是借助于工业革命的列车,西方美术界冲破了文艺复兴以后的再现性的传统和古典风范,由此踏上了现代艺术之路。19 世纪的流派包括了新古典主义、浪漫

图 4-01　勃罗日里公爵夫人（安格尔）

主义、写实主义、印象派和后印象派等众多流派。当然，真正的革新是从印象派和后印象派开始的，古典主义、浪漫主义和写实主义虽然与传统绘画一脉相传，但是在思想和理论等方面都有了变革的火花。

一、印象派之前的探索

新古典主义的绘画推崇古希腊和罗马时期的风格，崇尚理性和自然，注重艺术的完整性。由于受到法国大革命的影响，赋予了古典主义以新的内容，使得许多艺术家能够突破古典主义的清规戒律，创造出一些具有革新意义的现实主义作品。新古典主义绘画理性有余而感性不足；强调绘画内容素描结构而轻视色彩语言的表达。新古典主义绘画的代表人物是安格尔（Ingres，1780–1867，图 4–01）和路易 · 达维特（Jacques Louis David，1748–1825）。

浪漫主义以追求自由、博爱和个性解放为思想基础。注重情感注入到虚幻中的形式中、追求如梦如痴般的诗情画意。并且把绘画当作语言来传达创作者的创作意图和内心的情感世界，喜欢热情奔放的性情抒发。浪漫派重视色彩，是和他们重

图 4-02　梅杜萨之筏（席里柯）

图 4-03　晚钟(米勒)

视情感的要求相一致的。要用色彩去塑造形体,这点为后来的印象派做了一定的探索;喜欢追求画面构图、光线、色彩以及人物的动态,展现出该派艺术家们丰富的想象力,大大充实了西方绘画艺术的语言。浪漫主义在题材上,与同时代的浪漫主义建筑流派一样,多描写独特的性格,异国的情调,当然还有艺术流派中对现实生活的真切反映,如生活的悲剧,异常的事件等等,浪漫主义绘画作品往往从文学作品中寻找创作的题材。浪漫主义的先驱者是法国画家席里柯(Théodore Géricault,1891-1924,图 4-02)和盛期的法国画家德拉克洛瓦(Eugène Delacroix,1798-1863)。

现实主义(Realism)扎根于创作者身边的现实社会,如实地再现和揭示社会矛盾与生存状态,总而言之,现实主义画家,无论是在面对真实存在的物体,还是想象出来的对象,总是在描述或者还原成真实存在的物质而不是抽象的符号。它的特征是重现实、重科学、重客观和重批判。现实主义代表人物有库尔培(Jean Desire Gustave Courbet,1819-1877)和米勒(Jean-Francois Millet,1814-1875,图 4-03)。

二、印象派

印象派(Impressionism),也叫印象主义,因克劳德 · 莫奈(Claude Monet,1840-1926)的油画《日出 · 印象》受到一位记者嘲讽而得名。印象派的出现是美术史上的重大事件,它意味

图 4-04　草地上的午餐（马奈）

着一个绘画新时代的开启。它始于 19 世纪 60 年代，到 70-80 年代便达到了鼎盛时期，其传播范围由法国遍及欧洲乃至世界各地，其影响力一直延续到今天。

　　印象派继承了法国现实主义"让艺术面向当代生活"的传统，使他们的创作能够摆脱题材上对历史、神话、宗教等的依赖，摆脱了传统绘画叙事程式的约束。由此，艺术家们走出画室，深入田野、树林和日常生活场景，把对外在自然中的清新和生动的感官印象定格下来。印象派的先驱们认真体恤沐浴在光线中的自然景色，仔细研习色彩的冷暖变化和相互作用的感官印象。印象派粗看随意的涂抹，其实是运用科学分析后的成果精心经营画面的结果。变幻不拘的光色效果粗看是媚俗的表现，再细看其实是准确地抓住了对客观对象的最初印象，进而在画面上留下瞬间感觉中的诗意般光色图像。值得说明的是，印象派源自于野外自然光线下写生的方式，进而捕捉到不同的时段光影变幻的奇妙感觉。

　　印象派绘画表面上是抛弃理性的因素如客观地再现外在世界，粗一看变得更加主观和随意了。但是事实上恰恰相反，印象派没有抛弃理性，而是理性再度以更加深度的方式渗透到绘画中来。理性在印象派绘画的光色分析中充当了分析工具，印象派中绘画色彩关系——如色彩冷暖关系和补色原理，其实都是来自于理性的更加细致的梳理和发现。众所周知，印象派的绘画也是再现性的绘画，不过是在特殊环境中的一个瞬间记录。但是，由于画面上鲜艳色彩的运用，对于用来表达创作者的主观

图4-05 日出·印象（莫奈）

[1]据说,1910年在伦敦准备举办一个"现代"法国画展,但是临近开幕,画展的名称还没有确定下来。作为展览组织者的罗杰·弗莱事急无奈,便不耐烦地说:"权且把它称作后印象主义吧"。

感受,相对于再现式的绘画来说,可能更加切合情感的内在关系。这也为后印象派和后来的其它艺术流派的发展指明了一个方向。

19世纪后半叶到20世纪初,法国涌现出一大批印象派艺术大师,他们创作出大量的经典绘画作品,比如,马奈（Manet Edouard ,1832-1883年）的《草地上的午餐》（图4-04）和莫奈的《日出·印象》（图4-05）等。

三、后印象派

后印象派（Post-Impressionism）一词,是由英国艺术评论家罗杰·弗莱（Roger Fry, 1866-1934）发明的[1]。后印象派不喜欢印象派画家在描绘大自然转瞬即逝的光色变幻效果时,所采取的理性客观的科学态度。后印象派认为艺术形象不等于客观物象,而是应该异于描绘对象。后印象派的根本观点是反对真实地表现自然界的光和色（印象派的客观主义）,主张真实地表现艺术家对客观事物的主观感受。绘画作品应该用来表达艺术家的内在主观世界,而不是再现外在世界。这里有一个背景的交代,就是摄影技术出现,绘画艺术不管能够如何逼真地再现描绘对象,它与照片再现相比,都存在一定的差距。另外,照片从摄影到洗出照片的时间优势,也令绘画望尘莫及。在摄影技术强势威逼下,绘画艺术慢慢退出由再现艺术转向表现性艺术了。

总的来说存在两种倾向:一些后印象派的艺术家把眼光投向了绘画艺术的色彩的情感表达潜力,通过色彩的宣泄来诠释

图 4-06　戴帽的自画像（塞尚）

图 4-07　向日葵（凡·高）

图 4-08　带光环的自画像（高更）

自己的创作意图和内在感受。另外一些后印象派的艺术家则加强了印象派的理性倾向，在画面中寻求一种艺术形式的内在结构或者表达事物的潜在秩序。当然这两种倾向在每个艺术家那里也不是泾渭分明的状态，更多的时候是两者混合。大多数后印象派画家强调构成关系，有意拉开艺术形象与客观对象之间的距离，进而为作者在描绘客观的艺术形象中注入主观感情预留了一定的空间，为表现主观化的客观提供了前提。他们在尊重印象派光色成就的同时，不是片面追求外光，而是侧重于表现对象的具体性、稳定性和内在结构。塞尚（Paul Cézanne，1839–1906）说："绘画并不意味着盲目地去复制现实；它意味着寻求诸种关系的和谐。"

因此，后印象派绘画开始偏离了西方客观再现的艺术传统，如果说印象派开启了绘画的光色研究，那么后印象派在两个方面继承并发展了印象派，一是注重色彩的主观情感表达，一是加强了绘画艺术中的理性成分。如此一来，后印象派发展出两大现代主义艺术潮流，即强调结构秩序的抽象艺术（如立体主义、风格主义等）与强调主观情感的表现主义（如野兽派、德国表现主义等）。所以，在绘画史上，后印象派被称为西方现代艺术的滥觞。后印象派代表人物有塞尚（图 4-06）、凡·高（Vincent Willem van Gogh，1853–1890，图 4-07）和高更（Paul Gauguin，1848–1903，图 4-08）等等。

从上面的 19 世纪末的发展大趋势来看，印象派和后印象派是个转折点。它们的变革是在工业革命的大背景下展开的，它们的变革动力来自于科学技术（理性与确定性）发展的压力，并在绘画中注入了表达情感的主观感受（自由与不确定性）的元素。

第二节　20世纪上半叶欧洲现代艺术

现代绘画的源头是法国的印象主义。正是在工业革命隆隆的机器声中，科学技术改变着我们的生活，理性也在不知不觉地改变着时代的艺术观念。随着摄影技术的发展，绘画再也无法矜持固守用了近2000年的再现性绘画技术。艺术先锋们被迫变被动为主动，先行一步地提出了绘画"不再作为自然的奴仆了"，提出了"艺术语言自身的独立价值"，要摆脱绘画艺术对题材如生活、文学、宗教和历史的依赖，代之以"为艺术而艺术"，走向了艺术独立之路。显然，"为艺术而艺术"与建筑学科的独立一样，后面是理性的思维方式渗透和干涉的必然结果。自此之后，"为艺术而艺术"几乎成了现代美术体系的坚实理论基础。

一、艺术的独立化倾向

"为艺术而艺术"（l' art pour l' art）在当时提出来具有革命性震撼，像冲破黑暗黎明的号角一样。文学界、美术界和美学界等等在为谁最先提出"为艺术而艺术"的说法而争论不休，对此，本文置疑不论。一般而言，"为艺术而艺术"的口号思想来源于德国古典美学（或称德国观念论），是在康德（Immanuel Kant, 1724–1804）和席勒（Johann Christoph Friedrich von Schiller, 1759–1805）的审美无功利的论点基础上发展而来的，最先提出来这个口号的是法国人，促进和推动了后来的唯美主义运动。一般认为，"为艺术而艺术"所包含的文学艺术思想有：艺术的独立性，艺术的无功利性、艺术与宗教、道德和生活的分离和艺术纯形式主义倾向。国内有的学者甚至认为"为艺术而艺术"就是深奥的德国古典美学的简化版，正是因为这个简化版，对于促进它在知识分子中的传播起到至关重要的作用[1]。艺术企图摆脱对外在客观世界形式和内容上的依赖，必然要创造出自己的"形式"来填补这种否定留下的空白。由此几何学上的基本形体如线、方形、圆形和立方体、圆柱体等等就成为20世纪艺术的形式新宠，他们把这些基本几何形体看作是外在客观世界的构成要素，是外在客观世界形式的"根"。

在美术界，立体主义派发明了一种绘画技术，放弃光色分析。描绘对象的几何形态，把一切客观对象都看作是基本几何形体的组合和拼凑。立体主义认为一切客观对象都可以还原成基本几何形体，基本几何形式是绘画的本质性因素。绘画主要

[1]周小仪. "为艺术而艺术"口号的起源发展和演变[J]. 外国文学, 2002（2）, 47–54.

[1] "法国现代主义者特别是立体主义者,寻求一个独立于日常现实的自治的美术世界,强烈地朝向抽象,努力建立一个立足于自身至上的艺术的崭新世界。" 参见[美]贝斯特,科尔纳.后现代转向[M].陈刚译.南京:南京大学出版社,2004:215.

[2] 参见本节的"六、俄国构成主义"。

抓住了这个本质因素就有了安身立命的根据地了,不用东躲西藏地寄生于其他领域如宗教或者文学作品中。基本几何体是三维的和空间的,三维的几何形体是由二维的面组成[1](图4-09)。

如果说立方体是最基本形体,那么二维的面比三维的几何体更基本,因为任何三维的几何体都可以由二维的面组合而成。这点在当今计算机建模软件中表现为,无论曲面或者复合曲体都是由二维面组成的。因此至上主义是在立体主义流派基础上发展起来的,是20世纪初俄罗斯的抽象绘画流派,其创始人为马列维奇(Kasimier Severinovich Malevich,1878-1935)。"至上主义"来自于1915年马列维奇发表的宣言式小册子《从立体主义和未来主义到至上主义》。至上主义绘画彻底抛弃了绘画的语义性及写实性,也抛弃了画面对于三度空间的再现。在简化立体主义的理论基础上,马列维奇发展了自己的理论,认为平面形式是更为基本的形式要素,倾向于选择最简单的形式,如方块,认为方形本身就具有一种独特的表现性个性。至上主义代表作《黑方块》就是这种探索的产物(图4-10),是现代艺术的重要作品之一,它是一幅对客观世界进行否定的绝对抽象的艺术作品。马列维奇的至上主义艺术的基本造型都源自于方形:矩形是方形的延伸,圆形是方形的自转,十字形是方形的垂直于水平交叉。至上主义作品中的"方块",其内涵均存在于其本身之内或与其有关联的层面上,被当作至高无上的形式,并不象征任何东西,它只是一种指向自身的封闭存在,它的意义来自于自身形式。[2]

立体主义把"形式"的本质理解为基本形体如立方体和圆柱体等等,至上主义把"形式"的本质向前推进了一步,理解为方形的面(方块),到荷兰画家蒙德里安(Piet Mondrian,

图4-10　黑方块(马列维奇)

图4-09　埃斯塔克的房子(布拉克)

图4-11　灰树(蒙德里安)

1872-1944）的新造型主义（立体主义的一个支流）则把"形式"的本质简化成为线（和色彩）（图 4-11）。新造型主义风格接近于绝对的物质化，通过理想的绘画形式将宇宙的真理物质化。大体的绘画形式采用几何抽象，认为原始的基本形状高于大自然，着力于超越大自然的简单再现。蒙德里安认为线条和色彩是绘画的本质，因此，他的绘画在一段时间内以其独特的线条（如水平线与垂线）和原色、非色组合的程序式图式，无意中将现代抽象绘画带到了一个新阶段。

由此可以看到，立体主义、至上主义和新造型主义把形式的"真"分别当作基本形体（三维）、方块（二维）和线（一维），这完全是逻辑游戏[1]。这其实反映人类对绘画元素的认识的一个由浅到深的过程。这场"绘画基本元素不断地向简单逼近的运动"可以说是"为艺术而艺术"的洪流在美术界的极佳注脚，也是艺术界在寻求作为艺术学科独立化的一种尝试或者挣扎。

如果绘画艺术有了自己的形式的真或根的话，就不用在题材上倚靠于宗教、文学或外在客观世界，如此一来，绘画获得一种基础或者根据地，不用寄人篱下而看别人的脸色行事了。显然这样，绘画艺术便获得了自己的独立性和逻辑上的自洽性。但是，自此之后，艺术家们还未来得及为绘画艺术的独立开庆功会，绘画艺术很快坠入了后现代不确定的深渊中去了。与绘画独立之前的寄人篱下（还算有所依靠）相比，当代绘画的不确定性犹如黑洞耗掉了艺术家的热情，把绘画艺术推入到茫然无助的更为糟糕的处境中。

二、野兽派绘画

20 世纪初的前卫美术运动是"野兽派"（Fauvism）。所谓"野兽"（Fauve）是形容野兽派的绘画作品中那令人惊愕的颜色，扭曲的形态，明显地与自然界的形状全然相悖。据说，在法国 1905 年的秋季沙龙展览会上，评论家路易·沃克赛勒（Louis Vauxcelles，1870-1945）看到在一片色彩狂野的绘画作品中间，有一件模仿意大利雕塑家多那泰罗（Donatello，1386-1466）风格的作品，便戏言道："多那泰罗置身于一群野兽的包围之中。"从此，这个画家群体就被称为野兽派。野兽派自 1905 年发端到 1908 年已趋消沉，时间只有 3-4 年，随后被立体主义所取代。[2]

野兽派画家不满足于后印象派的神秘色彩，主张色彩的彻底纯化，以便更加清晰地表现画家的感情。野兽派画家认为绘画是"通过颜色的交响技巧，达到日光的同样效果。狂热的移写（出发点是受到大自然的感动）在火热的追求中建立起真理的理论"。野兽派的主要原则是通过颜色起到光的作用达到空

[1] 王发堂，密斯建筑思想研究 [J]，建筑师，2009（5），22-28.
[2] 参见 http://baike.baidu.com/view/106249.htm.

[1]参见 http://baike.baidu.com/view/18053.htm.

间经营的效果,全部采用既无造型也无幻觉明暗的平涂,手段要净化和简化,运用构图,在表达与装饰之间,即动人的暗示与内部秩序之间,达到绝对的一致。野兽派利用原始粗犷的题材,强烈的设色,来颂扬气质上的激烈表情,依靠结构上的原则,不顾体积、对象和明暗,用纯单色来代替透视[1]。

从上面的叙述,可以看出野兽派在为绘画艺术寻找本体和基本的立足点,而这一切表明野兽派在理性的怂恿下,沿着后印象派的思路做一些思考,在寻求艺术的力量源泉和生命活力。野兽派主要代表马蒂斯(Henri Matisse,1869–1954,图4–12)曾经说,艺术家就是要使色彩恢复它本来具备的力量,单纯和表现的意义。

三、表现主义绘画

表现主义(Exprisseonism)一词,是德国艺术评论家沃林格(Willem Worringer,1881–1965)在其发表于1911年8月号《狂飚》杂志的一篇文章中首次采用的,他把这个词,与塞尚、凡·高和马蒂斯等人的艺术联系在一起。1912年在狂飚美术馆举行的"青骑士"画展,再次被冠以这个名词。从此,该词便成为德国艺术中诸多偏于情感抒发倾向的名称。从广义上说,表现主义可用于所有强调以色彩及形式要素进行"自我表现"的画家,但其特指的含义,则是基于20世纪初叶德国的三大艺术运动,即"桥社"(Die Brucke)、"青骑士派"(Der Blaue Reiter)和"新客观派"(Die Neue Sachlichkeit)。它们的美学目标和艺术追求与法国的野兽主义相似,只是带有浓厚的北欧色彩与德意志民族传统的特色(图4–13)。

表现主义从来不是一个完全统一协调的运动,其成员的政

图4–12　夫人像(马蒂斯)　　图4–13　呐喊(蒙克)

治信仰和哲学观点之间存在着很大的差异。主要受康德的批判哲学、柏格森（Henri Bergson,1859-1941）的直觉主义和弗洛伊德（Sigmund Freud,1856-1939）精神分析学的影响，强调反传统艺术的清规戒律，不满于浸淫在复古思潮中散发着陈腐气味的传统艺术现状，要求改革，创造属于自己时代的新潮艺术。现代主义运动是在复古思潮包围中兴起的，在创作方法上它背弃了"再现论"或"反映论"美学，而崇尚"情感论"或"表现论"美学。在印象派和后印象派的理论基础上，认为艺术创作不仅仅是描摹客观世界的过程，而是更应该表达创作者的主观情感和内心世界，绘画的源泉在创作者的精神世界的表达，是一种处于人性内部深处的情感诉求[1]。表现主义另外还受工业科技的影响，注重表现物体静态的美。尽管表现主义者的创作主张和表现方法各有不同，但从主观情感或自我意识出发这一大前提则是共同的。

从印象派和后印象派开始，受到工业革命的逼迫，绘画中加入了理性或者逻辑的元素，在对光影效果的闪烁和生动的描绘中，发现绘画不是在再现客观对象，而是在捕捉人的视觉中的印象，再往深处追究其实发现绘画其实就是记录光影效果。显然，这种认识肯定不是眼睛看出来的，而是大脑分析出来的，形成一个理论主导原则，然后才有眼睛"看"出来。这就是理论先于观察的典型案例。印象派最初一瞥的光影效果，在经过理性的证实和分析之后，开始展现出其蓬勃的生命力，并开始左右艺术界。从后印象派开始，艺术家们正在摸索这种新发现的可能用途和发展方向，至野兽派和表现主义基本上已经非常成熟了。艺术家已经在绘画的情感表现方向开垦大部分疆域。再往后，从立体主义开始，就开始努力探索绘画艺术的本质和根命，情感的探索虽然没有说退居第二位，但至少可以说已经在与绘画本质的竞争中处于一种劣势。表现主义在文学创作上这种理性化和寻根追问表现得更为明显些，他们不满足于对客观事物的摹写，要求进而表现事物的内在实质；要求突破对人的行为和人所处的环境的描绘而揭示人的灵魂；要求不再停留在对暂时现象和偶然现象的记叙而展示其永恒的品质。自立体主义开始，出现了明显的艺术的独立化运动的倾向。在本书中的关于艺术流派的介绍也仅仅是它们之间的内在逻辑关系的介绍，以及它们在演化进步过程中理性和自由或者说确定性与不确定性在其中所充当的角色和所起的作用。

四、立体主义绘画

1908 年，在巴黎秋季沙龙的展览上，当野兽派画家马蒂斯

[1]参见[美]贝斯特,科尔纳.后现代转向[M].陈刚译.南京:南京大学出版社,2004.171和 http://baike.baidu.com/view/67922.html.

[1]参见 http://baike.baidu.com/view/95722.htm.

看到毕加索(Pablo Ruiz Picasso,1881–1973)和布拉克(Georges Braque,1882–1963)的那些风格新奇独特的作品时,不由得惊叹道:"这不过是一些立方体呀!"同年,评论家沃塞尔在《吉尔·布拉斯》杂志上,借马蒂斯的这一说法,对布拉克展于卡思维勒画廊的作品评论说:"布拉克将一切都缩减在立方体之中。"他首先采用了"立体主义"这个字眼。后来,"立体主义"(Cubism)作为对毕加索和布拉克所创的画派及相似的画风的指称[1]。

立体主义是一个具有重大影响的运动和画派。其艺术追求深受塞尚的艺术趣味的影响。立体主义画家声称:"谁理解塞尚谁就理解立体主义。"他们受到塞尚"用圆柱体、球体和圆锥体来处理自然"的思想启示,试图在绘画中创造几何结构美。他们逐渐消减绘画中的再现性的成分,开始探索一种几何化倾向的画面结构。虽然其作品仍然属于具象性的变形,但是最终画面效果却与客观再现拉开距离。塞尚的"同时性视象"的绘画语言,即将物体多个角度的不同视象,结合在画中同一形象之上,在立体主义中得到继承和发扬,主要代表就是毕加索的早年创作(图4–14)。

同时立体主义有三个时期,一个是早期发展阶段,这个时期

图4–14 亚维农的少女(毕加索)

在立体主义的发展史中也就是其孕育和起步阶段,追求单纯的几何学形态,放弃光色分析追求对象形态。其次就是分析立体主义阶段,这个时期仍然是只注重追求形式的分解,而不注重整体的重组,而且颜色基本上是比较单一的。第三个阶段就是综合立体主义,这个阶段的立体主义是比较成熟了,也比分析立体主义有了一定的改进,这一时期,画家开始注重画面的整体效果,不再只是强调局部的分解。色彩渐渐丰富起来,事物的形态又重新被重视。

在立体主义发展之初,即早期孕育和起步阶段。追求对象形态,为后面的发展奠定了一个良好基础。之后,立体主义运动发展经历了一个分析与综合的过程,显然这是理性的方法。这个过程通常可分为两个阶段:一个阶段是1912年之前的所谓分析立体主义。艺术家在塞尚的影响下,开始尝试对绘画结构进行理性分析,试图通过对空间与物象的分解与重构,组建一种绘画性的空间及形体结构。1912年以后,立体主义运动进入第二阶段,通常称为综合立体主义。此时在画面中色彩起了有力的作用,但形体仍然支离破碎,只是更大和更富于装饰性。在后期,画家们甚至创出一种以实物来拼贴画面图形的艺术手法和语言,尝试画面的材质变化,强化画面的肌理变化。立体主义虽然是绘画上的风格,但对20世纪的雕塑和建筑也产生了深远的影响。本书特别指出的是,立体主义对建筑学影响应该是巨大的。在这方面,建筑学者有些理论上的零星探索,但是缺乏全面和系统的研究。另外,立体主义的材质探索,为后来的现成品艺术探索积累了一些可贵的经验。

立体主义主要追求一种几何形体的美,追求形式的排列组合所产生的美感。它否定了从一个视点观察事物和表现事物的传统方法,把三度空间的画面归结成平面的、两度空间的画面。明暗、光线、空气、氛围表现的趣味让位于由直线、曲线所构成的轮廓、块面堆积与交错的趣味和情调。不从一个视点看事物,把从不同的视点所观察和理解的形诸于画面,从而表现出时间的持续性。这样做,显然不是依靠视觉经验和感性认识,而是依靠理性、观念和思维。正如英国艺术评论家贡布里希经常所说的那样,艺术家在作画时不是描述所看到的外在对象,而是描述他们文化所理解的客观实体(画家所知道的)。

五、未来主义绘画

未来主义(Futurism)首先是一场文学运动,它最初由意大利诗人马里内蒂(Filippo Tommaso Marinetti, 1867–1944)1909年发表了"未来主义宣言",号召扫荡一切传统艺术,创建能与

[1]参见 http://baike.baidu.com/view
/85137.htm.

机器时代的生活节奏相吻合的全新艺术形式。未来主义诞生后，由文学界迅速蔓延渗透至美术、建筑、音乐、戏剧、电影和摄影等其它领域[1]。

　　未来主义热情讴歌的是工业革命的科技力量和现代化大生产的机器，甚至推崇破旧出新的战争与暴力。未来主义者热情讴歌工业化中的运动和速度，要求与传统决裂，在一个充满张力的时代，创造出一个属于未来的崭新艺术（图 4-15）。未来主义的先锋宣称："这个世界由于一种新的美感变得更加光辉壮丽了，这种美是速度的美。……如机关枪一样风驰电掣的汽车，比带翅膀的萨莫色雷斯的胜利女神像更美。"未来主义艺术家就是把这段文字所描绘的感觉如何搬到绘画中，要把绘画变成这个时代的传声筒和最强健的时代旋律。未来主义艺术家致力表现的是现代生活激进的凯旋，表现出狂热的和奔腾的生活。画家们在画布上展示出运动、速度和变化的瞬间定格。空间不再重要，物体不断地在画布上叠加形成一种运动的张力，似乎物体总是处于永不停歇的摇摆运动中并且相互叠穿。人在物中，物在人中，重叠交错，正如画家们的表白："我们的身体穿透我们所坐的沙发，沙发也穿透我们的身体。"

　　未来主义宣言作为总的纲领，牵引着理论一步一步地转化成现实作品。未来主义首先受到来自于后印象派和立体主义的启发：它继承了新印象派的点彩技术，并把这种感觉进一步放大，形成浓烈的色彩，在画面上呈现出光影的跳跃和色彩的跳跃；同时，它也发扬了许多立体主义的几何形式语言，与立体主义联合起来加强了现代性的工业社会的时代精神意向。与立体主义的先分解后重构出来的展示机械的静态的构图不同，未来

图 4-15　城市的兴起（波丘尼）

主义追求运动和变化，加上五颜六色的画面背景烘托出艺术家的跳跃和律动的画面，宣泄着未来主义对工业文明的狂热和激情。未来主义的历史作用，在于他们能够成功地把人们在现代工业革命所感觉到的蓬勃的生机、躁动的冲动和翻滚的激情，用绘画的语言展现在世人的前面。正如英国艺术评论家里德（Herbert Read, 1893–1968）所说，未来主义的真正的重要意义在于促进了人们对那个时代的时代精神—种全新的感受，比如对机械化生产的欣赏；强化了人们对剧变时代的奔腾的切身感受，比如速度的品味。

令未来主义尴尬的是，正是他们崇尚的战争和暴力，加速了它的衰亡。1914年爆发的战争意味着未来主义画派的解体。未来主义理论与法国哲学家柏格森的直觉主义有着千丝万缕的关联性。它的暴力倾向，非常轻易地被法西斯势力所用，最终成为意大利法西斯主义的附庸。未来主义已经作古，未来主义所倡导的一些元素至今仍然是西方文化的重要组成部分，比如未来主义对机械、速度、力量和技术的偏爱在很多现代电影和其他文化模式不停地出现。未来主义对未来的憧憬和对时代的真切感受的精神一直潜伏在当代文化的深处，在未来的适当时机也许会再一次发酵并翻滚成艺术巨浪。

六、俄国构成主义

构成主义（Constructivism）发展于20世纪10–20年代。一般来说，构成主义是指用现成的材料如金属、玻璃、木块、纸板或塑料按照一定规则而组构成的雕塑或者艺术品。与传统绘画的思路不同的是，构成主义强调空间中的动态倾向（movement），而非体量感和阴影关系。构成主义接受了立体派的拼贴和浮雕技法，一改传统雕塑的体量上的加和减，演变为组件摆置和组合，甚至运用到悬挂物和浮雕构成物[1]（图4–16）。

俄国构成主义者高举着反传统艺术的立场，避开传统艺术材料如油画颜料和画布等等。受到立体主义的实物构成的影响，推进了艺术品来自于现成物的观念，其构成材料很多：木材，金属，纸甚至照片。艺术家试图透过结合不同的元素以构筑新的现实。构成主义者甚至认为艺术家必须成为技术纯熟的工匠，必须学习用现代工业生产的工具和材料，把热情浇铸在艺术的作品中。俄国前卫艺术拓展了构成主义在雕塑领域的探索，将雕塑带出了传统的材料和技术领域，由原来单纯的模仿而走上抽象之路。

构成主义另外一个分支就是马列维奇创立的至上主义，作为历史上的奇迹，仅有一个人的流派。以方形、三角形、圆形等

[1]参见 http://baike.baidu.com/view/65504.htm.

图4–16　构成99（李西茨基）

[1]既理性又感性,在这个矛盾中
包含着一种思想的张力,这也
许是马列维奇真正想告诉人们
的绘画本质。

[2][英]赫伯特 · 里德著.现代
绘画简史[M]刘萍君等译.上
海:上海人民美术出版社,
1979:113.

纯粹二维几何图形和单纯黑、白色组构出的画面排除了一切再现因素,排除一切感官性的元素,追求所谓纯粹感性也即理性[1],表现"纯粹的感情"和"纯粹的形式",绘画被至上主义推到了一个历史上从未有过的抽象极端。至上主义追求的是一种非客观、非社会和非功利的理性。人们称马列维奇几乎把整个世界都压缩进了白底黑块之中。至上主义是秉承柏拉图的理念哲学,认为知觉的世界是虚幻的,真实还很遥远,因此认为是艺术中最具灵性的纯粹形式。

七、荷兰风格派

风格派(De Stijl)正式成立于1917年,其核心人物是蒙德里安和凡 · 杜斯堡(Theo van Doesburg,1883-1931)。风格派作为一个运动,广泛涉及绘画、雕塑、设计、建筑等诸多领域,其影响是全方位的。其中受到影响的建筑师有欧德(J.J.P Oud,1890-1963)和里特维尔德(Gerrit Rietveld,1888-1964)等人。

风格派受到立体主义的影响,把绘画游戏规则推进到极限即追求艺术的绝对简化的抽象,乃至排斥了物象没有留丁点现实的影子。显然,风格派已经完全摆脱了感官世界的限制,已经进入到理性的绘画层次。没有熟悉的形象,只有类似几何式或线条的抽象图案,排除一切再现成分而致力探索一种人类共通的纯精神性表达,即纯粹的抽象。艺术家们认为,与其关注外在画面上的光影幻化,不如探索描绘光影效果的工具本身,即绘画本身。图面上万紫千红的世界都是由基本的线面和色彩的组合,因此基本的线面和基本的色彩就比画面上的物象更为本质和核心。因此绘画与其关心物象,不如直接描绘这些绘画的本质元素,它们与内在的精神更为接近,然后演变为把物象简化至构成绘画艺术的最为基本的元素:线与面和最为质朴的原色。宽泛一点来说,平面、直线、矩形就是绘画艺术中的原始形式,红黄蓝及黑白灰就是绘画艺术中的基本色彩(图4-17)。绘画艺术要像算数与几何一样,以简洁和明确的形式逻辑语言来构筑艺术世界新秩序,形成具有精确严格且自洽的几何图形的风格。正是由于把艺术目的设定在追求世界的几何新秩序,因此蒙德里安更愿意称风格派为"新造型主义(Neo-plasticism)"。蒙德里安说:"通过这种手段,自然的丰富多彩就可以压缩为有一定关系的造型表现。艺术成为一种如同数学一样精确的表达宇宙基本特征的直觉手段。"[2]显然在蒙德里安眼里,绘画不仅仅是表达情感的艺术,而是一种表达思想的艺术。比如他认为,绘画的终极目的不是通过消除可辨别的外在物象,而去创造所谓的抽象结构,绘画应该表现艺术家在人类和宇宙里所直觉到的高度

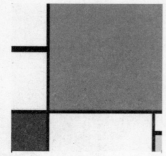

图4-17　红黄蓝的构成(蒙德里安)

神秘性和敬畏感。[1]

风格派的另一位主角是杜斯堡,他放弃了与蒙德里安一起创建的新造型主义,发表了基本要素主义(elementalism)宣言,宣扬富有动感的几何绘画学。他喜欢把矩形构图倾斜45度角(图4-18),以追求一种更有动态的表现形式,这种斜线造型显然与蒙德里安所主张的静态相背离,导致他与蒙德里安的分道扬镳。

八、超现实主义艺术

超现实主义(Surrealism),按照超现实主义的理论旗手安德烈·布雷东(Andre Breton,1896-1966)的说法,超级现实主义比客观现实还能泄露出人类精神的实质的某种虚幻的现实,如梦境、想象中的世界。这种流派的理论基础在于弗洛伊德的潜意识或无意识理论。超现实主义致力于发现人类的潜意识心理。因此主张放弃逻辑、有序的经验记忆为基础的现实形象,而呈现人的深层心理中的形象世界,尝试将现实观念与本能、潜意识与梦的经验相融合。[2]

弗洛伊德基于无意识理论而创立的精神分析学说,把意识分为无意识、前意识和意识三部分,其中无意识就是沉睡于人们心底和不被人们的意识所触及,但是却包含了人的各种欲求、冲动和真正的想法,人的意识只是无意识中的冰山一角。这就是说,其实人的无意识在某些时候比浅层的意识更能代表人的内心深处的欲望和期望。弗洛伊德认为,梦是无意识的最为直接的表现形式,因为梦是人的本能在完全不受理性控制下的一种宣泄,它暴露了人的内心深处秘而不宣的欲求。

艺术创作就是要表达被理性所压抑的本能。艺术与梦境具有相同的使命,是潜意识的表现和象征变形。正是基于此,超现实主义艺术家们强调梦境或相似场合的象征作用。布雷东认为:"超现实主义的基础是信仰超级现实,这种现实即迄今遭到忽视的某些联想的形式。同时也是信仰梦境的无穷威力,和思想能够不以利害关系为转移的种种变幻。它趋于最终地摧毁一切其他的精神学结构,并取而代之,以解决人生的主要问题。"

画家基里柯(Giorgio de Chirico,1888-1978)是超现实主义的先驱人物,被人们认为是"形而上"派的典型代表。他的作品展示了现代艺术中最令人心动又最令人不安的梦幻景象:广场、拱门、石膏雕塑、冒白气的火车和明月,画面中的一切仿佛舞台布景般凝固在冷漠的光线中(图4-19)。然而这些因偶然而堆砌在一起的荒诞令人不安。无可置疑,画面中物象反现实的冲突遭遇,陌生而又凝重的氛围让人感到一种独特的魅力。

[1] 参见 http://baike.baidu.com/view/2116314.htm.
[2] 参见 http://baike.baidu.com/view/39616.htm.

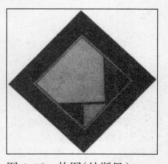

图4-18 构图(杜斯堡)

 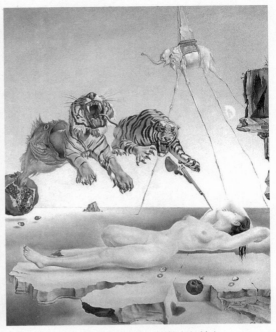

图 4-19　街的忧郁和神秘（基里柯）　　　　图 4-20　由飞舞的蜜蜂引起的梦（达利 ）

另外一个杰出的代表就是达利（Salvador Dali，1904—1989），他的绘画作品是细致逼真与荒诞离奇的奇怪混合体。他曾经说："我在绘画方面的全部抱负，就是要以不容反驳的最大程度的精确性，使具体的非理性形象物质化。"他首创了"偏执狂批判活动"方法，捕捉潜意识中的幻觉形象或者象征图案。他的绘画追求逼真且细腻的细部，但整合起来，这些细部的内容之间缺乏足够的视觉逻辑的关系，因而显得非常荒诞而又离奇，使人回忆起那曾经造成不愉快的黑夜中的梦魇。达利夸张的透视感和明亮清晰的物象烘托了画面的梦幻性（图 4-20）。达利也是弗洛伊德精神分析理论的追随者，他的绘画在更多的时候就是在对弗洛伊德的观点可视化的诠释，比如既似瓶罐又似女人头像的变形，来源于弗洛伊德关于容器象征女性的观点等等。

第三节　20 世纪下半叶美国后现代艺术

一、抽象表现主义

抽象表现主义（Abstract Expressionism）是二战以后出现的，以纽约为中心而发展起来的艺术运动。在艺术史上，这是一件大事，标志着世界艺术中心的变化，即纽约取代巴黎作为新的世界艺术中心的崛起。抽象表现主义是以纽约为中心而发展起来的,因此又被称为"纽约画派",同时标志着美国艺术的崛起[1]。

[1]参见 http://baike.baidu.com/view/95428.htm.

抽象表现主义的基本特点是放弃再现和描述,以抽象的表现性或构成性的方法表达概念,这里与超现实主义追求无意识(内容的不确定性)内容的不同,而是在探索绘画表现形式和表现手段(方法的不确定性)。抽象表现主义的作品或热情奔放,或安宁静谧,都是以抽象的形式表达和激起人的情感。抽象表现主义认为艺术是抽象的,且主要是即席创作的。

有的学者认为,抽象表现主义内部除了有共同反对目标之外,几乎再难找到他们之间的共同点了,因此他们的艺术作品之间也不存在统一的风格。如果硬说有共同点,就是绘画内容或题材上都是高度抽象的或者绘画形式方法上则是百花齐放的探索。抽象表现主义大致可以分为两类,一类是以德·库宁(Willem De Kooning, 1904–1997)、波洛克(Jackson Pollock, 1912–1956)为代表的行动画家,把动作和姿态作为创作的基础(创作上的不确定性或随意性);另一类是以罗斯科、纽曼等人为代表的色域绘画(color field paint),依靠大面积的色彩表达某种思想(内容上的不确定性或多义性)。

汉斯·霍夫曼(Hans Hofmann, 1883–1966)是抽象表现主义艺术的先驱。在绘画上,霍夫曼认为应该把色彩和形的要素有机地结合起来,形成一个色和形之间具有张力的画面系统(图 4–21)。他认为艺术家可以利用色彩本身的一些特性在画面上制造张力和冲突,表达艺术家内在情感。比如利用色彩因冷暖和明度的不同而形成的色块前后进退关系和色块面积胀缩的关系形成视觉效果的微妙差异进行创作。他认为绘画意味着用色彩进行塑造,在 20 世纪 40 年代,他尝试用以颜料滴、洒、甩、泼的方法进行创作,使画面充满很多偶然的随意性和视觉上的冲击性。波洛克和德·库宁等画家后来继承了这一点,造就与欧洲现代绘画迥然相异的美国行动绘画的显著特征。

杰克逊·波洛克(Jackson Pollock, 1912–1956)是 20 世纪美国抽象绘画的奠基人之一。他的艺术,被视为二战后新美国绘画的象征。波洛克艺术最大的魅力来自于他那自由奔放和无所约束的自由精神,他的绘画是自由和神秘的象征。如果说超现实主义的题材是无意识的,那么波洛克的创作过程是无意识的,他发展了创作方法上的无意识或不确定性。当然他的作品内容也是不确定的,因此他的绘画作品名称也是以不确定性的方式来命名,如《第 X 号》。波洛克的自由奔放的泼画(drip painting)源于超现实主义关于艺术源于无意识的观念,他融会贯通地把超现实主义内容的无意识迁移为创作方法上的无意

图 4–21　门(霍夫曼)

[1]波洛克说："一旦我进入绘画，我意识不到我在画什么。只有在完成以后，我才明白我做了什么。我不担心产生变化、毁坏形象等等。因为绘画有其自身的生命。我试图让它自然呈现。只有当我和绘画分离时，结果才会很混乱。相反，一切都会变得很协调，轻松地涂抹、刮掉，绘画就这样自然地诞生了。"摘自于：埃伦·H·约翰逊编. 当代美国艺术家论艺术[M]. 姚宏翔等译. 上海：上海人民美术出版社，1992:5.

[2]"在抽象表现主义中表现出来的强力、侵略性、勇气、创新、纪念碑式、冒险和极端个人主义是典型的美国性格，正是它们创造了第一个得到世界承认的美国艺术运动。"参见[美]贝斯特·科尔纳. 后现代转向[M]. 陈刚译. 南京：南京大学出版社，2004:220.

识，即被誉为"心理自动化"的创作方法[1]。他的泼画魅力就是来自于这种狂放和张扬，而这些狂放和张扬的意义来自于人类精神上自由的天性和意识自身的本能（超越时空约束）的特点，展现出一种史无前例的绘画感觉和艺术境界。当然，波洛克的泼画也与所谓的崇尚自由的美国精神相吻合[2]。波洛克的泼画的特点是画面的均质性或者反中心化和偶然性创作行动的真实记录。泼画的审美不仅是画面的内容，绘画的过程也成为了审美鉴赏的重要组成部分了（图4-22）。

德·库宁是抽象表现主义的灵魂人物之一。他早期用锌白和黑瓷漆创作出一组抽象黑白画，获得社会广泛的好评。德·库宁认为，"自然的方式是无序的，艺术家如果想使它有序则非常荒谬"。从50年代开始，他先后完成了著名的女性系列作品，这些作品以纵横交错的笔触表现了扭曲的人物形象，豪放的笔触与恣意的泼洒使得画面中的人物形象与客观形象保持一定的距离或者说介于似与不似之间。画面乖张暴烈，但充满激情。很多艺术学者认为德·库宁的绘画很好地诠释了抽象表现主义某些方面的特征（图4-23）。德·库宁在题材上有个

图4-22　第五号（波洛克），1948

图4-23　女人与自行车（库宁）

反复震荡的周期。在之后,德·库宁转回到早期对抽象构图的探索路子,以响亮的色彩和迅疾的笔触展示直抒胸襟的情绪表现。有意思的是,在后来的几年中,他又回到女性题材,重新定义了女性的天性,把优雅宁静赋予他心目中的女神。

二、波普及其之后的绘画

如果说抽象表现主义其实还是欧洲现代派绘画在美国的延续,那么从波普艺术开始的美国绘画流派,则应该归属于美国人的智慧。波普艺术,在历史上是最早的美国本土孕育的画派。在波普艺术之后,美国艺术节呈现出百花齐放的态势。照相写实主义、光效应、硬边绘画等等纷至沓来,车水马龙。

波普艺术出现在 20 世纪 50 年代中后期,所谓波普艺术就是把商业相关的题材作为绘画内容(图 4-24)。波普艺术取材于通俗的日常生活,画面物象简单直接,视觉图像质朴清晰,尽力隐藏艺术家的个性和风格[1]。画面上平整光滑的肌理效果与抽象派的笔触形成鲜明的对比,容易让人想到它的亮丽和媚俗,带有高度世俗化的气息。波普艺术家认为,艺术与生活并非天各一方,而是水乳交融。生活在艺术中,艺术在生活中。波普

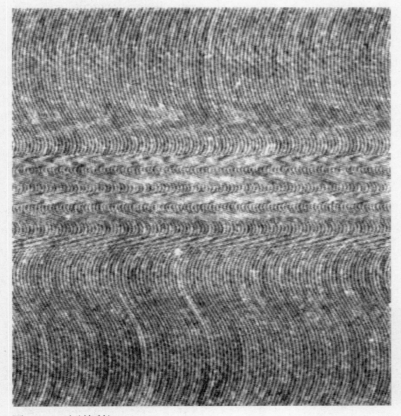

图 4-25　流(赖利)

图 4-24　三面旗(约翰斯)

[1][美]文丘里.建筑复杂性与
　　矛盾性[M].周卜颐译.北京:
　　中国建筑工业出版社,1991:8.

艺术家们直接以现实生活中的物品作为题材,有时甚至与成品
艺术一样,直接把生活中的物品转化波普艺术作品。

光效应艺术(OP Art)又称为视幻艺术,流行于60年代,它
通过线、形、色的特殊排列,引起人们的视错觉,在静的画面上营
造出动的效果(图4-25)。它源于包豪斯的传统,利用了格式塔
心理学的研究成果,是把鉴赏者的视觉感知心理纳入了审美范
畴的抽象艺术。这种倾向可以追溯到印象派和后印象派,把画
面的特殊视觉效果(如点彩所呈现光影闪烁感)引入绘画。光
效应艺术的光感、幻感和动感源自于画面本身所拥有的特殊动
力特质。即使人们知道光效应艺术的物理事实与心理效果工作
原理,依旧会惊异于静止平面上的那种起伏波动的幻觉效果,甚
至有人称之为视觉魔术。光效应艺术在视觉上造成鉴赏者飘忽
不定,甚至在不经意间把意识引向精神恍惚之间。

照相写实主义又被称作超级现实主义,是流行于70年代的
一种艺术风格。它几乎完全以照片作为参照,在画布上客观而
清晰地加以再现对象的每一个细节(图4-26)。照相写实主义追
求逼真,他对绘画对象的每一个细节的精雕细作使得他们的绘画
作品反而变得不真实。这是因为人类眼睛在观察时总是有聚焦
的清晰,也总是存在焦点之外的模糊,包括照片也是如此。画家
们巨细无遗地对客体对象的精确描绘,在某种意义上反倒成了一
种不真实的东西。照相写实主义的写实比真实还真实,拉开了艺
术作品与现实之间的距离,最终反而显得虚假,这也是一个有趣
的悖论。显然照相写实主义通过这种超级现实的描绘来揶揄客
观现实的残缺,从而充当起现实的本质,犹如柏拉图的理念作为
现实的本质而存在一样。照相写实主义这种勤奋而又充满激情
的写实,反而淹没了艺术家们的个性和情感,在机械的填充画面
过程泄露出艺术家的科学精神,同时也屏蔽了对艺术的热情,剩
下的只是画面的冷漠和呆板。照相写实主义的冰冷的意向,其
实蕴含了后工业时代的人与人之间疏远和淡漠的时代观念。

第四节　艺术的不确定的历程

从上述艺术流派的简单扼要的叙述过程中,人们可以发现
艺术从传统走向现代,再迈向后现代艺术之路。这条路也是绘
画艺术从过去的依附状态走向理性化独立之路,最终迈向了不
确定性的茫然之路[1]。本书期望把这段发展之路,在做一个全
面而又详细的逻辑考察后,能够理出一个明确而又清晰的线

图4-26　约翰(克洛斯)

索。这样有助于人们对这段历史的理解和总结,当然也有助于人们对未来绘画历史发展潮流的预测和猜想。

　　就绘画而言,可以从两大方面着手展开研究:一是绘画的形式;二是绘画的(创作)方法。抓住这两个方面的起承转合的话,就基本上可以说把握了整个绘画发展的历程和转变的机制。这与建筑学上的研究有颇多相似之处。建筑学在现代主义之前的两大要素是:一是建筑的形式或造型;二是建筑(创作)方法。对于建筑功能、建筑材料和建筑技术等等,可以归纳到建筑形式或者造型的子项中。这是因为在现代主义之前的 19 世纪,材料基本上是砖石结构,不像现在建材的多样化如钢结构、混凝土结构和砌体结构等等,因此材料在传统建筑的漫长岁月(从古希腊到19 世纪末)中,都是为恒项或常数,可以不考虑。对于建筑功能,在 19 世纪之前,建筑的平面组织在主流建筑界被认为象征的附属品,比如基督教堂的拉丁十字式平面和圆厅别墅的四向对称的平面。对于古希腊的神庙建筑,平面组织也是程序化的,更多不是从使用的角度来考虑的,而是屈服于所要表达的建筑的性质。当然,这也不是说,19 世纪之前的建筑不考虑功能,而是说这个时间段中,建筑功能不是首要被考虑的对象。只有到了现代主义之后,建筑功能才被重视起来。前面论述过,建筑学科的独立化的主要基础就是功能分析,因此,建筑功能因此变得非常重要,乃至成为建筑学的第三个重要因素。在现代主义建筑之后,建筑研究应该从三个方面来展开研究:建筑形式、建筑方法和建筑功能。而现代绘画艺术的研究层面还是绘画形式和绘画方法。

　　绘画与建筑的研究层面的分野时间,与建筑师的培养方式转变是一致的。在巴黎美术学院教育体系中,建筑师和画家培养的思路是相同的,或者说建筑师与画家并没有太多的距离。只是到了 20 世纪包豪斯之后,建筑师的培养逐渐从艺术院校分离出来。建筑院校不再是以培养艺术家为己任,而是转向工程师培养思路。建筑功能在建筑学中的地位变化导致建筑师培养机制的变化,由此也可以看出建筑功能在建筑学学科中的显赫地位。

　　因此在研究绘画艺术与建筑艺术上存在着一些差别,也就是说绘画的研究重点在于绘画形式和绘画方法,而建筑学在 19 世纪末之后由建筑形式和建筑方法转向了建筑形式、建筑功能和建筑方法。

一、传统绘画向现代绘画的转变

　　传统绘画是再现性绘画,以描绘客观世界为己任。传统绘画的历史可以说是一部逼近客观对象的历史。在这个过程中,还包含有一系列的技法的提升、绘画工具的改进和绘画材料的扩展。

[1] 王发堂.建筑审美学[M]南京:
　　东南大学出版社,2009:70–71.
[2] [美]潘诺夫斯基.视觉艺术
　　的含义[M].傅志强译.沈阳:
　　辽宁人民出版社,1987:69–70.

　　古埃及的绘画不关注体积感,也无空间透视的概念,图面上人物大小比例反映着他们的地位身份。这种程序化的观念也反映着创作者依据的不是视觉经验,而是当时社会所设定的绘画规范。一般而言,古埃及的绘画是图式的、不完整的,当时的绘画大都采用了固定化的模式,即所谓的"正面律",即用纯侧面形象描绘着头部和上下肢体,正面的眼睛长在侧面的头部,用纯正面描绘躯干和胸部。男人的画法和女人的画法在颜色的选用上都有一定的讲究。当然,上述程序化的绘画是对社会上层人物而言,具有象征意义。反而在对于一些底层人物和劳动者的刻画方面,能够摆脱这种呆板的程序,比较写实,散发着浓郁的世俗气息。古埃及绘画更多重视精神层面的东西,而非感官层面的享乐。[1]

　　古希腊的古典时期对埃及人的绘画控制系统有所继承,但更多的是突破。突破首先表现在古埃及绘画的图式中,把人的运动变化引进了绘画。其次表现在对适应变化手段的引入。因此,必须打破古埃及由细部控制系统,而试图改变为由整体控制局部方式,增加了细部与细部之间的灵活性,最后古希腊绘画明显转向了感官的享受方面,转向世俗的审美,而放弃了埃及人的精神尺度控制。古罗马肖像的精神气质主要通过头部表现,希腊人则通过身体姿态动作来传达。[2]

　　中世纪的绘画的题材主要是宗教人物或者圣经故事,当时的绘画主要是被当作一种宗教的工具,用来宣扬基督教教义和基督教精神。教堂的壁画和窗户上的玻璃彩画仅仅是充当文盲教徒的圣经。因此中世纪的绘画对内容的关注胜过对创作方法的研究,即使是对绘画形式的研究也不是出于绘画艺术活动的中心。不过随着绘画颜料的增加,绘画工具的改良,中世纪绘画颜色更加鲜艳和人物相对过去来说更加饱满。但是在绘画技巧的改进上并不明显,比如画面的暗部采用加入黑色的颜料来获取画面的层次感。

　　文艺复兴时期倡导以重视人的价值为核心的人文主义,艺术家们的思想极为活跃,一方面从希腊、罗马的古典艺术和自然中吸取营养;另一方面通过实践和科学的探索,发明了透视法,解决了在平面上真实地表现三度空间的方法。同时,改革了绘画材料和技法,大大地提高了油画的艺术表现力,使西方绘画描绘客观对象的技巧得到了空前的提高。文艺复兴时期艺术技法上的特点,主要体现在以写实再现为主,开创了基于科学理论和实际考察的表现技法,如人体解剖和透视法则等。在风格和技法上更注重色彩的协调和自然,不拘一格。

　　从古埃及开始的绘画,一直在致力于提高绘画技巧,致力于绘画形式的改善,使得绘画的再现越来越逼近客观现实。当绘画形式在文艺复兴时期达到一个高度之后,之后必然走向对这种新成就的潜能进行最大限度的开发,进而形成新的艺术风格和艺术流派,比如后来的洛可可艺术和巴洛克艺术。巴洛克绘画在庄重的质感中洋溢生气,而洛可可在艳丽而纤弱柔的风格中诉说女性风流的情调。

　　这里说明一下,绘画技巧与绘画的(创作)方法有所不同,前者是指一个历史时期内,绘画技术和绘画材料的综合水平,而绘画方法是指每一个艺术家的创作方法和态度。印象派之前的绘画基本上是在进行绘画形式的提高和绘画技巧的改进,大多数艺术家的创作方法大同小异,没有形成太大的差别。

　　由于透视法和色彩规律的发明和发现,传统绘画的写实性和再现性被提到了一个新的高度。在这种盛期的巅峰状态下,可能出现两种情况:第一种情况绘画沿着先前的轨迹向更加逼真的方向演化,比如后来的照相写实主义应该是这种尝试的开始。显然在目前的情况下,不可能再有什么大的后劲,因为有一个透明的天花板在限制它,这就是越来越精细的摄影艺术。另一种情况,就是另起炉灶,在原先取得成就的基础上,开拓一种新的绘画的可能性,这就是后来的表现性艺术。由此,绘画艺术经由传统的再现性,迈入现代的表现性。表现性的特质是现代性绘画不同于传统绘画的本质特征。

　　表现性绘画的开始和发展,都是源于理性对绘画艺术的渗透和开拓。印象派的光影效果是理性对绘画的再现机制的研究后出现的成果,它不是沿用过去传统绘画对客观对象精心构筑而设计的具有代表性的典型场景的描绘,而是在大自然的光线下,挑选具有特殊光影效果的瞬间作为自己描绘的场景。印象派和后印象派绘画的内容不像传统绘画特意选取的具有一本正经或庄重的场面,具有一种"自由"精神火花的闪现。印象派和后印象派的画面中客体物象开始模糊并最后氤氲成一团团色彩和线条。由于绘画的写实性逐渐地被消耗掉,因此绘画的本质就必然转向对艺术家的内在情感的表达和精神状态的抒发。之后的野兽派和表现主义致力于拓展艺术的情感表达力的开发和探索。

　　但是,现代绘画到了立体主义那里开始另一个转向[1],即把现代绘画从情感表达的痴迷中拉出来,推向了一个开始对绘画艺术的本质和真谛进行探索的艰苦历程,也就是前面所说的艺术独立化的运动。从立体主义开始,艺术家们一开始致力于消解画面中的具体物象使之变身为色块的组合和拼凑,最后到了荷兰风格派那里,物象已经消失得差不多,只剩下色彩和线条了。历史来到荷兰风格派这里,艺术独立化的运动也就成了强

[1] 可以这样的说,绘画艺术流派从印象派到表现主义按惯常的轨道滑行。到后立体主义被中断,一直到超现实主义才开始了回到原来的既定轨道并按这个的轨道继续前行,而从立体主义到荷兰风格派则可以看作绘画艺术临时的脱轨行为。

[1] 高宣扬. 后现代主义: 思想与艺术(四)[J]. 美苑, 2008(2): 4-13.

[2] 高宣扬. 后现代主义: 思想与艺术(3)[J]. 美苑, 2008(1): 4-7.

[3] 正如有的美国学者所评论的那样, 波普艺术泄露了消费社会的景观全面胜利, 也就是说生活与艺术界限被消弭后, 生活与艺术一道变成了消费的对象, 成了资本的殖民地。波普艺术的艺术主张表明艺术的商品化, 或者说艺术被贬为商品。艺术消费成了信息社会或后现代社会一道亮丽的景观。参见[美]贝斯特·科尔纳. 后现代转向[M]. 陈刚译. 南京: 南京大学出版社, 2004: 231.

弩之末, 耗尽了绘画在这方面的所有动力和潜能了, 之后, 必然意味着绘画艺术的一个新的转向。

二、现代向后现代的转变

超现实主义是现代向后现代转变的两栖流派, 一方面他们的绘画对象保留了具象的物象, 另一方面, 他们绘画的理论开始转向弗洛伊德的无意识理论, 绘画的形式也开始转向无意识的内容, 自此开始, 绘画艺术才真正迈向了后现代艺术的不确定性的大道上。

抽象表现主义的绘画形式大部分已经完全抽象化了, 少数依旧保留客体的物象的作品中, 客体形象也是越来越模糊, 越来越抽象。抽象表现主义由于题材的抽象, 使得很多作品为了避免对绘画作品的导向性解读, 都是以《第 X 号作品》的形式来命名, 这与巴尔特的 "作者死亡" 的提法遥相呼应。艺术家们这样做的目的也就是为绘画艺术作品的解读提供更多的可能性和不确定性, 为后现代艺术的不确定性作了一个极佳的注脚。

最为重要的一个突破, 就是绘画创作方法的转变。创作方法由原来的先谋局后绘制的思路不同, 把绘画形式上的不确定性带入到了绘画的创作方法上来了。绘画过程的自发性和随意性、偶然性都颠覆了过去绘画的创作方法。

绘画形式的不确定性(基于无意识性)和绘画创作方法的不确定性, 表明了后现代思潮渗透到绘画艺术, 进而推动了后现代艺术的发展。与人们日常生活中所谈到的自由不同, 后现代艺术所追求的创作自由, 要高于生活中的自由。这是因为生活中的自由还是有条件的, 而创作中的自由完全属于活生生的生命本身。"它是试图逾越一切界限, 以探险式的无止境游戏作为实现自身最高快乐的生命创造活动。这种自由, 就其本义而言, 就是无法确定的, 是不确定本身。"[1]后现代艺术的高度自由或者不确定性, 表现为过渡性、临时性和偶然性, 它的这种不确定性的最终依据就在于生命的随时随地的不确定性和人类意识的跳跃性。[2]

波普艺术的生活化试图消弭生活与艺术之间的距离, 使艺术生活化或者生活艺术化[3]。波普绘画艺术的题材随意性和广泛性暗示着波普艺术在绘画形式上的流动性和任意性。波普艺术绘画方法虽然没有抽象表现主义那样可以直截了当地追求创作过程的自发性和偶然性, 但也算是无固定规则可循。光效应艺术追求画面视幻性, 幻觉的图形模式的不常见性决定了光效应艺术创作上的偶然性和随机性, 同时光效应艺术的幻觉效应也加强了画面的不确定性和感觉的飘忽不定, 至于绘画的主题则退居次位了。

后现代艺术的特点可以总结为内爆性和非差别化[1]。所谓的内爆性(implosive)，也就是说在艺术中的任何一个层面都发展出对艺术进行探讨的某种可能性，也就高度体现了后现代性的不确定性了，"怎么都行"。而所谓的非差别性，表面上看来是与内爆性相互矛盾的。内爆性要寻求众多可能性或者说多样性，而非差别性则寻求共性或者说统一性。非差别性是指信息社会的后现代艺术在打破生活与艺术之间的障碍后，在创作上寻求一种无深度的、单维的和非意义的游戏态度。与现代艺术不同，正如利奥塔指出的，后现代反宏大叙事，后现代艺术回避意义体系和艺术的深度诠释以适应艺术的生活化。后现代艺术流派极端的有戏仿、摘抄，粘贴甚至把生活中日常用品直接推到美术馆进行展出。后现代艺术形式上的多样性或者包容性彻底贯彻了后现代高度的自由性和不确定性，而这种高度自由性却是以牺牲作品的内在深度为代价，谁又能说这不是一个悖论。后现代艺术试图消弭生活与艺术的界限的冲动，这与现代艺术的独立化的趋势是针锋对麦芒，完全是一个反向运动。这在后现代建筑中表现得更为突出，后现代主义者对于历史上的传统风格的趋之若鹜，与现代主义先锋们对待传统风格的唯恐避之不及，形成上下两重天。这样有趣的正反场景在历史上轮番上演，让人生出无限的感慨来，现代人的理性怎么会玩起非理性的游戏来。

后现代文化精神拒绝结构、秩序、连续性和因果关系，而对所谓的混沌、失序、混乱、偶然和随机赞赏不已。后现代艺术虽然不能在每个方面都贯彻后现代精神，总是在某些侧面进行深入研究并展开自己的理解和主张。后现代艺术在探索利用作为信息社会的主要载体电脑形式和因特网，还有视频技术等等包含高科技在内的手段，用来展示后现代更多的可能性和多样性。后现代艺术强调偶然性和短暂性，因此，很多后现代艺术作品本身的时效性并不长。也可以这样来理解，后现代艺术作品的时效性不长，但它以数量来换取后现代艺术作品的绵延。过去，传统风格可以延续上百年，到现代派绘画也可以绵延达十年，到后现代艺术风格时，变成了独领风骚三五年。

总而言之，绘画艺术在从 19 世纪末开始进入到一个历史的快车道，它完成了由传统到现代再到后现代的两级跳。这段历史的变化幅度，比过去近二千年来所积累起来的变化还要大。这种变化源于生产力发展与科学技术的推动。当然绘画艺术并不是孤立的现象，连同前面论述过的哲学理论的不确定性的变迁和后面建筑学理论的同样不确定性的变化，共同在相互佐证信息社会的不确定性的特性。

[1][美]贝斯特·科尔纳.后现代转向[M].陈刚译.南京:南京大学出版社,2004:173.

第五章 现代主义建筑

　　在欧洲,现代主义建筑的出现和兴起,几乎就是一场战争和革命。从柯布西耶在《走向新建筑》中展现出来的激情和挑衅可以看出来,该书忠实地记录了现代主义建筑破旧推新作为一种社会运动的形式而存在。运动的结果,就是用现代主义建筑的思维方式和世界观取代过去复古思潮中传统的思维方式和世界观。现代主义建筑在历史上战胜复古思潮和其他传统的建筑观,这个过程在历史上历次建筑运动中都要算意义比较重大的几个之一。

　　这场现代建筑运动有几个特点[1]:一是外部环境的剧烈变化,由传统农业社会转向现代工业社会,以前潮流的更迭时社会的生活方式等等基本上处于静止状态,也就是在传统社会内部进行轮替。二是建筑潮流和风格的变化,还伴随着建筑材料的更替。也就是说,现代主义建筑运动一个重要因素就是由混凝土结构取代过去的传统石结构,而不仅仅是风格的变化。三是用全新的现代主义建筑观念去取代一个旧的完全与之迥异的传统建筑观,这比现代主义和后现代主义变化之间跳跃还要大,它的变化幅度之大乃至前后之间的传统形成一种明显的断裂,称之为一场革命也并不为过。

第一节 现代主义建筑的酝酿

　　现代主义建筑并不是在原有的传统建筑风格中成长起来的,它们与过去传统建筑风格完全没有任何瓜葛,不存在历史上如文艺复兴时期建筑风格取代中世纪的哥特式建筑之时存在的千丝万缕的关系。在西方建筑历史上,1851年水晶宫博览会的地位无论如何强调都不过分。但是从19世纪中叶的水晶宫闪亮登场到20世纪初现代主义建筑正式登上历史的舞台,建筑界整整花了半个多世纪才完成这种转变。现代主义建筑之所以能够登堂入室,如果仅仅依靠自身力量,那几乎是无法想象的[2]。现代主义建筑一方面从现代艺术中吸取了大量的营养,另一方

[1] 20世纪现代主义建筑具有两个鲜明的特征,一是对科学与技术的崇拜或者说对理性无限的信仰,其次是对科学技术表达出来感觉的一个浪漫信念。参见[英]佩夫斯纳.现代设计的先驱者——从莫里斯到格罗皮乌斯[M].王申祜,王晓京译.北京:中国建筑工业出版社,2004.148.

[2] 现代主义运动,一般来说有三个源头,一是英国的美术工艺运动,其次是欧洲大陆的新艺术运动,最后一个就是工程技术的探索。参见[英]佩夫斯纳.现代设计的先驱者——从莫里斯到格罗皮乌斯[M].王申祜,王晓京译.北京:中国建筑工业出版社,2004.79.

面又从工程界获取大量的经验,两者综合便合成了一个新的与历史几乎没有瓜葛的全新的建筑流派。正是由于这种全新的与历史没有太多关联的流派,在其开始普及时遇到了来自于传统势力非常大的阻力,比如柯布西耶早年不公正的经历就是这种状况最好的注脚。

一、作为象征的水晶宫

为了炫耀工业革命带来的巨大成果,作为工业革命发源地的英国,在 1850 年提出举办世界博览会。此提议得到欧洲各国的积极响应和支持。博览会用来展示各种各样的包括传统手工艺工业产品。会场就是著名的水晶宫,它是历史上第一次以钢铁、玻璃为材料的超大型建筑。水晶宫是一座汇聚了人类梦想与智慧的乐园,自从其出现 160 多年来,人们用极尽华美的词藻去描绘和赞美这座伟大的建筑物[1],它在相当长的时间内成为现代主义建筑和后现代主义的典范和象征。

水晶宫 1850 年公开进行竞标,当时参加竞标的建筑师 245人,最后迫于时间关系,选用了英国园艺师帕克斯顿(Joseph Paxton,1803–1865)的方案,由其负责设计展览大厅。1850 年 8月开工,1851 年 5 月建成,在短短的 9 个月就完成整个大厦的建造。之所以能够如此迅速,是因为采用了钢与玻璃两种新材料和标准构件。这座建筑物从实质上来说,就是一个用玻璃与钢建造的圆拱形大厦,实际上是一个放大了的温室[2]。

水晶宫是一座具有划时代意义的新建筑,水晶宫与当时传统的石结构建筑非常不同,它主要是由玻璃和铁组合而成,这样的结果是建造工期短,可以大幅降低造价。水晶宫的宽度与长度分别为 125 米、564 米,高近三层楼,建筑面积 7.4 万平方米(相当于八个半的标准足球场地)。根据展览功能要求,它创造性地使用钢架玻璃结构,提供了巨大的内部空间和最少的阻隔。该建筑用了 3300 根铁柱和 2300 根铁梁构成一个大型的铁框架。外墙和屋顶使用了 29.3 万块总重 400 吨的玻璃,整个建筑通体透明、宽敞明亮。当时,为了赶上展期的建筑进度,还专门从法国请来了不少劳工和技术人员。

1852 年底,伦敦世博会结束后,水晶宫从海德公园移至伦敦南部的辛顿汉姆重建,规模有所扩大。1854 年中,水晶宫再次落成时,由维多利亚女王主持向公众开放。1936 年底举世无双的水晶宫毁于一场大火。

1851 年的博览会的特殊要求,主要方面是工期要求苛刻,同时要求大空间作为展厅,这些都为水晶宫的出现作了重要的铺垫。传统建筑一般用穹顶也可以获得大空间,但是工期太长

[1]除了前面所阐述过的陀思妥耶夫斯基,俄国作家车尔尼雪夫斯基和中国文人王韬等人,都曾在自己的作品中毫不吝惜地以赞叹基调来描述过这座历史上最伟大的建筑物。

[2]"水晶宫"是来自一家以讽刺文章著名的 Punch 杂志,因水晶宫表现图中通体透明且宽敞明亮,而给予的名称,这在当时带有调侃的意味(相对于传统建筑的封闭和厚重)。但因为它的贴切形容或者说实至名归,而一直沿用至今天,其实这个名称也是挺有诗意的。

而被迫放弃。当然,水晶宫除了工期上的优越性外,造价上也有一些优势,这在筹办方的眼里还是值得考虑的。

但是,水晶宫给当时人们一个非常意外的惊喜,就是水晶宫晶莹剔透的室内,或者说室内与室外的差别消失了(图5-01)。这在当时一些先锋进步人士的眼里俨然看到了未来建筑的雏形,看到了新世纪建筑的未来,看到了机械化大生产所具有的巨大威力和顽强的生命力。他们欢呼雀跃,水晶宫从而获得了一种象征,作为未来建筑的一个路标。密斯早年20世纪20年代的高层玻璃摩天大楼的草图(图3-05)可以看出水晶宫对他的建筑思想形成的重要作用。反过来看,保守势力也在水晶宫中看到机械产品的粗糙和生硬,看到了机械化大生产的单调和乏味,看到了水晶宫所代表的机械化大生产对传统手工艺(和建筑)所蕴含着的巨大破坏性。作为英国后来的著名学者拉斯金(John Ruskin,1819-1900),则从水晶宫看到了传统手工艺与建筑的危机,由此开始他的对传统工艺和传统风格的捍卫运动。不过拉斯金的思想中含有内在的不可克服的矛盾,就是既坚持传统的手工艺风格,同时又在反对工业化大生产。只有工业化大生产才与他的民主思想相一致,才能够为大众服务。

水晶宫建筑的制造和工艺肯定是粗糙的和简陋的,保守势力抓住这一点,哀叹机器文明中手工艺般的诗意丧失,他们的参考标准就是中世纪美轮美奂的哥特建筑和古典建筑,这也是保

图5-01　水晶宫内景

守势力攻击水晶宫的一个由头。但是,在先锋人士那里,水晶宫带来的建筑通体透明的全新视觉感受,使他们看到了未来建筑的影子,至于构造的粗糙和技术简陋,等到今后技术改善了自然会提高。水晶宫给带有不同的思想成见的人截然相反的感受,这也说明了建筑艺术的不确定性吧。另外,以有限的标准化预制构件组成无限大空间的建筑奇观,也鼓舞了部分人士对工业标准化的美好憧憬,似乎看到了标准化的巨大潜质。

　　水晶宫成为未来建筑的象征也是历史的一个偶然,要不是工期问题,要不是伦敦世博会的水晶宫仅是一个临时建筑,说不定会选择一个保守势力所认可的传统建筑。但是,水晶宫在偶然中建造起来,却给全世界指出了一个未来建筑的必然方向,同时,回赠给世人一个晶莹剔透的建筑奇观,后来的先锋建筑师自此之后不用在黑暗中摸索了。

　　在水晶宫这座人类所创造出来的伟大建筑奇迹上,人们可以发现在它的每一个细节上都闪烁着现代性的意向:①相对于传统石结构昏暗的室内,明亮的室内或者室内室外的差别的消除,使水晶宫成了一个光明的象征;②相对于传统石结构笨重的外观,水晶宫轻快的色彩和轻盈的造型,使得水晶宫成为一个自由的象征,观赏者视野中用轻快的水晶宫置换了笨重的外观,获得身心上的轻松感和自由感;③相对于传统石结构厚重的石块,标准的预制钢梁按照计算而装配为一个庞然大物,无形中水晶宫成为了科学的化身,是理性的标本,正如前面引用过的陀思妥耶夫斯基的描述;④相对于传统石结构繁重的建造过程,标准化构建现场快捷的组装,无疑把水晶宫推到了当年的"高科技"的层面,而成为技术的化身。

　　水晶宫作为一个未来建筑的象征,在时间上确实大大超前当时的建筑实践。当时的建筑材料主流是砖石,在之后流行的材料是钢筋与混凝土结构和钢与玻璃结构建筑。按照正常的材料进化逻辑思路,砖石建筑之后是钢筋与混凝土,钢筋与混凝土之后才是钢结构。但是,正是由于水晶宫的出现,大大地提前了钢与玻璃结构体系普及的时间表。从目前建筑发展的趋势来看,钢与玻璃建筑越来越普及,大有超过钢筋与混凝土建筑的趋势,也证明了钢与玻璃建筑在时间表上本应该在钢筋与混凝土之前出现。而这种提前,虽然有密斯的建筑天分在其中推波助澜,但是,水晶宫的隐性作用也是不可埋没的。[1]

二、现代主义的酝酿

　　现代主义建筑的萌芽,彼得·柯林斯(Peter Collins, 1920–1981)在《现代建筑设计思想的演变》中追溯到1750年

[1] 按照历史发展,也许木结构、石结构和钢结构是三个主要结构形式,而钢筋混凝土则是石结构与钢结构的一个中间过渡结构。这是笔者目前对建筑材料史发展的新看法。

前后,而尼古拉斯·佩夫斯纳(Pevsner Nikolaus,1902–1983)在《现代设计的先驱者》中追溯到莫里斯(William Morris,1834–1896)和拉斯金。不同的建筑史学家基于自己的认识会有自己不同的看法。柯林斯追溯到 18 世纪,也就是从建筑上或艺术上的现代性的零星火花的闪现开始计算,这与英文中的现代(Modern)一词的内容相适应。而佩夫斯纳则是从现代设计先驱的教育和活动的开始计时。本文无意澄清或卷入到现代主义或现代性起源的争论。但是,有一点明确的是,实际发生的历史只有一个,时间的划分仅是与史学家的理论视野和理论框架有关。本书期望能够根据客观的史料作些尽量真实的解读和分析。

一般而言,谈到现代主义起源,不管史学家具体观点如何,至少水晶宫的建造和拉斯金的思想阐述必不可少。由拉斯金影响到莫里斯及美术与工艺运动,通过穆特休斯(Herman Muthesius,1861–1927)为中介,影响到德国的德意志制造联盟。在德意志制造联盟的熔炉中,锻造出贝伦斯(Peter Behrens,1868–1940)、格罗皮乌斯(Walter Gropius,1883–1969)、柯布西耶和密斯(Ludwig Mies van der Rohe,1886–1969)等等世界级大师。再经过包豪斯系统化而遍地开花。

英国 19 世纪的学者普金(Augustus Welby Northmore Pugin,1812–1852),他是哥特式建筑的狂热拥护者,他根据自己的研究总结出建筑上的功能主义,认为"建筑美的最大检验是其设计与其希望达到的用途的恰当匹配,一座建筑的风格与它的用途如此吻合,使观察者一眼就可以判断出它所宜建造的目的所

图 5–02 科隆主教堂(哥特教堂)

在"[1]。普金对哥特建筑的推崇不是源于对建筑功能理论的偏爱，而是作为其宗教狂热情怀的一个手段而已。也就是说，哥特式建筑反映出"真正天主教原则"，从这里还引出了一个新的建筑原则即是建筑功能与建筑形式的统一性，如同统一的就是真诚的，就是符合天主教的教义。正是基于此原则，普金一直贬抑古希腊建筑，认为古希腊建筑是异教迷信的一种表现，因为它将木结构的建筑形式直接套用在石结构形式上，是对不同建筑材料的混淆。普金认为，建筑材料才是建筑形式与构造的最终决定性因素。普金对建筑装饰的态度与他的建筑理论一样，装饰必须是适当的和符合用途的。普金的建筑思想总的来说，可以概括为，建筑功能与建筑形式的真诚的统一性，这是以宗教理论作为中介而形成的建筑理论。普金认为真诚才是最重要的，乃至于认为哥特式教堂是教堂建筑的唯一形式。

普金的建筑艺术思想直接影响到了拉斯金，虽然拉斯金对普金本人是不屑一顾[2]。其中不同的是在普金那里以宗教狂热为核心的建筑艺术思想，到拉斯金这里置换成以道德为核心的建筑艺术思想。拉斯金继承普金的建筑思想有功能主义和真诚关系，也就是功能和形式的统一，这种统一是真实的，进而上升到伦理学层面必须是真诚。如果建筑与形式之间的关系不是真实或者真诚的，也就是虚假的或者具有欺骗性，那么建筑就是丑陋的和不真诚的。显然在这里，拉斯金在艺术上把美与真的逻辑层次混为一谈，把真当作美的标准，其实在抬高美而贬低真。也许从本义上来看，他们想把真善美可能看作一个统一体。在西方文化中，人类的知识分为真善美三个部分，它们是平行的概念。如果把真当作美的标准无疑把真的层次下降到美的等级之下，犯了逻辑上的越级错误。[3]

拉斯金的形式与结构的真诚关系其实就是形式与内容相统一的问题，从表面上可以看出它无意中却成为现代主义建筑的"形式跟随功能"的滥觞，从而为现代主义建筑与艺术理论奠定了一个良好的基础。在拉斯金的时代，尤其是文艺复兴时期的后期建筑风格，巴洛克和洛可可风格和英国的维多利亚风格等等特别强调繁文缛节，而哥特建筑的结构本身就是装饰，没有刻意地去额外地添加其它装饰，这样哥特风格在某种意义上又变成反装饰的先锋。拉斯金的美学原则是形式与结构的真诚统一关系，显现出时代的进步性。

拉斯金的真诚与哥特式建筑风格联系在一起的，他要求建筑在逻辑上呈现结构的可读性，材料的真实性，以及有机的或手工装饰的使用[4]。在这里，有意思的是，拉斯金对功能与形式中的"形式"或规则的理解必须是"具有人的特征起源"的形式或

[1] [德]克鲁夫特.建筑理论史——从维特鲁维到现在[M].王贵祥译.北京:中国建筑工业出版社,2005:244.

[2] [德]克鲁夫特.建筑理论史——从维特鲁维到现在[M].王贵祥译.北京:中国建筑工业出版社,2005:246.

[3] 详细的论述,可以参见拙文:王发堂.逻辑的游戏[J].世界建筑.2007（6）:112-113.

[4] [德]克鲁夫特.建筑理论史——从维特鲁维到现在[M].王贵祥译.北京:中国建筑工业出版社,2005:247.

[1][德]克鲁夫特.建筑理论
　　史——从维特鲁维到现在
　　[M].王贵祥,北京:中国建筑
　　工业出版社,2005.253.

规则,或者说经过历史考验且证明它是正确的。历史上的文艺
复兴时期的建筑,他是很反感的。对于古希腊建筑与古罗马建
筑(文艺复兴建筑复兴的原型)的评价,虽然没有确切的资料,
但可以推测他的评价不会高。对于新材料的形式,由于没有历
史的经验,他就处于犹豫或拿不定主意之中,例如对于铸铁他感
觉到是一种"具有无限潜质"材料,但由于铸铁在历史上还未来
得及展现出自己形式的魅力,也就是说他对铸铁的美学还很模
糊,因此,他对铸铁是持否定态度。正是因为这点上,他的理论
呈现出一种自相矛盾。

　　形式与结构要真诚地统一,当19世纪末涌现的新材料如铁
与混凝土就需要发展出符合它们结构内在受力特点的形式来,
在这一点上,拉斯金始终没有转过弯来。正是在这点上,他们后
来的建筑和艺术上的民主主义思想与他们的思想主张一直接不
上轨,而呈现矛盾性。民主主义要求为普通大众考虑,建筑或者
艺术要为他们服务。显然他们主张的哥特式的风格和中世纪的
手工艺品作为费工费时的"奢侈品"是无法普及到大众中。后
来历史发展证明,正是由于工业机械化大生产和标准化才能实
现他们的民主主义的理想。由此可以看出,拉斯金及其追随者
在直觉上是超前的,如形式与功能相统一,但是对于形式的未来
走向的不确定性,使得他们的理论在先锋的摧枯拉朽中显得后
劲不足。

　　拉斯金的追随者莫里斯在建筑与艺术思想上并没有挖掘出
什么创新性来,除了在对待工业化大生产的态度有所缓和外,基
本上是拉斯金思想的转述。但是,由于他亲自参与一些设计实
践,对于推动英国美术工艺运动起到了推波助澜的重要作用,再
由英国美术工艺运动进而影响到德意志制造联盟。

　　莫里斯设立起自己的公司,参与到改造社会的实践中去。
他的行为得到了当时人们的积极响应,许多协会或者公司如雨
后春笋般地建立起来了,掀起了轰轰烈烈的美术工艺运动。莫
里斯基本上继承了拉斯金大部分文化遗产,包括他的矛盾和不
足。因此,美术工艺运动对于工业化大生产的犹豫不决进而产
生排斥的态度,最终成为他的软肋。在美术工艺运动中,也涌现
了一些对机械亲和和反对传统建筑式样和传统装饰式样的先锋
人士,最终基本上昙花一现,并没有发展成为主流,但是他们预
示了德意志制造联盟的一些思想。[1]

　　回过头来,看看与莫里斯同时的欧洲大陆的先锋艺术家们
的追求和趣味。大约在1890年前后,欧洲大陆兴起了印象派和
后印象派绘画。设计师和艺术家们都不满足于现状,当以莫里斯
为中心的美术工艺运动在向后、向历史寻求灵感时,而印象派和

后印象派绘画则在为寻求一种前所未有的东西而奋斗。他们敢于打破前人的樊篱，向前推动历史。而欧洲大陆的新艺术运动（与其说是一个设计师倡导的运动，不如说是艺术家发动的）与印象派和后印象派等保持了同步。对于建筑流派来说，艺术流派的艰苦探索，更多的来自于精神上的激励和未来发展方向上的启发。至少艺术界不遗余力地往前冲，让建筑界和设计界的先锋们感到回归历史不能说是一种无能，至少是一种偷懒的方式。艺术界的精神激励和示范作用带来欧洲的新艺术运动。

图 5-03　费尔德

　　新艺术风格的代表人物范·德·费尔德（图 5-03）主张用纯粹的结构来传达某些的情感，从而撇开了传统的建筑样式。最大的变化就是他认为机器将是未来艺术的积极因素，他满怀激情地宣布道："美一旦指挥了机器的铁臂，这些铁臂有力

图 5-04　植物图案

[1][英]佩夫斯纳.现代设计的
先驱者——从莫里斯到格罗
皮乌斯[M].王申祜,王晓京
译.北京:中国建筑工业出版
社,2004:10.
[2][德]克鲁夫特.建筑理论
史——从维特鲁维到现在
[M].王贵祥译.北京:中国
建筑工业出版社,2005.276.
[3][德]克鲁夫特.建筑理论
史——从维特鲁维到现在
[M].王贵祥译.北京:中国
建筑工业出版社,2005.276.

地挥舞就会创造美。"[1]显然,只有到了新艺术运动的这个时候,艺术家和建筑师们才认识到所谓结构与形式的统一是基本原则,是指未来建筑形式要与当前建筑材料如混凝土和铁件相统一,而不是如拉斯金所认定的与19世纪以前的石结构的哥特风格或装饰风格相统一。接下来的就是要探讨与新兴材料相统一的形式走向,是用另外一种新装饰来置换传统装饰,还是就是干脆不要装饰或者反装饰即简洁朴素。在这个问题上,新艺术运动部分艺术家和建筑师提出了自己的答案,就是用一种自然植物茎叶的缠绕形成图案(图5-04)。这相对于美术工艺运动来说,是认识上的飞跃,他们没有沉醉在历史的旧梦中,被历史上的装饰缠绕住自己的创造力,而是在向前开拓自己的历史,运用自己的想象力去向历史挑战。新艺术运动自然植物图案的演变历史是漫长的,佩夫斯纳在《现代设计的先驱者》作了一番考证,追溯到19世纪中叶的一些具有流畅曲线的插图和绘画作品。新艺术运动与铁件有着不同寻常的关系,显然这些自然植物图案在建筑装饰上比较适合铸铁的浇铸,是符合铁件内在性能的样式。但是,在建筑中,铁器只是充当局部的装饰作用,而不是建筑的主要材料。

一般而言,在欧洲大陆的新艺术运动,与英伦的美术工艺运动一样,都是过去的复古风格与现代运动之间的过渡,但是新艺术运动要比美术工艺运动走得更远些。新艺术运动为装饰寻找历史以外的依据,已经为接受"为艺术而艺术"的原则清除了障碍,并且奠定了思想基础、培养了人才。

另外一个关键的艺术运动或团体就是德国1907年成立的德意志制造联盟。制造联盟的灵魂人物就是穆特休斯(图5-05),他曾经作为驻英大使的随行建筑师,在英国伦敦呆了7年(1896-1903)。在这段期间,对英国建筑进行了大量的考察,在德国杂志上发表了一系列关于英国建筑的文章,并写了3本这方面的书。穆特休斯作为现代主义建筑的先驱之一,感觉到只有艺术家、企业家和设计师等等联合起来,才可能推动当时德国的工业设计水平。穆特休斯期望通过艺术、手工艺和商业的结合,找到一种克服经济萧条的解决办法。"制造联盟的目标,就是通过教育宣传,以及对相应问题的统一解答,将手工艺人的作品提升为艺术、工艺和工业的结合。"[2]制造联盟最为主要的突破是对现代工业的认可,认为工业化就是将理性的工程原理施之于建筑之上,所产生的就不仅仅是新的结构,还有新的建筑,以及自己的美学。[3]这种思想表示德意志制造联盟完全摆脱了历史风格的挟制,完全获得一个新的对时代的认知和对自身历史使命的觉察。接下来期望通过现代工业来振兴手工艺和

图5-05　穆特休斯

工艺就顺理成章,同时主张建筑的标准化和批量化,作为现代主义建筑师浪漫的社会改革的重要措施。德意志制造联盟内部曾经就产品的标准化与产品的独特性进行过激烈的争论,穆特休斯主张艺术产品的标准化,而范·德·费尔德则强调独特性,最终是标准化压过独特性。制造联盟促进了德国的工业与建筑的蓬勃发展,由此引起了欧洲各国的效仿。[3]1914年的科隆展览就是对制造联盟的一次检阅,虽然遭受到来自于各方面的批评,但是,这一次展览彰显了德意志制造联盟的思想主张,并为未来指出了一条道路。

三、艺术流派的影响

对于在19世纪末和20世纪初涌现的很多不同的艺术流派,比如立体主义、未来主义、表现主义和荷兰风格派等等,这些在前面做过阐述,这里仅指出这些流派对建筑的影响。立体主义风格对建筑的影响,最大的就是肯定并发现了基本形体的美。塞尚的"用圆柱体、球体和圆锥体来处理自然"的思想,不仅造就了立体主义,同时也造就了现代主义建筑对建筑体量的关注。未来主义在当时被认为是浪漫主义化身,强调速度和机器美学,对现代主义中的机械美学的影响是毋庸置疑的。未来主义的旗手之一,圣·伊利亚(Antonio Sant Elia, 1888-1917)画了很多关于建筑的构想图(图5-06),巨大的体量中蕴藏并潜

[1]王受之.世界现代建筑史[M].北京:中国建筑工业出版社,1999.117.

图5-06 圣·伊利亚的建筑绘画

[1]［英］佩夫斯纳.现代设计的先驱者——从莫里斯到格罗皮乌斯［M］.王申祜,王晓京译.北京:中国建筑工业出版社,2004:9.

伏着旺盛的活力,给人一种震撼和视觉冲击。他把城市比作是巨大的造船厂,每一个细节都充斥着能量和喧嚣,现代房屋就是巨大的机器。这种在浪漫的激情中蕴含着对机器的崇敬,预示意大利人的理性精神,为后来的意大利的理性主义奠定了思想基础。表现主义和荷兰风格派虽然都有相应的建筑作品问世,但是在建筑上影响有限。表现主义中的浪漫情怀对后来的现代主义大师玩票式的非理性创作至少有着精神上和理论上的双重支持。

第二节　赖特现代主义建筑探索

一、沙利文与芝加哥学派

芝加哥学派(Chicago School)是美国最早的现代建筑流派,是现代建筑在美国的滥觞。芝加哥学派在历史上能够崛起,应该有两个方面的原因。一是 1871 年的大火,几乎摧毁了整个城市;其次就是工业化进程的加快,城市人口急剧膨胀,工商业蓬勃发展。另外加上这样的一个因素,正如佩夫斯纳所说,工程师们专心于搞那些令人激动的发明创造,因而对社会的不满情绪和传统的历史样式视而不见,听而不闻。这样,以詹尼(William Le Baron Jenney,1832–1907)为首的芝加哥学派才能摆脱很多清规戒律而轻装上阵。

芝加哥学派的创始人詹尼是一位工程师,在法国巴黎接受的专业教育,崇尚结构上的理性主义,为芝加哥学派的内在精神奠定了一个基调。芝加哥学派以强调理性功能主义,明确提出"形式跟随功能"的观点,强调建筑艺术应反映新技术的特点,主张纯净立面以符合时代工业化的精神。沙利文曾经在詹尼事务所工作过,受到过作为工程师詹尼的理性主义的影响。詹尼 1879 年设计建造的第一拉埃特大厦,1885 年他完成的"家庭保险公司"十层办公楼,标志芝加哥学派的真正开始。

芝加哥学派运动的灵魂人物沙利文(Louis Sullivan,1856–1924,图 5–07),1892 年在《建筑中的装饰》中就说过:"装饰从精神上是一种奢侈,它并不是必需的东西。"[1]对于沙利文来说,他并不完全反对装饰,相反认为装饰是建筑中的一个活跃因素,不是像阿道夫·路斯那样把装饰推到一个荒谬的极端,装饰被妖魔化为罪恶。在新的时代,沙利文认为如果建筑师能够专注于建筑形式而不是装饰,将有助于建筑艺术上的美学成就。由此可以看出,沙利文不仅是简洁朴素的立面形式的革命

图 5–07　沙利文

者,同时还是一位装饰艺术的革命者,他倡导建筑应该采用有机装饰,沙利文的装饰基本上可以归属于新艺术运动风格。

　　沙利文认为:"人的世界开始假设一种形式的,或功能的外表。"[1]沙利文看来,自然界的生物体形式都是与环境相适应,或者说是环境的产物,与自身执行的功能相协调。功能是自然界生命的最初动力,因此功能的概念处于一个非常重要的地位。作为建筑师,这种"功能与环境决定了形式"的理论自然就会应用到建筑设计上来。正是这种以生命体作为比附而得来的功能决定形式论,很容易过渡到他的有机建筑理论。这里可以看看后来与柯布西耶以轮船等机器作为比附,以经济决定作为内在根据的"功能决定形式论"是非常不同的,这里的关键核心就是理性在起最终的决定作用,最终发展出与沙利文与赖特的有机美学完全不同的机器美学。

二、赖特的建筑思想

　　一般来说,沙利文在詹尼的结构理性主义基础上,加入了功能主义和新客观主义,引导芝加哥学派由形式简洁走向以功能为中心形式论,把芝加哥学派的理论和主张提升到了一个理论的层面和高度,促进了美国早期现代主义建筑发展,同时也把芝加哥学派推到了历史的风口浪尖上,成为引导美国建筑潮流的旗手。在几年之后,赖特(Frank Lloyd Wright ,1869-1959,图5-08)也开始活跃起来,1901 年出版的《机器的工艺美术》为到来的工业与钢铁、蒸汽时代而欢呼,认为未来的建筑会是简洁与朴素的轻盈,属于速度的时代,他认为未来的建筑内部将变得更加宽敞和明亮。赖特对机器充满了信心,认为手工艺人只有在机器的帮助下才能得到拯救。赖特在这个时期的对现代建筑的洞见应该说是处于同时代人的前列。这个时候的作品完全表现出现代主义建筑特有的节奏和风格。[2]

　　在沙利文事务所工作的几年对赖特影响是巨大的。他基本上接受了沙利文的先锋思想,一是沙利文的"形式追随功能论",二是沙利文的装饰革命论,三是沙利文的有机建筑思想。赖特建筑主要分为两个阶段:草原式住宅时期和有机建筑时期。在 20 世纪头十年中,赖特将沙利文的"形式跟随功能",在住宅设计上结合美国中西部的环境而演变出草原式别墅。草原式别墅除了建筑形式上的显著变化外,在建筑平面布局上和空间设计上较以往的住宅设计都有很多革新的创造。赖特在这个时期的建筑上的平面布局和造型的变化,跟上了中产阶级的观念上的变化。一方面中产阶级向往美好的现代生活,这在建筑平面和空间的精心布置中体现出来了。另一方面,中产阶级

[1][德]克鲁夫特.建筑理论史——从维特鲁维到现在[M].王贵祥译.北京:中国建筑工业出版社,2005:266.

[2][英]佩夫斯纳.现代设计的先驱者——从莫里斯到格罗皮乌斯[M].王申祜,王晓京译.北京:中国建筑工业出版社,2004:11,132.

图 5-08 赖特

[1]参见：王发堂.赖特建筑思想
　　研究[J].建筑师.2011（2）：
　　55-60.

对传统的封建社会的特权呈现出一些留恋，期望他们的建筑能
够满足他们在这方面的心理需求，当时的商业古典就是一个非
常明显的证据。草原式别墅的坡屋顶、厚重的墙体、窄小的窗户
都体现出了这种对历史传统样式的深深的敬意。赖特在1904
年前的作品已经完全具有现代主义建筑风格，这一点使得他远
比很多欧洲现代主义建筑师具有更自觉的现代建筑意识。因
此，赖特在20世纪前十年的作品受到了欧洲人的热捧，1910和
1911年在欧洲出版了两本德文书籍把赖特独特的建筑风格介
绍给了欧洲人。这些作品记载了一个现代主义建筑先锋一些探
索，并且影响了包括柯布西耶和密斯在内的现代主义建筑大师
们，促进了现代主义建筑的发展。

　　但是，赖特的建筑先锋性和滞后性在他的设计中并存。正
是因为受到沙利文的装饰观点影响，他对传统的坡屋顶和一些
传统建筑特征总是青睐有加，这样也正是因为这些因素导致他
在未来建筑生涯中不再处于先锋地位，而且纠缠在传统建筑的
形式中。在草原式别墅之后，赖特后期的有机建筑理论的基础
还是沙利文当年定下的基调。虽然赖特在建筑平面和建筑空间
上相对于过去的传统建筑有了很多改造和发展，但是在造型上
与平面关系上也是取决于功能。在推动钢筋混凝土建筑发展
或者钢结构建筑发展上总是显得不是那样直接或者明确[1]。他

图 5-09　东京帝国饭店

的有机建筑理论就是当时曾经协助沙利文总结出"形式追随功能"的原始材料的继续发酵和深化。赖特发展有机建筑当然还有他的童年经历作为接受基底。赖特的建筑有一个特点就是大悬挑,在草原式住宅中是如此,有机建筑尤其流水别墅也是如此。在结构上他是如此大胆,源于他在威斯康星大学读书时打下的结构功底,日本的东京帝国饭店在1923年的东京大地震中屹立不倒(图5-09),也应该与他这段经历有关。

在赖特后期建筑中,建筑平面自由多变,室内流动空间的创造和建筑造型讲究体量变化和材质对比,都是体现了现代建筑自由、轻快和理性的倾向。

第三节 格罗皮乌斯与包豪斯

穆特休斯1907年成立的德意志制造联盟,在德国聚集了一批非常有才干的艺术家、设计师和企业家。在联盟这个平台上,格罗皮乌斯(Walter Gropius,1883-1969,图5-10)作为最活跃的分子之一,如鱼得水。佩夫斯纳认为现代主义建筑风格基本上是在1914年之前形成,也就是以德意志制造联盟科隆展览会上的许多新建筑作为一个分界线。[1]

一、格罗皮乌斯的建筑活动

贝伦斯(Peter Behrens,1868-1940,图5-11)是德国当时最先锋的建筑师,由于他杰出的才能,曾经被穆特休斯任命为德国国立杜塞尔多夫美术与工艺学校校长。他早年当过画家,之后转向实用美术。他对欧洲大陆的新艺术运动的自然曲线图案和纹样表示反感,觉得过于繁琐。贝伦斯在1904年前后的建筑作品中就基本上完全摆脱曲线的装饰,而趋向简洁的直线装饰线条。它在1909年设计的德国通用电器公司透平机车间,采用了横向和竖向的装饰线条。

格罗皮乌斯从1907年得到一个机会在贝伦斯事务所工作,正是这段非同寻常的经历为格罗皮乌斯后来的职业生涯奠定了一个非常稳固和重要的基础。[2]1910年他与建筑师迈耶尔(Adolph Meyer)开设事务所。次年,他与迈耶尔合作设计的三层楼的法古斯工厂,该建筑是钢筋混凝土框架建筑,外部采用玻璃幕墙,基本上把现代建筑的基本特征都表现出来了:轮廓简单,长方体建筑,简洁的玻璃幕墙。应该说这是格罗皮乌斯正式登上建筑舞台的处女秀。1914年设计德意志制造联盟展览

[1][英]佩夫斯纳.现代设计的先驱者——从莫里斯到格罗皮乌斯[M].王申祜,王晓京译.北京:中国建筑工业出版社,2004:17.
[2]几位大师先后在贝伦斯事务所工作过,密斯是1908-1911,格罗皮乌斯是1907-1910,柯布西耶1910在贝伦斯事务所工作过半年。

图 5-10 格罗皮乌斯

图 5-11 贝伦斯

图 5-12　包豪斯校舍

中心和模型工厂大楼,该座大楼平面讲究均衡,形式上也比较规整。建筑的玻璃幕墙明净光亮,钢铁建筑框架结实而又牢靠,给人一种冰冷的理智感。格罗皮乌斯的这一系列设计使得他成为欧洲最为先锋的青年建筑师。德意志制造联盟展览中心和模型工厂大楼基本上代表一个新时代的到来,宣告一个新建筑流派的成熟。在 1925 年设计的德绍包豪斯校舍(图 5-12),表明格罗皮乌斯的现代主义建筑已经到了炉火纯青的地步了。

格罗皮乌斯对建筑的标准化钟情有加。他希望现代建筑能够为广大民众服务,因此建筑就应该采取有效的措施来降低造价。他认为如果采用预制构件,在现场进行快速拼装,可以缩短工期降低成本。也就是说,现代建筑应该为大多数人服务,这样就必须与工业化大生产进行联姻,才能达到自己的目标。当年,拉斯金和莫里斯就是卡在这里,一方面想为大众服务,但是由于主张传统手工艺又造成了价格昂贵的奢侈品,从而把普通大众排斥在他们的服务之外。格罗皮乌斯和柯布西耶等现代主义建筑大师们都怀有改造社会的宏大志向,都怀着用建筑或城市改造社会的救世情怀。格罗皮乌斯一直怀有鲜明的民主色彩和社会主义信仰,期望能够通过建筑增加社会福祉,从而达到改造社会的目的[1]。这与柯布西耶通过建筑或城市提供人们不同的生活方式和生活上的便利来改造社会的目的不同,柯布西耶把马赛公寓按照城市规划的高度来设计,里面的设施和学校等一应俱全。从这个意义上来说,柯布西耶的社会改造的方式可能更具有建筑学层面探索的味道,而格罗皮乌斯的社会改造方式则是具有社会学层面的探索意味。

二、包豪斯

格罗皮乌斯建筑思想可以归结为两个方面。第一个主要观点是关于艺术与艺术之间的关系,他认为建筑是一门综合的和

[1] 1914-1918 年的参军经历,对格罗皮乌斯的建筑思想影响很大。战前他是一个典型的无政治倾向的建筑家,战后就明显转向同情左翼运动成名一个具有鲜明的民主倾向的设计师。参见[英]惠特福德.包豪斯[M]林鹤译.北京:生活·读书·新知三联书店.2001.27.

全面的艺术。也就是沿用了古老的说法，建筑艺术在众多艺术中居于艺术之首。很多艺术如雕塑艺术、绘画艺术乃至音乐艺术，当它们在建筑艺术中都是对建筑艺术的陪衬，或者说建筑艺术中包含了它们。因此，其他艺术在建筑艺术前面总是略逊一筹。问题是科学技术使得建筑艺术下降为普通的艺术，与其他艺术门类相等价的艺术，这是格罗皮乌斯面临的第一个难题。第二个主要观点是关于艺术与技术之间的关系，他认为建筑是艺术和技术（手工艺）的综合。艺术必须和技术或手工艺相结合。他的观点很明显是技术为艺术服务。但是，当现代建筑去掉装饰之外，艺术没有载体或者平台，艺术成为一个傀儡，艺术没有安身立命之处。艺术与技术的结合成为空谈，结果技术侵占艺术，艺术转变为技术。格罗皮乌斯就是在此基础上，来发展他的包豪斯教育思想。

　　格罗皮乌斯因此在包豪斯建校之初就明确地恢复建筑学作为一门全面的艺术创作。在包豪斯的课程中，低年级开设一些相关工业艺术课程如金工、木刻、雕塑、印刷、纺织、壁画和陶艺等等，到了高年级后才能在低年级的学习基础上接触到建筑设计和理论课程。因此，在包豪斯建校之初就明确地要把建筑学作为一门全面的艺术和工艺的综合创作。格罗皮乌斯的建筑教育强调艺术与技术相结合，团结艺术家和建筑师、工程师一起创造新的实用而美观的各种日常生活用品、工业制品和房屋。为培养能担负这个任务的新型设计人才，包豪斯的另一个亮点是教学采用了"工厂学徒制"，学生入学后须先经过半年的基础教育包括"基本造型"、"材料研究"或"工厂原理与实习"。基础教育完成后，学生方能进入工厂和工作室，接受三年的学徒制教育。成绩合格者获"技工证书"，成绩优异者可经过考试升入"包豪斯建筑研究部"，修业期满，成绩合格者才能毕业。

　　包豪斯成立之初，在格罗皮乌斯支持下，欧洲一些最激进的艺术家来到包豪斯任教，使当时流行的一些思潮特别是表现主义对包豪斯的早期理论产生了重要影响。包豪斯早期的一批基础课教师有俄罗斯人康定斯基（Wassily Wasilyevich Kandinsky，1866～1944）、美国人费宁格（Lyonel Feininger，1871–1956）、瑞士人克利（Paul Klee，1879–1940）和伊顿（Johannes Itten，1888–1967）等。

　　包豪斯对设计教育最大的贡献是基础课，由伊顿奠定基础，是所有学生的必修课。伊顿提倡实践中边干边体会。他的课程具有洗脑功能，把先前陈旧的观念一扫而光。学生在实践中探讨形式、色彩、材料与质感，以及它们之间的相互关联性。但由于伊顿是一个宗教原教旨主义者，十分强调直觉方法和个性发展，鼓

[1] [英]惠特福德.包豪斯[M].
林鹤译.北京:生活·读
书·新知三联书店,2001:
22-26.

吹完全自发和自由的表现。显然伊顿的教学理念(自由)与工业设计的理性精神存在着一定的差距,在学校师生中形成不好的影响。伊顿于1923年辞职,之后由匈牙利艺术家拉兹罗·莫霍里·纳吉(Moholy Nagy,1895-1946)接替他负责基础课程。纳吉是构成派的追随者,他将构成主义的要素带进了基础训练,强调形式和色彩的客观分析,注重点、线、面的关系。通过教学实践,使学生了解如何客观地分析两度空间的构成,并进而推广到三度空间的构成上。构成主义所倡导的抽象几何形式,又使包豪斯在设计上得以摆脱表现主义(非理性或自由)走向了理性形式主义的道路。至此,包豪斯已经奠定了平面构成、立体构成和色彩构成为基础的工业设计教育体系[1]。

包豪斯作为德国德意志制造联盟的延续,继承并发扬德意志制造联盟的内在高度理性精神,并把这种日耳曼的理性渗入力度推向了一个新的高度。后来,纳粹关闭了包豪斯,从某种意义上来说,不是缩小了而是扩大了包豪斯在全世界的影响力,这种影响是通过包豪斯的教师和学生被迫到海外求生存而带来的。

第四节　柯布西耶

柯布西耶(Le Corbusier,1887-1965,图5-13)是20世纪最重要的建筑师之一,是现代建筑运动的激进分子和主将,是20世纪文艺复兴式的巨人。他的出道相对于格罗皮乌斯(1910年)要晚点,1914年他建筑的多米诺(Domino)体系属于他早期主要成就之一。他毕生充满活力,永无休止地进行创造。在现代建筑运动中,他成功地充当了前后两大阶级的旗手:现代主义早期的理性主义阶段和现代主义晚期非理性主义建筑阶段。

柯布西耶从未接受过任何正规的建筑教育,但柯布西耶受到过很多前辈的影响。他在建筑师贝瑞(Auguste Perret,1874-1954)那里学会了使用钢筋混凝土。1910年到贝伦斯建筑事务所工作了一段时间,接受了现代主义建筑一系列理念。另外影响他最大的是旅行和绘画。他是唯一对雅典的卫城(Acropolis)古典魅力着迷的现代建筑大师。

柯布西耶是一名充满激情和想象力丰富的建筑师。他经常用简单的几何图形如矩(方)形、圆形以及三角形等基本几何图形作为设计的基本元素,喜欢用基本几何形体如立方体进行设计(图5-14)。凭着他对古希腊建筑的热爱和画家的身份,柯布西耶能够做到轻松驾驭建筑设计中体积、表面以及轮廓等的运用。

图5-13　柯布西耶

图5-14　柯布西耶设计的拉图雷特修道院

图5-15　柯布西耶设计的昌迪加尔议会大楼

柯布西耶喜欢光影和体量的组合,在建筑设计中经常营造明暗光线的对比(图5-15),并成功地展现出了现代建筑的现代意向,产生了良好的视觉效应。

　　柯布西耶不仅懂得古典建筑的体量美和现代机器的理性美,同时他也领悟到生活世界中的非理性美和自然美。他认为自然是清新和美丽的,那里有新鲜的空气和明媚的阳光。柯布西耶在建筑上,把体量美和理性美运用到早期建筑设计中,建立起机器美学原理,把非理性美运用到晚期建筑设计中,成为后现代建筑的鼻祖。把自然美运用到他的规划思想上,阳光、空间和绿色植被等成为新式规划的重要元素。

一、柯布西耶的建筑思想

　　柯布西耶1926年提出了他的新建筑学五点新观点,包括:底层架空、屋顶花园、横向的长窗、自由平面和自由立面。

　　按照"新建筑五点"的要求设计的住宅都是由于采用框架

图 5-16   柯布西耶设计的皮埃尔大教堂

结构,墙体不再承重以后产生的建筑特点。柯布西耶充分发挥这些特点,在 20 年代设计了一些同传统的建筑完全异趣的住宅建筑。萨伏伊别墅是一个著名的代表作。柯布西耶的建筑设计充分发挥了框架结构的特点,由于墙体不再承重,可以设计大的横向长窗,他的有些设计当时不被人们接受,许多设计被否决,但这些结构和设计形式在以后被其他建筑师推广应用,如逐层退后的公寓,悬索结构的展览馆等,他在建筑设计的许多方面都是一位先行者,对现代建筑设计产生了非常广泛的影响。

再一个就是柯布西耶的机器美学观点。他的《走向新建筑》,激烈否定 19 世纪以来的因循守旧的建筑观点、复古主义的建筑风格,歌颂现代工业的成就,提出应该创造出属于时代的新风格来,对工程师的工作方法推崇有加。他在《走向新建筑》中写道:"工程师受经济法则推动,受数学公式所指导,使我们与自然法则一致,达到了和谐。"柯布西耶提出在当时是骇人听闻的"住房是居住的机器"的观点,鼓吹以工业的方法大规模地建造房屋。建筑设计中学会运用原始的基本几何形体,赞美简单的几何形体,提倡建筑师应该向工程师学习。

机器美学强调机械的美,高度赞扬飞机、汽车和轮船等新科技结晶。这些产品的外形设计不受任何传统式样的约束,完全是按照新的功能要求而设计成的,它们只受到经济因素的约束,因而更加具有合理性。正是因为强调机械的重要,柯布西耶成为机械美学理论的奠基人,他说住宅是供人居住的机器,书是供人们阅读的机器,在当代社会中,一切新设计出来的为现代人服务的产品都是某种意义上的机器。这里的机器就是理性的代名词。当柯布西耶提出以数学计算和几何计算为设计的出发点，使建筑具有更多的合理性和科学性特征时，人们就不会感觉到太突然。

柯布西耶晚期转向建筑的情感化倾向（反理性，图5-16）。第二次世界大战期间，他避居乡间，后来又先后到印度和非洲工作。战后他的建筑设计风格明显起了变化，从注重功能（理性）转向注重形式（非理性或自由）；从重视现代工业技术转向重视民间建筑经验；从追求平整光洁转向追求粗糙苍老的或者原始的趣味。他的转变使得他在战后的新建筑流派中仍然处于领先地位。

二、柯布西耶的规划思想

柯布西耶将科学理性化思想引入到城市规划研究和设计上。"光明城市"理论是他提出的富有乌托邦理想的城市生活蓝图（图5-17）。"光明城市"理论是基于一种全新的设计起点来进行城市规划以改造现有城市布局和建设新城市。这个城市设计的逻辑原点就是汽车等现代交通工具或者说车的尺度[1]，以代替工业社会以前的城市规划尺度、人的步行或者说人的尺度。对于车的尺度，对于柯布西耶来说，算不上历史上的先知，因为赖特等人早就认识到汽车在城市中的作用[2]。柯布

[1]参见[美]马歇尔·伯曼.一切坚固的东西都烟消云散了[M].徐大建,张辑译.北京:商务出版社,2003.211-221。该文对柯布西耶的城市规划做了很有意思的不同于建筑学视野的讨论,有兴趣可以看一看《5.20世纪公路与光环》。该文中有一句话:"科比西埃(柯布西耶)最直接地感觉到自己受到了威胁,易于受到伤害:'离开自己的房屋,意味着只要我们一跨过门槛,我们就处于被过往汽车杀死的危险之中'。"

[2][意]布鲁诺·赛维.现代建筑语言[M].席云平,王虹译.北京:中国建筑工业出版社,2005.210.

图5-17　柯布西耶"光明城市"

[1][意]布鲁诺·赛维.现代建筑语言[M].席云平,王虹译.北京:中国建筑工业出版社,2005.20～21,76-81.

[2][澳]约翰·多克.后现代主义与大众文化[M].吴松江,张天飞译.沈阳:辽宁教育出版社,2001.15.

[3][德]克鲁夫特.建筑理论史——从维特鲁维到现在[M].王贵祥译.北京:中国建筑工业出版社,2005.299.

[4][意]布鲁诺·赛维.现代建筑语言[M].席云平,王虹译.北京:中国建筑工业出版社,2005.20～21,76-81.

[5]王发堂.密斯建筑思想研究[J]建筑师.2009（5）.22-28.

西耶的"光明城市"最终失败的原因就是逻辑思考起点的错误或者说设计尺度的错误。用意大利建筑学家布鲁诺·赛维的话来说,就是为了某种政治诉求或者理想的城市模式等等(城市的)先验的逻辑框架来牺牲掉城市中的人的尺度[1]。这种城市最终是非人的和冷漠的,历史曾经一而再、再而三地证明了这一点。

柯布西耶设想在城市里建高层建筑,腾出地方来建造城市交通网和大片绿地与公园,以弥补高层建筑的不足,创造一个充满阳光的现代化都市环境[2]。他的城市规划是以改造社会为己任,认为自己充当了政治家或者救世主的角色,要解决城市中贫富不均的问题,要为芸芸众生提供一个基于全新生活模式的城市。因此他的规划的落脚点必然是人口问题和交通问题,却忘记了人对城市的体验和感觉。虽然在他的规划设计中增加了城市绿地,改善建筑的日照通风,大量提供游憩和运动场所。柯布西耶作为现代城市规划原则的倡导者,形成了一套理性主义、功能主义的城市规划思想范式,城市规划就是几何学和功能主义的产物而已[3],这集中体现在《雅典宪章》之中。他的集中主义规划思想在战后被广泛采用,特别是强烈地影响了战后西方城市的大规模重建,诸如贫民窟的清除和城市的更新。从这个意义上讲,柯布西耶为现代城市规划发展作出了巨大的贡献,但是也要为现代城市带来的负面承担一定的责任。

柯布西耶的"光明城市"理论在20世纪20年代中期就已经提出来了,但是他本人的实践活动却一直到了1950年初,应邀主持印度昌迪加尔的规划时才得以充分施展。在这个城市规划方案中所体现出的工业理性主义与先验理性主义的思想,即使到了今天仍然牢牢控制住了规划设计师们的大脑,使他们不厌其烦地追求城市规划中的乌托邦理想主义[4]。

第五节　密斯的建筑思想

图 5-18　密斯

密斯（Ludwig Mies van der Rohe,1886-1969,图 5-18）在 20 世纪的大师中出道是比较晚的,他 1914 年参军以前还是个辛克尔的追随者,1918 年退伍回来就受到荷兰风格派的影响,设计了一些现代住宅。他真正的成名要到 1929 年巴塞罗那德国馆的横空出世。当格罗皮乌斯在 1914 年设计了法古斯工厂,密斯才开始构思那些玻璃摩天大楼的草图。但是在几个建筑大师中,他对建筑文化和建筑理论的影响最为深远,他几乎改变了"世界近 1/3 城市天际轮廓线"。[5]

密斯的建筑思想可以用理性层面中超验的"形式"和感性层面中经验的"质料"作为理解的核心。超验的"形式"对应的就是"少就是多"的思想，经验的"质料"对应的就是"上帝就在细节之中"的思想。由这两点可以推导出密斯所有的建筑思想和建筑观点。

一、少就是多

密斯主张作为客观世界"元形式"的方形，认为它们比具象的形式更接近真理或本身就是真理。建筑平面原型就是抽象的方形，建筑体量原型就是抽象的方体，这是密斯理论倾向的必然发展，而"少就是多"就是密斯的这种追求哲学中的形而上的"真理"过程的高度总结。方形是密斯的建筑形式的实质，密斯在平面上喜欢正方形或矩形平面，在造型上偏爱方体，而把其他所有他认为不重要的因素统统砍掉了。密斯主观上追求作为真理的形式，客观上却造成了"少就是多"的思想。因为只有把现实生活中充满细部和繁琐的建筑做一系列的精简和抽象才能还原为密斯的方形和方体，这样就必然产生删繁就简的抽象过程。"少就是多"就是密斯为自己的高度抽象的方形或方体制造的一个理论依据。

"少就是多"包含有二层意思：一是纯净形式，即使用简洁而抽象的方体，删除一切装饰，落得一个光溜溜的方盒子。二是通用空间，使用简洁而抽象的方块平面或接近方块的平面，把原型当作圣经，以简胜繁，以少胜多（图5-19）。由于平面的高度抽象，必然造成功能上无所适从，因此，"功能服从形式"就成为密斯随之而来的理论推导，在密斯这里功能成为他的"形式"原型主张的必然牺牲品，导致密斯的建筑功能使用上的不便。比如，伊里诺理工学院的克朗楼精致典雅但功能却是失败的，据说很少有人愿意在其通透的大玻璃墙内学习和工作。

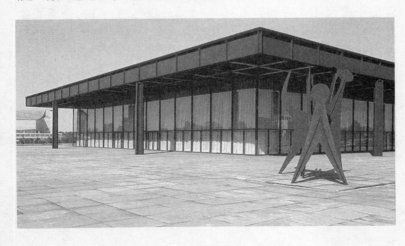

图5-19　德国柏林新国家美术馆

[1][美]弗兰姆普顿.建构文化研
　究[M].王骏阳译.北京:中
　国建筑工业出版社,2007.163.
[2][美]弗兰姆普顿.建构文化研
　究[M].王骏阳译.北京:中
　国建筑工业出版社,2007.181.

从这里可以看到密斯的思想脉络,由超验的形式发展出
"少就是多"的结论,再由"少就是多"推导出"功能服从形式"、
"纯净形式"和"通用空间","流动空间"则可以理解为密斯从
辛克尔学派转向"通用空间"的过渡环节。

二、上帝就在细节之中

密斯的建构包括二个层面:一个是建筑材料质感的利用,
另一个是建筑的细部处理。前者质感的利用离不开相关技术和
工艺的加工,使得材料以极大的可能展示出材料的自身美。后
者建筑细部的处理,首先离不开对材料连接方式的考察,在这个
基础上,才能把细部附上去,因此,细部处理也离不开技术的支
撑。

"纯净形式"是"少就是多"的一个理论推导,由于删除了
不必要的建筑装饰,建筑的形式必然处于一种生硬和粗糙的状
态。为了弥补这种建筑形式上的不足,必然采取其他的手段来
填补这种空白,密斯的手段就是利用技术和材料的细部特性来
发展自己的理论主张,由此提出"上帝就在细节之中"。

细节之一是玻璃美学的特性,可以从两个角度来看,一个是
玻璃的反射作用,另一个是玻璃的质感。首先讲讲玻璃的反射。
对于玻璃的反射,密斯是这样解释的:"在做玻璃模型时,我发
现主要效果是映象变化(反射),而不是一般建筑物普通的光影
变化效果(实体的光影变化)。""在玻璃模型中,我已证实,考虑
光影变化对于玻璃建筑物的设计毫无意义。"[1]密斯认识到,玻
璃的美学性能在于反射,不在于体量关系,如柯布西耶所理解的
古希腊建筑。玻璃反射周围环境的映象,而消隐自身的实体性。
玻璃在室外反射自己以外的物象,而在室内由于光线的多重反
射而造成空间虚幻的感觉。密斯用"材料的非对称创造了视觉
的对称,自然光线反射到顶棚上,看上去有一种天空的感觉,空
间似乎在漫无边际的扩展"[1]。从某种意义上来讲,密斯的建
筑具有非物质化的倾向。除了利用玻璃的反射作用,密斯对其
他材料的反射也颇为青睐,比如抛光的大理石和镀铬的金属。
其次是玻璃的质感。按理说,一般的玻璃是透明的,总是呈现其
后面的物体而消隐自身。显然这样全透明的玻璃过于直白,在
建筑中基本上没有受到建筑师青睐。为了突出玻璃的质感而减
少直白,一般都要对玻璃进行一些工艺上的处理,玻璃质感的控
制和改造如拉毛玻璃、半透明玻璃和冰凌玻璃,还有玻璃颜色的
控制,加入微量元素改变玻璃颜色,如茶色玻璃、蓝色玻璃和银
色玻璃。在巴塞罗那德国馆这座小建筑中,就是用了4种玻璃
制品:酸蚀玻璃、深灰色平板玻璃、白色平板玻璃和绿色镜面玻

璃。[2]可见密斯对玻璃质感微妙差异的重视。

细节之二是建构的特性，就是表现钢结构和玻璃、钢结构之间的连接问题（图 5-20 ）。在密斯设计的建筑中，考虑到钢结构的构建耐火性差，必须在结构性钢构件用混凝土耐火材料包裹起来。为了"忠实"地反映内部结构体系，在耐火混凝土的表面再附上一层钢板来再现钢结构的梁构件。在单层或多层建筑中，密斯的墙柱是脱开的，也就是说，承重体系和围护体系是分开的，到了后期的高层建筑则把承重体系和围护体系合二为一。

[1]［美］弗兰姆普顿. 建构文化研究［M］. 王骏阳译. 北京：中国建筑工业出版社，2007.180.

图 5-20　巴塞罗那德国馆

第六节　现代主义建筑的本质

与上述现代主义建筑大师同属第一梯队的最负盛名的就算阿尔托，现代主义建筑大师第二梯队就比较多了，有贝聿铭、SOM、尼迈耶、奈尔维、夏隆、西萨·佩里、丹下健三等，都是值得认真分析的。但是在这些大师中，阿尔托最为特殊。不仅是他资格老，更重要的是他的建筑思想是对上述四个大师最为有力的补充，他的创作生涯让世人看到现代主义建筑的多样化的可能性。在这个意义上来讲，阿尔托的建筑思想在现代主义建筑中的地位就凸显得尤为重要。因为他的建筑作品直接扩展了现代主义建筑的疆域，使人们对现代主义建筑的认识更加丰富和下否定结论更加谨慎。

一、阿尔托的现代主义建筑思想

阿尔托（ Alvar Aalto，1898-1976，图 5-21 ）是芬兰现代建筑师，是现代建筑的重要奠基人之一，在国际上的声誉紧随四位大师之后。阿尔托专注于形式与心理感受和建筑与环境的关系，是建筑界人情化建筑理论的倡导者和践行者，在这方面取得了巨大的成果并得到了世人的认可。他的探索是对上述四位大师的补充，让人们看到现代主义建筑其实也不是铁板一块，认识到其实现代主义建筑并不是一个已经耗尽全部可能性的建筑风格，还存在着多种多样的发展的可能性，这是对后现代主义的一个很好的回击。就凭这一点，阿尔托就应该是现代建筑史上举足轻重的大师。

阿尔托主要的创作思想是探索地域化和人情化的现代建筑道路，他的观点与赖特更为接近，而与柯布西耶的观点相左。阿尔托非常热爱自然，他设计的建筑总是尽量利用自然地形，融合优美景色，风格纯朴。阿尔托认为自然不是手段，而是建筑的容

图 5-21　阿尔托

图 5-22 珊纳特赛罗市政中心

器,不应该为了建筑委屈自然或者忽视自然。他认为建筑不应该脱离自然和人类本身,应该拉近自然与人类的距离,而不是建筑压制自然。对建筑标准化的工业技术,仅是一种手段,而不是目的。装配式建筑也可以适应不同房屋的需求,适应不同地形、不同朝向和不同景色等等,而使自己丰富和人性化起来。他的建筑平面灵活,形式自由,造型富有动感。在建筑细部处理上,善于把结构构件巧妙地化为精致的人性化装饰。他的代表作有芬兰珊纳特赛罗市政中心(图 5-22)和帕伊米奥结核病疗养院。

二、现代主义建筑思想

现代主义建筑,又称现代派建筑。在英语文献中,可用 Modern Architecture 表示,也可用 modern architecture。现代主义建筑时间跨度是从 20 世纪初到中叶在欧美建筑界居主导地位的一种建筑思想。建筑师为了摆脱传统建筑形式的束缚,而提出一系列同工业化相适应的新建筑的观点:赖特的装饰主义和有机形式、格罗皮乌斯的功能主义和民主主义(建筑标准化)、柯布西耶的机器美学与激进主义和密斯的先验理性主义,当然还有上述阿尔托的地域主义和情感建筑。

现代主义建筑大师在工业社会背景下展开他们的波澜壮阔

的建筑事业。在与复古思潮的斗争中,他们认识到建筑要随时代而发展,现代建筑应同工业化社会相适应。他们认识到自己的历史使命就是推陈出新,摆脱传统建筑样式的缠绕,大胆去创造属于自己时代的新的建筑风格。这必然要求积极探索新材料,发展新结构,创造新形式。再在此基础上发展出新的建筑美学和新的建筑风格。他们坚定地立足于自己的时代,致力于研究和解决建筑的实用功能和经济问题(住房短缺问题)。

所谓功能主义,源头在沙利文的"形式跟随功能"。正如前面曾经讨论过,功能主义是第一次把建筑学变为一门科学,就凭这一点,功能主义就成为现代主义建筑中最为基本的表征和基础。一谈到现代主义,必然会联想到功能主义。功能主义的基本含义有两层:平面形式理性化和体量造型的理性化,它把建筑平面设计从过去的象征(非理性)层面拉回到理性层面,这是建筑学科学在历史上一个质的飞跃。正是因为功能主义的出现,必然要求建筑平面构图灵活处理的可能性。因此,灵活均衡的非对称构图必然取代过去对称构图的位置而成为平面设计中最为基本的手法之一。对称构图本身存在着太多的意味:庄严、稳重、完整权力和威严等等,对称在历史上演变背负了太多的意味和责任。而现代主义建筑的功能主义就是要去掉建筑对称形式中太多的意味,把建筑学从过重的倚重于宗教和文化的被动的角色中拉出来,建立起自己的基础来。对称不仅仅是视觉规律,同时它也牢牢控制了人们的思维方式。在哲学中,"二元对立"的认识观就是对称的思维形式上的变体:阴与阳、动与静、变与不变、理论与实践、物质与精神、唯物与唯心等等。显然在思维方面,现代人并没有像建筑学专业中后现代主义那样前卫,依旧被"对称的思维"填塞着。[1]作为现代主义建筑的基础理论,基本上得到所有的现代主义建筑师的认可。同时功能主义作为现代主义建筑的拱心石,把在此基础上不同的现代主义建筑师联系起来。

有机建筑作为现代主义建筑的一个大分支,其代表有赖特和沙利文等等。赖特的"有机理论"就是指建筑的整体性,这种整体包括两个层面的涵义:建筑与环境之间整体性和建筑部分与部分之间的整体性。或许可以这样来理解,当把建筑与环境看作成一个整体时,作为部分的建筑与环境之间是有机的整体关系。同样把建筑当作一个整体时,作为部分的建筑元素与建筑元素之间也是有机的整体关系。功能主义把建筑当作一个整体来考虑,因此出现"形式跟随功能"的说法,而有机建筑就是把环境也拉入到这个整体中来,考虑的面更宽了。

柯布西耶的机器美学在本质上或者内容上,与沙利文的

[1]参见百度百科中"对称的逻辑学"条目,http://baike.baidu.com/view/3558699.htm.

[1] 王发堂.密斯建筑思想研究[J]
建筑师.2009（5）: 22-28.
[2] 这里本书作一个论证,首先应该明确的是"理性"的本质。"理性"包含有广义上和狭义上的两层意思: 在广义层面,所谓"理性"就是指它的基础含义,即"合理性"。"合理性"表示某项实践在人类社会中产生了有益的结果,有益的结果被人类共同体所认可,而被当作共同遵守的范式或实践标准。在狭义层面,所谓"理性"就是指它的引申含义,也是近代科学或者哲学所培育起来的观点,"理性"就是科学,就是规律和客观性,或者说人们的理性的方式或态度。功能主义是建立在合理性的基础上,柏拉图的理念,就是在人们对客观规律总结后发现它的不变性或者永恒性的基础上设定的。也就是说柏拉图的理念是规律的本质,也就相当于理性的理性(本质),科学的科学(本质)。因此,密斯理解的建筑形式也是这种所谓形式的形式(本质),它是不变的和恒定的,因此可以说密斯国际风格的理论基础就是超理性主义。

"形式跟随功能"是一致的。柯布西耶的机器美学提倡向工程师学习,学习工程师的工作方法,排斥无用的装饰。建筑的设计应该像机器一样实用并且简洁合理。而沙利文的有机建筑是从自然界中的生物形式与环境之间的互动关系得到启发的。沙利文和柯布西耶,一个从生物学上受到启发,一个从工程学上受到启发,指向的中心都是功能主义,由此导致他们建筑思想之间的差异。柯布西耶的机器美学很容易过渡到后来的粗野主义,因为很多机器显得很粗犷而又笨重。而有机建筑无论如何发展,也难以发展出粗野主义的倾向来,因为大多数生物的形体是比较精美的。

密斯的国际风格相对就复杂些,他的口号刚好与现代主义的"形式跟随功能"相左,提出"功能跟随形式"。他坚信一种先验理性主义,如同柏拉图的理念说一样。事物的"形式"或者"理念"是事物的本质,而作为本质的"形式"或者"理念"是人们无法变更的,只有遵循"形式"或者"理念"的引导,才能到达真理的彼岸。在密斯看来,建筑在形而上学中存在一个"原型",这种"原型"仅存在于可知世界,它是建筑的本质,因此人们无法改变它。[1]正是因为如此,密斯才告诉学生,"我希望你们将来会明白,建筑与形式的创造无关"。建筑师的作品主要采用了这些包含本质的形式,就会获得无穷的含义,而不必想尽心思像后现代主义建筑那样涂脂抹粉。建筑的形式是本质的,是先验的,而所谓的装饰就是经验的和外在的,因此必须去掉以防止装饰干扰本质,由此"少就是多"的逻辑发展也就显得很自然。因此密斯的建筑虽然反功能主义,但是他的建筑平面和建筑造型是高度理性主义,比功能主义还要理性得多的超级理性主义。[2]

格罗皮乌斯的包豪斯校舍体现出来的功能主义,就不用多费笔墨。格罗皮乌斯的民主主义情结在几个大师中是最重的,因此他对工业化大生产和建筑装配化、构件化所下力度最深,所花时间最长。就是后来到了美国他还一直在关注建筑工业化并且一直身体力行贯彻建筑标准化。就建筑学来说,建筑标准化对建筑学理论本身的影响并不大,甚至说来,对建筑学或者建筑艺术说是一种不受欢迎的方向,因为标准化的建筑必然要以牺牲建筑艺术和建筑体验为代价。但是,它唯一的好处就是经济和实用。在有限的社会资源情况下,可以最大限度地满足更多人的住房需求,这也不能不说是功德无量的事情。显然,在社会不富裕的情况下,建筑工业化和建筑标准化是有市场的。在社会富足的情况下,住房的多样性更显得人性化些和合理性些。格罗皮乌斯的建筑工业化和标准化显然是针对特定的消费社会而言,但是,他对工业化大生产的响应和参与证明他在德意志制造联盟中所受到的深刻的影响。格罗皮乌斯的建筑标准化也体现了工业社会的消费精神,体现了工业社会的民主精神,体现了工业社会的理性精神。

阿尔托作为世界级的大师,他的最为基本的理念也是功能主义。但是,在这个功能主义基础上,他并没有完全推进功能主义的逻辑,也就是说,建筑风格完全按照理性化和功能化逻辑来控制。在现代主义建筑风格中,把理性化贯彻最为彻底的就是密斯的国际主义风格,但是,密斯建筑的冷漠的外表对人类来说是一种伤害和蔑视。柯布西耶的作品,虽然也讲究功能化,但是在建筑一些细部使用曲线或者装饰性的构件表明在他的建筑设计思维中还有人性的位置。赖特就不用说了,他的建筑细部的装饰图案都是很美和动情的。阿尔托的建筑作品在告诉世人,现代主义建筑的核心本质是理性主义精神和功能主义精神,但是在建筑中没有必要把这种精神贯彻到建筑的每一个局部,应该留一些部位和空间以便容纳一些人性化的处理和情感化的装饰。那种把理性主义精神贯彻到每一个局部的完美主义、纯粹主义和理想主义如密斯,最后因为触怒人性而导致尴尬的失败。这种悲剧性的结果,反而证明了这种纯粹主义的非理性或者反理性,给予世人的印象是一种呆气或者浪漫理想性。这样,你会发现本来很理性的纯粹主义,因为忽视了人性,反而变得非理性和浪漫起来,显示出逻辑上的自相矛盾。逻辑上的悖论把现代主义建筑中的理性主义最终推向了非理性主义。

在阿尔托的建筑思想中,有理性,也有感性(人性、自由或者说非理性)。不过阿尔托的理性是他的整个设计理念的基础,而感性是他的理性主义的建筑观的点缀。在阿尔托的建筑思想中,理性与感性或者理性与自由的内部搭配,应该是一种最为现实的现代主义,是现代主义建筑存在的常态。反过来说,密斯的建筑思想的纯粹性,更多地体现出一种理论上的自我纯粹性,顺从了理论的自我演化的欲望和内在意志,这对人们理解理论的发展和理论构建是有积极意义的。这里也透露出人类的一种无奈,人类的理性(逻辑)可能更喜欢纯粹的和简单的东西,但是人类的天性(感性)却更喜欢多样性和复杂性。

从阿尔托的建筑思想中,人们看到了在后现代主义建筑中占主导地位的自由或者不确定。理性和自由是现代主义建筑和后现代主义的两大组成部分,不过内部的构成比例存在着差别。在现代主义建筑中,理性或确定性占绝大部分的份额,而感性、非理性、不确定性或者自由被挤到了一个角落中。到了后现代主义建筑中,这个比例发生颠覆性的改变,感性、非理性、不确定性或者自由占主导地位,而理性或确定性变成了弱势群体了。

第六章　后现代主义建筑

　　关于后现代主义的研究论文到现在已经很多了,现在再写后现代的论文似乎有些落伍了,但是事实上人们又提不出一个新的主义或者流派来置换后现代主义建筑。对于这种现状,本书认为存在两种情况:一种是后现代主义建筑变得不先锋了,现在建筑主流已经不是后现代主义建筑,至于是什么,无法肯定,反正已经超越了后现代主义建筑,或者采用后现代主义建筑的命名方式,称之为后 – 后现代主义建筑。另外一种说法就是,目前的建筑发展没有一个占主导地位的潮流,或者说这种没有独尊一门的流派,处于百家争鸣的状态。然而,这种百花齐放的现状正是后现代主义建筑的本质特征之一。这样一说,目前建筑界还是处于后现代主义建筑思潮中,而这种思潮的定义范围比以前更加广泛,后现代主义建筑思潮的本质的展开程度比以前更加深邃。本书是持后一种观点,认为当代正是处于后现代主义建筑思潮中。如果这一点能够成立的话,那本书需要做的事情就是把当代百家争鸣的不同流派和风格用后现代主义建筑的框架把它统一起来,以便证明目前的建筑思潮还是处于后现代建筑思潮中。

　　美国作家和建筑家查尔斯·詹克斯(Charles Jencks, 1939–)将这时期的建筑流派分为两大类:后现代主义和晚期现代主义。如果按詹克斯的定义,所谓的晚期现代主义不同于后现代主义建筑,前者是明确的,后者是隐喻或双重译码。但是,如果这样来说,晚期现代主义可以说是属于广义的后现代主义建筑范畴,也是说得通的,因为在时间上是后于现代主义建筑的流派。

　　前面对信息社会的时代特征的论述及哲学、艺术的论证都是从外围证明当代建筑的外部环境已经"不确定化"了。因此本章的任务就是要证明当代建筑思潮本身的"不确定化"。或者说,本章是本书的重点,前面所有的论述都是在为本章做铺垫。

后现代建筑引论

对于后现代主义建筑,本书有一个理论假设。后现代主义建筑的核心是不确定性,而后现代建筑的发展过程就是对不确定性不断深化的过程(图6-01)。也就是说,从美国后现代主义建筑思潮开始到当前建筑思潮,是一个几乎接近线性的认识发展过程。在这个过程中,由开始对不确定性的朦胧感知,到今天的确切性的认识,经历了一个漫长的时间,大约是20世纪60年代至21世纪初的50多年。本章主要把这个过程阐述清楚。当然这只是一个粗糙的轮廓,这样讲是为了方便中心旨意更突出而已[1]。在后面的论述中会把这种局部曲折的回复阐述清楚。

最初的后现代主义建筑思潮源于对密斯的国际风格的反叛,是密斯的国际式风格加速了后现代主义建筑的出现。后现代主义建筑的出现是因为密斯的国际风格的极少主义引起了人性的愤怒,进而导致密斯的建筑成为后现代的靶子。后现代主义建筑反对处于意义危机(crisis of meaning)中密斯的纯净形式和确定而无歧义的外表,但是,事实上密斯的建筑是存在着形而上的意味。对于反对密斯的纯净形式的最初的后现代主义形式就是回到历史中寻找灵感和源泉。作为历史样式的替代品地方特色和俚俗风格也是一个不错的选择。当然,更为重要的

[1]本书的第三章第五节,论述了后现代主义建筑对不确定性的理解,基本上与此节的内容有所重复,不过理论的角度不一样而已,可以参照起来一起阅读。

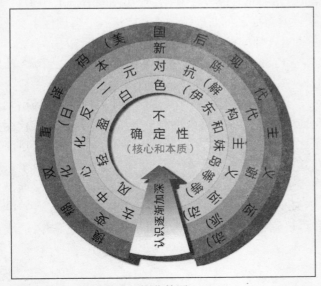

图6-01　不确定性认识深化简图

是,在罗伯特 · 文丘里(Robert Charles Venturi,1925–)那里比回到传统建筑样式及其替代品更有价值的是他对后现代的意义"模糊"的觉知和理解。在这一点上,文丘里的建筑思想上升到一个形而上的层面。在之后的詹克斯那里,发展出所谓的双重译码(Double Coding)或者建筑的隐喻,认为后现代主义建筑风格在于也多限于形式层面的多义性。这种多义性要比文丘里的模糊性更加具体和具有理论指向性。但是,詹克斯的理论降低了文丘里的理论深度。近年来美国以建筑现象学而闻名的霍尔(Steven Holl,1947–)的建筑创作值得关注。英国的斯特林(James Stirling,1926– 1992)的探索更加接近美国的后现代主义建筑的探索。

对于后现代主义建筑,在同时代的日本也搞得轰轰烈烈。在日本后现代主义建筑探索中,新陈代谢派把后现代建筑理论提高到了一个更高的层面。新陈代谢派选用了"变化"作为他们学派的中心意旨。显然,用"变化"来指代信息社会的特征抓住了信息社会的某些时代精神。信息社会这个概念最先是在 1964 年由日本人梅棹忠夫提出来的,日本建筑界在某些方面的理解要超前些也是可以理解的。

在欧洲,后现代建筑似乎姗姗来迟,最为显著的流派就是解构运动。解构主义运动源头其实在美国,在理论成就方面美国似乎不如欧洲的建筑师们。在美国,解构主义运动最为杰出的代表有埃森曼(Peter Eisenman,1932–)和盖里(Frank Owen Gehry,1929–)。在欧洲有皮亚诺(Renzo Piano,1937–)、罗杰斯((Richard Rogers,1933–)、屈米(Bernard Tschumi,1944–)、李伯斯金(Daniel Libeskind,1946–)和哈迪德(Zaha Hadid,1950–)等等。在欧洲,还有意大利的新理性主义也应该属于后现代主义。欧洲其他一些建筑师的探索,像赫尔佐格(Werner Herzog,1950–)、库哈斯(Rem Koolhaas,1944–)、卒姆托(Peter Zumthor,1943–)和西扎(Alvaro Siza,1933–)等等也非常值得关注。

对于当代日本建筑师,本书认为他们对时代的领悟和把握最为深切。他们的源头可以追溯到新陈代谢派。新陈代谢派中的骨干之一菊竹清训(Kiyonori Kikutake,1928–)就是目前日本当代建筑主流的源头。由菊竹清训到伊东丰雄,再由伊东丰雄(Toyo Ito,1941–)到妹岛和世(Kazuyo Sejima,1956–)、西泽立卫(Ryue Nishizawa,1966–)和藤本壮介(Sou Fujimoto,1971–),由妹岛和世再到石上纯也(Junya Ishigami,1974–)等等,形成了一股潮流。

第一节　美国后现代主义建筑

一、引论

为什么后现代主义建筑的第一反应是在美国而不是其他国家或地区，这里面的原因就是现代主义建筑的超级理性主义（国际风格）在美国广泛流行的缘故。后现代主义建筑的导火索是国际式风格，火药就是信息社会的内在要求。点火者就是罗伯特·文丘里。文丘里曾经赢得了美国建筑研究院的奖学金，1954-1956年到罗马美国艺术学院进行了为期两年的研究和学习。徜徉罗马历史古迹，受到无声的熏陶，使得他对密斯的国际风格更为反感，罗马短期研究生涯是把文丘里推到历史前台的一个催化剂。文丘里喊出了"要模糊，不要清晰"的口号，出版了《建筑的复杂性和矛盾性》（1966年），引起了美国先锋建筑知识分子的共鸣。美国建筑师罗伯特·斯坦因（Robert Stein，1939-）从理论上开始整理后现代主义建筑实践和建筑理论。他的《现代古典主义》（Modern Classicism）完整地归纳了后现代主义各种类型和未来的发展方向。而詹克斯在斯坦因的基础上提出了较为完整的后现代主义建筑的理论体系，出版了一系列理论著作，如《现代建筑运动》《后现代建筑语言》（1977年）等。

后现代建筑实践是从文丘里的费城老年人退休公寓（1963年）开始的，1966年他设计了母亲住宅。查尔斯·摩尔（Charles Moore，1925-1993）1974年设计了新奥尔良的"意大利广场"，约翰逊（Phillip Johnson，1906-2005）1978年完成了美国纽约电话电报大厦作为积极响应。格雷夫斯（Michael Graves1934-）在1980年设计了俄勒冈州波特兰市政大楼。

对于路易·康，在美国也是最早且重要的后现代主义建筑大师，他是文丘里的老师，曾经对文丘里产生过重要的影响。在此之后，美国建筑现象学或现象学建筑的代表霍尔的探索也是重要的当代建筑活动，另外近期出现的参数化设计在美国也正在蓬勃发展，出现了像EMERGENT（涌现）设计公司，在设计界显得非常活跃。

二、路易·康的建筑探索[1]

路易·康（Louis Isadore Kahn，1901-1973，图6-02）不

[1]详见：王发堂.路易·康的建筑思想研究[J].建筑师.2010（5）：79-84.

图6-02　路易·康

仅是一位伟大的建筑师,同时也是一位杰出的建筑理论家。康的建筑思想是受到德国著名哲学家胡塞尔(Edmund Husserl,1859—1938))的现象学的影响,"直接面对实事本身"。胡塞尔的学生德国哲学家海德格尔(Martin Heidegger,1889–1976),在此基础上发展出"真理即无蔽"的哲学观点。关键点在于"纯粹意识"。

胡塞尔认为科学、艺术和哲学等等一切文化现象都是建立在人类最原始的意识(流)活动之上。但是由于人类文化的不断累积,反而掩盖了形成当初人类科学、艺术和哲学等等原初的东西,掩盖了人类意识直面"实事本身"或"客观对象"的最初意识或者最初感受,也就妨碍了人类对世界真切的感受。因此为了找回人类最初的意识或者感受,必须把现有的科学、艺术和哲学等等文化知识或者认识悬搁起来或者剥离开来,剩下悬搁不起来的核心就是"纯粹意识"。而这些"纯粹意识"是今天科学世界和日常经验世界的基础,用心智能够直接感受到的原生态的元意识。所谓的"纯粹意识"可直接理解为人类文化未曾形成或形成之初的人类原初感受或体验,也即是当今一切文化得以建构的基础。现象学所要努力的是,排除现有人类文化可能会对事物原来本真状态的干扰,进而想还原出本真的体验。而这种本真的状态,也就是康的建筑哲学和建筑思想上的起点。

康曾经说过:"我爱起点,我更为起点惊叹。"又补充道:"我一再说我经常追求源泉、起点。在我的性格中,总想发现起点。"他曾经在谈到英国史时说:"事实上,我唯一的真正目的是读零卷,那是不曾写出来的(也是无法写出来的东西)。"由此,康透露出他喜欢的不仅仅是起点,而更重要的是起点上"事物处在的实际状态"。换言之,康喜欢的是人类文化或者人类历史形成之前的事物状态。在这个状态中,事物没有受到任何来自于人类文化(因为当时的文化尚未形成)的影响,事物或实事的存在都是以本真的原生态状态而出现。换言之,康的建筑哲学找到了起点上的建筑状态,康心仪建筑文化形成之前的一切;或者可以这样理解,而这又是目前建筑文化形成的基础,他想创造一种新的建筑文化与目前人类建筑文化相抗衡。他的建筑哲学的最大宗旨似乎想穿越人类建筑文明的觉醒所造成的迷障,而直接降落到事物天真无邪的状态中去。

康强调人类文化形成前的事物可能的存在状态,这强烈地表现在他的建筑思想的两个方面上:一个是建筑形式的原始状态,另一个是建筑功能的原始状态。对"式"或说形式的追求目的是为形式寻求它的内在根据;对建筑功能的追问,拆解目前现有建筑功能模式,以便还原出功能模式中被凝固了的原始内在愿望和存在欲望。康的建筑哲学正是从材料的"式"的追问和基于心理分析的功能拷问来展开他的建筑设计和理论研究的，正如在随后的分析中，将会发现这两方面的共性，其实都是"直接面对实事本身"的不同展现形态而已。

（一）形式或"式"的追问

康的"式"（order）或者说形式的概念，是理解康的建筑哲学的重要线索。"式"是指材料的原始形式或者隐含在材料结构中的内部秩序，康认为"式"的根据来源于材料本身，也可以说，"式"就是由材料内在结构特性所决定的，内在于这种材料中的可能形式，对于砖或石材来说，就是券或者穹隆（图6-03）。换言之，对于砖石建筑来说，砖石材料能够形成平面跨度最经济和实用的方式是券。当然也可以用钢筋混凝土梁或者木梁来达到，但这不是砖或石的内在本性或者本真状态，而是外在的。砖石材料可以帆拱或者穹隆的方式来达到空间三维的跨度，这都是来源于砖石材料的本性之中。因此，康才会去询问砖想成为什么？其实就是要求建筑师（或者说康本人）去发现事物（建筑材料）的本真状态。

砖石的内在愿望，康发现了，罗马人也发现了，后来中世纪的人也发现了。罗马人发展了半圆拱券结构，而中世纪发展了双尖券结构，在历史上分别形成古罗马建筑风格和哥特式建筑风格。但是康似乎对古罗马建筑和哥特式建筑都采取了冷漠的态度。他撇开人类历史上千辛万苦发展累积起来的砖石建筑文化和典型的符号，试图穿越历史的迷雾，去发现或者挖掘砖石建筑结构的新语言，追求它的原始的内在形式。就本文理解来说，

图6-03　孟加拉国达卡国民议会厅

康在尽力排除对历史样式的利用,试图躲闪或者绕过西方砖石建筑的历史形式的积淀,刻意表现出对历史形式的疏离,而去询问砖石结构的原始形式。康的这种形式的原始诉求,就存在着一个他也许没有意识到的难度。砖石建筑结构在历史上经过充分的发展,已经形成了砖石建筑的历史积淀即古罗马的半圆拱券结构和中世纪的哥特式尖券和骨架券。而且作为人类对砖石结构的摸索成果,应该是充分地挖掘出了建筑材料的潜能,是对建筑材料内在秩序的一个正确的理解。现在康由于他的建筑思想迫使他舍弃历史上成功的传统样式,重新回到起点上探索砖石建筑的可能的形式,更准确地说,康只能游走在历史形式和基本形体的边缘。当然,康试图对砖石的内在性能研究中,发展出新的全新的"路易 · 康式"的形式,这显然是很困难的。

当然,对于康的建筑形式的探索,可以把欧洲大陆以罗西和博塔为代表的新理性主义对基本形式的研究作为参照物。新理性主义追求的建筑形式的基本几何形式如方、圆等等,而这些形式与砖石结构没有内在必然的关联性,这些基本几何形式适合于任何材料的建筑,比如木结构建筑或者钢筋混凝土建筑。在新理性主义看来,这些基本几何形式更像是人类文化的一部分,是建筑形式的基本"元形式",是构成当代建筑形式的基本原材料。博塔强调这些基本几何形式来自于祖先眼中的曾经感受过的几何秩序,比康多了一份历史感。博塔的这种想法可以追溯到之前欧洲盛行的荣格的"集体无意识"和 20 世纪初的理性主义哲学思潮影响,而不是胡塞尔的现象学。也就是说,博塔所强调的历史感正是康所反对的,即使博塔称康是老师,也不能抹掉他们之间的差异,或者说博塔误读了康。应该清楚地认识到,即使同样的一个圆,给人的直观的感觉是一样的,但是在博塔眼中是历史的遗产,而康认为是原初的意识感觉,没有丁点历史的抹痕。康的建筑创作,一方面要把形式的根据建立在材料的本性之上,另一方面又要躲闪历史上曾经存在过的样式的干扰,这在很大程度上制约了康的建筑创作,表现在他的建筑形式的孤傲绝尘,难以产生亲切感。在某种程度上来说,他的大多数的建筑外在形式缺乏某种形式上的优美感,虽然这种不足是通过他的建筑形式后面的意义或者深度获得了支撑和弥补,托住了他的建筑形式而不致使之走向丑陋,流于浅薄。

（二）功能的原始追问

建筑物的功能其实就是人类活动以某种关系组成的一系列活动的称呼。康对建筑的功能就是这样消解的:他认为建筑的使用就是基于对使用者微妙的心理活动的分析,以此作为设计的起点(图 6-04)。在谈到男性青年俱乐部的设计时,就是基于一位使用者的心理分析而展开的。对大学图书馆的设计也是基于人性的分析，甚至提到图书馆的阅览室的一个功能就是男孩子会会女孩子的地方。从这里，可以看出康抛弃了通常的功能模式分析操作（这本身成为一种文化，从而对人类活动的原初意向的屏蔽，掩盖原始意识的感受）。抛开了当代建筑学的功能分析的历史成果，直接到人类的意识层面或者心理层面去寻求创作的灵感。因此，在这方面，康也是反历史的，采用了现象学"还原"方法来绕过目前业已形成的功能模式作为起点来展开研究和设计的。

这种对目前建筑设计功能模式的消解，称之为功能的"不确定性"，或者说，对于某种类型的建筑设计，不能根据所谓的抽象的功能模式来设计，而是应该考虑不同业主的需求，重新组织功能，以便满足特定甲方的需求。打个比方，对于别墅设计，不同的甲方有不同别墅设想，而且不同业主的别墅设想可能千差万别，因此无法用抽象的现代主义的建筑设计基本理论即所谓的功能模式分析来以不变应万变，别墅设计的功能单位有起居厅、客厅、卧室、餐厅、厨房和卫生间等等，目前的大多数别墅设计的实质就是把这些功能单元秩序化而已。对于这些功能单位的形成是很多建筑师建筑设计实践总结的产物，已经形成并且作为建筑文化的一个组成部分。而康首先对这些功能单位进行质疑或者不信任，如此，如果康不想使他的功能布置任意化，那么康就得为自己的功能布置与设计寻找根据。就像在上述形式层面排除了历史样式，康不得不为自己的形式寻找一个依据，即材料的内在本性，否则流于虚无主义。众所周知，所谓的功能单元如别墅中的起居厅、客厅、卧室、餐厅、厨房和卫生间等等，都

图 6-04 索克大学研究所

是以某个时代中的大多数人的生活方式的相似性进行组团后而形成的功能实体,而这些大多数人的生活方式是建立在以某个时代中的大多数人的普遍想法和基本欲求作为前提。因此,康同样把他的功能依据追溯到了功能模式形成之前基础上去,也就是说直接跨过目前已定型的功能模式,而把人的心理和欲望作为他的建筑创作的功能分析基础。由这里可以看出,康越过业已成熟的形成文化形态的功能模式,直接把自己的根据建立在功能模式的原始基础上,这就与他在建筑形式设计试图绕过业已形成建筑传统的罗马半圆拱券和哥特尖券的建筑文化一样,把自己的形式依据追溯到这些建筑传统的原初意识基础上去了。显然,也可以看出康在功能追问和形式追问的同构性,也就是说,康的建筑哲学体系的前后是一致的。

在当代建筑师中,库哈斯、伊东丰雄、妹岛和世和西泽立卫等等都意识到并且发挥了功能的不确定性。库哈斯在 1972 年写作《疯狂的纽约》时,也意识到浮夸的纽约建筑形式与建筑内在功能关系的疯狂脱节,使得库哈斯认识到"形式跟随功能"的错误,从而把建筑形式从建筑功能中解救出来了。对于功能的分析,库哈斯是从宏观层面,对现有的功能单元进行破解,进行重新组合而已。功能"不确定性"消解了"形式跟随功能"的现代主义设计方法,后现代主义大师们必然要重新为建筑设计寻找一个理论基础,这就是用人的基本欲求和日常需求的分析,来代替过去的功能分析。妹岛和世与西泽立卫先是设想在一幢建筑中发生的日常生活行为。与一般功能分析不同的是,功能主义分析者会把建筑中发生的所有的活动归结为不同的功能单元,然后把这些功能关系进行分类和组团:即按一定的标准,如动静等等进行归类,然后进行重新组合。因此,这样建筑功能就显得很全面(面面俱到)和抽象(呆板),也即失去了活力。因为不同的业主的不同的性格或喜好等等都被一元化(确定化)或者抽象化,这种确定性思想无法满足人们内心中多元的和不同的欲望,无法激励个性化和多元化。

从这个意义上,康的功能思考与当代先锋建筑大师们的设计策略是一致的,也就是说,当别的建筑大师们还在现代主义建筑的框架下进行建筑设计时,康已经非常超前地在使用着当代先锋建筑师的功能"不确定性"的设计思路了。

总的来说,康在建筑历史上的开拓性和先锋性是毋庸置疑的。康的功能的追问,其实已经表明他已经触摸到广义后现代主义的核心,即功能的"不确定性",要求打破所谓的现代主义的整体性和确定感。现代主义为了强化这种确定性硬是生造出一个"形式跟随功能"的原理,早在上个世纪中叶就受到密斯的攻击。但是,康在形式的追问中,也是在为建筑形式寻找一个确定性的根据,不过他找到了材料的内在性能。也就是说,康在建筑形式研究中期望寻找到一个确定性的根据,这与他在功能追问中的"不确定性"是牴牾的,他的这种建筑的"形式的确定性"的根据与现代主义的"形式跟随功能"的原理是一致的。或者可以这样说,康是半个后现代主义者,他没有能够像后来的后现代主义大师们那样,把后现代主义的不确定性贯彻那样清晰和彻底。

三、美国早期后现代主义建筑探索

　　康在年龄上与第二代大师差不多,但他却在孤独地进行后现代建筑实践。虽然不能把他算是美国后现代主义建筑先锋的鼻祖。但就文丘里曾在康的事务所工作和学习过并受到他的影响而言,称他为后现代主义建筑先驱应该不为过。

(一)美国早期后现代主义建筑理论探索

　　文丘里(Robert Charles Venturi,1925–,图6–05)与詹克斯(Charles Jencks,1939–,图6–06)同为后现代主义建筑界的吹鼓手,文丘里采用的方式非常低调和谦逊,与詹克斯喜欢张扬的个性显得大为不同。詹克斯为了吸引眼球,制造出现代主义建筑死亡事件。文丘里的低调更反映出一个建筑家的务实精神。

　　文丘里是后现代主义建筑的鼻祖和理论奠基人,他的理论深度与后来的詹克斯的理论深度相比不会逊色,而詹克斯的理论表达可能更合规范,更加符合学术体系的建设模式。即使是取得如此之大的成就,文丘里还是非常谦让,说他的理论早在20世纪40年代就有人提出过,自己不过很幸运地获到如此名誉。自己不过是写了两本与后现代主义建筑思潮相关的书(即《建筑的复杂性与矛盾性》和《向拉斯维加斯学习》)而已。而且他对待现代主义建筑的态度也非常理性,认为不是后现代主义建筑取代现代主义建筑,而是与之共存,相互补充[1]。从《建筑的复杂性与矛盾性》中经常列举柯布西耶和阿尔托的建筑作品作为例子表明了他的态度是指向密斯的超级理性主义,而不是柯布西耶式的现代主义。

　　《建筑的复杂性与矛盾性》开门见山地指出:"我喜欢基本要素混杂而不要'纯粹',折衷而不要'干净',扭曲而不要'直率',含糊而不要'分明'……。我主张杂乱而有活力胜过明显的统一。我同意不根据前提的推论并赞成二元论。"[2]文丘里认为"意义简明不如丰富",喜欢"两者兼顾"超过"非此即彼"。建筑的复杂性并不是指"杂乱无章",是一种"混沌",不是所谓一元论的那种逻辑上的纯粹,而是二元论中逻辑上的冲突而产

[1]薛恩伦,李道增.后现代主义建筑20讲[M].上海:上海社会科学出版社,2005:6.
[2][美]文丘里.建筑复杂性与矛盾性[M].周卜颐译.北京:中国建筑工业出版社,1991:1.

图6–05　文丘里

图6–06　詹克斯

[1] 之所以说是未完成的，因为二元论总是让人感觉二或多元，人们从心理上总是期望还要再次演绎，从逻辑上消解为一元，进而最终成为完整的理论体系。这种心理在视觉艺术中，就是格式塔心理学的具体表现。因此文丘里的建筑理论在整体上是反格式塔心理学的（参见《建筑复杂性与矛盾性》第 105 页，但是文丘里认为他的理论建立在格式塔心理学基础上），而不是建立在其基础上的。虽然在《建筑的复杂性和矛盾性》中提到格式塔心理学运用，这是用格式塔心理学论证他的局部理论，参见《建筑的复杂性与矛盾性》第 32,82 页。

[2] [美]文丘里. 建筑的复杂性与矛盾性[M]. 周卜颐译. 北京：中国建筑工业出版社，1991：2.

[3] [美]贝斯特·科尔纳. 后现代转向[M]. 陈刚译. 南京：南京大学出版社，1991：193.

生内在理论上的张力。二元论在理论上总是灰不溜秋，如笛卡尔的"身心二元论"，最终在理论体系上无法自圆其说。而文丘里期望矛盾着的混沌的元素最终产生一种总体的复杂性的建筑艺术，一种"未完成"的建筑艺术状态[1]。后现代主义建筑的魅力来自于这种"意义的模糊"或者说"意义的冗陈"和"对困难的总体负责"（图 6-07）。文丘里认为"多并不是少"，也就是说多不能简化成少。"对困难的总体负责"很拗口，其要表达的意思就是对总体负责其实很困难，不如就让矛盾并存而处于混沌中。这种"复杂和矛盾的建筑"在"困难的总体"（the difficulty unity of inclusion）中有自己的含义（即不协调性和相互冲突性），让这种"兼容的困难"原封不动地展现出来，同时也不排斥其他的容易的统一（the easy unity of exclusion）[2][3]。

文丘里的第一部专业著作《建筑的复杂性与矛盾性》，正如 V. 施柯莱在序言中所说，是与柯布西耶的《走向新建筑》在历史上遥相呼应。显然，不能说《建筑的复杂性与矛盾性》是对《走向新建筑》的颠覆，至少在文丘里看来应该是对《走向新建筑》的补充和完善。文丘里的建筑矛盾性是以文学作品艺术包括诗歌的评论为比附展开的。或者说，以文学艺术美学标准来套用建筑艺术标准，自然有不足点，最大的区别是文学艺术品无功能性、结构性和经济性限制以及客户的私人要求，而建筑艺术则必

图 6-07　母亲的住宅

须考虑这些要素。这样自然带来了一些建筑艺术上的特殊性，而这些因素的考虑必然会使文丘里的后现代主义建筑理论更加精致和实用。

如果说，1966年出版的《建筑的复杂性与矛盾性》像一个宣言奠定后现代主义建筑的理论大纲的话，在1972年出版的《向拉斯维加斯学习》就是在这个大纲的基础上做一些精细化或者说细致化的工作。《建筑的复杂性与矛盾性》主旨就是对"困难的总体"的接受，而《向拉斯维加斯学习》则开始研究建筑形式的符号学，通过象征主义等手法来揭示形式意义的多重性。文丘里认为如果建筑具有历史风格的外衣，可以唤起人们的某些联想和历史的隐喻，以传达如历史层面、社会层面的或者纯视觉层面多重的意义，让意义丰富起来，进而变得"不确定"了，处于模糊中，任凭受众的随意解读和鉴赏。

从逻辑上来讲，文丘里的思想发展，由总到分，即后现代主义建筑的意义"不确定性"到形式的不确定性。他的研究思路却决定了后来的美国后现代主义建筑的走向。后来的斯坦因在《后现代运动之后》把后现代主义建筑理论归结为文脉化（Contextualism）、隐喻化（Allusionism）和装饰化（Ornamentation）。詹克斯在《后现代建筑语言》中则把后现代建筑简化成信息交流的符号，显然这是受到结构主义影响的缘故。

詹克斯在《后现代建筑语言》中把建筑艺术当作语言来比附和研究，相对于文丘里建筑符号学的研究，把范围进一步缩小了。本书认为，相对于后现代主义建筑艺术的研究用同属于视觉层面的符号要比抽象的语言可能更合适些。也就是说，詹克斯的《后现代建筑语言》已经把美国后现代主义建筑研究带入到某种误区或者歧途上去了。在文丘里那里，后现代主义建筑理论中还存在自身理论活力即模糊性和不确定性，在理论深度上已经上升到形而上的哲学层面。虽然后来《向拉斯维加斯学习》转向视觉符号学层面的解读，但是对于拥有《建筑的复杂性与矛盾性》理论基础的文丘里来说，是一种深化。而对没有一个坚实的理论前提的詹克斯来说，把后现代主义建筑研究拉向语言学层面的研究，是一种简化，因为他抛弃了文丘里形而上学层面的理论深度。

在《后现代建筑语言》中，詹克斯把后现代主义建筑交流模式分为隐喻、词汇、句法和语义学，这样后现代主义建筑在詹克斯手里缩水为结构主义的语言学研究。后现代主义建筑理论基础就剩下"建筑是一种可交流的语言"或者"双重译码"，像文丘里的"困难的整体"的建筑整体性规定消失了，建筑的模糊性与矛盾性也没有了，只剩下局部造型意义的多重性[1]。从某种

[1]詹克斯依据的理论就是结构主义。一般而言，结构主义是20世纪下半叶哲学思潮，后来被广泛地常用来分析语言、人类学与文化的社会现象。结构主义与现象学一样，可被看作是一种观察问题和研究现象的普适性的思维模式。广泛来说，结构主义语言学强调（先验）整体性和共时性，认为语言符号可以分为能指者和所指者。显然詹克斯抛弃了先验结构性或整体性，而把语言符号的能指者和所指者在建筑理论中变身为双重译码。

[1] 沈语冰在《20世纪艺术批评》中，谈到了对詹克斯的后现代建筑思想的研究和评论，在当今学术界应该也是独树一帜。参见：沈语冰. 20世纪艺术批评[M]. 杭州：中国美术学院出版社，2003：第7章.

[2] 詹克斯批判后工业社会的大集团（跨国公司）和大的建筑物，认为这种工业化的高度集中是对后现代思潮最大的威胁。后现代主义建筑就是要与这种现象隔离开来，避免意义的单一性，保存后现代性的异质性，从而保证自身的意义双重码的前提。但是，事实上詹克斯没有看到后现代主义运动的个性化，在时间跨度上缩小化，来获取意义的异质性（即时间上的多样化），而不仅仅是空间上的异质性。这就是说，在后现代社会中，大多数人在某一段时间内（在同一空间中口味还是有单调性）拥有相同的品味（比如苹果手机 iphone），但是这种喜欢在时间上维持很短，需要更新的机型来满足人的喜新厌旧，所谓时间战胜空间。西方流行的"五分钟明星"就是这个意思。显然詹克斯没有看到时间上的异质性或多样性，而过分强调空间异质性或多样性。或者说，詹克斯没有看到文化上后现代思潮中发展的不确定性而带来的意义的异质性或多样化。不过，要看到詹克斯写《后现代建筑语言》的时间是1977年，文化上后现代思潮展示并不是很明朗。可以参见第一章第三节中 1.3.2.2.〔美〕詹克斯. 后现代建筑语言[M]. 李大夏译. 北京：中国建筑工业出版社，1986：18—21.

[3] 罗小未. 外国近现代建筑史[M]. 北京：中国建筑工业出版社，2004：338.

[4] 王受之. 世界现代建筑史[M]. 北京：中国建筑工业出版社，1999：319—320.

意义上来讲，詹克斯的后现代主义建筑研究窒息了当初文丘里理论所具有的活力，从而把美国后现代主义建筑庸俗化了，最终使后现代主义建筑创作成为一种满足视觉交流的纯（语言）形式操作。如此一来，美国后现代主义建筑创作必然路越走越窄，越走越死，最终窒息或决定了后现代主义在美国的发展空间。

显然詹克斯对文化上后现代主义思潮或运动的理解基本上不到位[1]，他把商业主义、消费主义和享乐主义看作是后现代主义建筑的对立面单调性而批判，寻求所谓的异质性。所谓的商业主义、标准化生产、消费主义和享乐主义正是文化上后现代主义主要特征之一，这样的理解必然给他的后现代主义建筑语言蒙上一层阴影[2]。

罗伯特·斯特恩（Robert Stern, 1939– ），虽然在理论研究上大名鼎鼎。但是与其说他是个建筑学者，不如说他是一个建筑师，在这点上与文丘里颇为相似。斯坦因认为后现代主义建筑应该是联想的（Associational）和感觉的（Perceptional），应该立足于人性中，可以从两个层面展开，一是借用古典样式（偷懒的办法），另一是赋予形式以新的含义，以折衷的方式把他们结合起来[3]。虽然号称是后现代主义理论健将，但是他的作品却相当现代，他的建筑作品都有现代主义建筑的直线的、方盒子的品质。斯特恩把古典建筑风格与现代主义建筑母题有机地组合起来，形成自己独特的建筑风格。与文丘里不同的是，他对现代主义建筑赞赏，把现代主义和后现代主义看作为一个整体而不是截然分开的两块，他要用后现代主义或者传统风格来填补现代主义的反历史性和反装饰性，用传统装饰来消弭现代与后现代，现代与传统之间的鸿沟[4]。基于此，美国圣母玛利亚大学授予斯特恩2011年"理查德–德赖豪斯奖"，以表彰他在这方面的杰出的贡献。

如果把美国早期后现代主义运动与康相比较，可以发现康极力避免的历史或俚俗传统样式，却是美国后现代主义所强调的。美国人把康看作是美国后现代主义先驱，在后现代主义早期还是成立的，因为文丘里提倡的"要模糊、不要清晰"的理念中"模糊"和所谓"双重译码"等等与康的功能的"不确定性"有着相同的逻辑。也就是说，在美国后现代主义的初期还蕴藏有"不确定性"智慧，而后期的美国后现代主义者所关心的主要是装饰、象征、隐喻和传统或历史等等，忘记了当初反对现代主义的初衷，逐渐疏远了"不确定性"，而又回到了"确定性"。

总的来说，早期后现代主义的理论家中，文丘里的理论最为接近后现代性思潮的不确定性。之后随着后现代主义在美国的展开，这种蕴含在后现代主义建筑运动的内在精神慢慢被遗忘或者说消耗殆尽,最终变成了一种纯形式操作,背离了后现代思潮本身的宗旨。或者说后来的美国后现代主义建筑运动褪尽"不确定性"的活力而演变为"拼凑的现代主义",仅剩双重译码这个后现代思潮的基因了。

（二）美国早期后现代建筑的实践探索

在后现代的探索中,文丘里作为旗手,可以追溯到20世纪50年代甚至更早他在读大学期间。文丘里在读大学期间,就提出了"少就是烦"来对抗密斯的"少就是多"。《建筑的复杂性与矛盾性》写于20世纪50年代。他的早期作品之一,1960年设计的北宾州访问护士学会（North Penn.Visiting Nurses Association）就在探索将古典建筑的某些元素进行简化并抽象为某种符号,在建筑中加以装饰以隐喻为"能指"。1963年设计的费城老年人公寓（图6-08）,以诙谐的天线作为装饰,也是颇有个性。当然最出名的就是"栗树山母亲住宅"（图6-07）,1966年落成。

这座建筑规模小,造价经济,功能也并不复杂,但是从外部造型到内都布局充满了矛盾性。其一,建筑平面内部功能空间的矛盾拼凑,平面功能空间相互叠压最后造成房间的异形(图6-09)。其二,建筑性格(外)与建筑功能(内)的矛盾。作为居家休闲的功能体,在外部造型上的庄严的象征符号与对称山墙

图6-08 费城老年人公寓

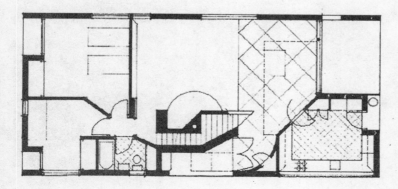

图6-09 母亲住宅平面

图 6-10　摩尔

的构图,弄得像个公共建筑一样严肃。文丘里自称是"设计了一个大尺度的小住宅"。其三,外部造型诙谐和调侃。建筑的立面强调对称,却在细部上玩弄小花样,严肃中折射出戏谑。

　　母亲住宅建成后在建筑界引起极大关注,山墙中央裂开的构图处理被称作"破山花",这种处理一度成为"后现代建筑"的符号,还被约翰逊作为典故在纽约电报电话大楼中引用。文丘里的母亲住宅与《建筑的复杂性与矛盾性》相互印证,作为理论与实践统一体载入了后现代建筑史册,1989 年文丘里被美国建筑师学会授予 25 年成就奖。

　　查尔斯 · 摩尔(图 6-10)1973 年设计了美国新奥尔良意大利广场(图 6-11)。意大利广场中心部分开敞,一侧有祭台,祭台两侧有数条弧形的由柱子与檐部组成的单片"柱廊",前后错落,高低不等。这些"柱廊"上的柱子分别采用不同的罗马柱式,祭台带有拱券,下部台阶呈不规则形,前面有一片浅水池,池中是石块组成的意大利地图模型。新奥尔良广场中设置了一些作品,一系列弧形的墙面,高高低低地排列着,好像舞台布景。

　　意大利广场采用了后现代主义代表的"拼贴"手法,正如摩尔所说,这是一个探索历史记忆的建筑,在其中甚至穿插了他设计的拟人形态(Anthropomorphic Forms)的建筑或构件。建筑师将古典柱式加以引用和变形,并漆上光亮的颜色,如黄色或者橙红色等,还有些柱子或柱头是用闪亮的不锈钢包裹起来的。喷泉

图 6-11　新奥尔良意大利广场

的水在层层叠叠的广场地面上倾泻奔流着,发出汩汩的响声,额枋底下有时也有水流喷射而出,形成一个个流动的水柱。最滑稽的是,据说摩尔将自己的头像放到柱子上做喷水口的装饰。

另外一位值得一提的就是约翰逊(Phillip Johnson,1906–2005,图 6–12),第一届普利策建筑奖获得者。埃森曼称约翰逊为美国建筑界的"教父"。他是现代主义建筑运动的先锋,也是后现代主义的一面旗帜。他的建筑风格之广让人惊异,他的创作从来都没有局限在某一种风格或流派中。他是建筑界非原创的变色龙。这样给他带来褒贬不一的评价,或者说神人兼半。约翰逊早年改行学建筑,师从格罗皮乌斯,却受密斯的巨大影响。后与密斯合作设计西格拉姆大厦,并不遗余力推崇国际式风格建筑。经过一段时间的沉寂后,摇身一变成为后现代主义的旗手。1984 年落成的美国纽约电报电话大楼把他推向风口浪尖。当该大楼首次出现在公众面前时,引发了褒贬不一的激烈评论。重要的是,在国际主义风格垄断的摩天大楼中,美国纽约电报电话大

图 6–12 约翰逊

图 6–13 美国纽约电报电话大楼

楼出现意味着一种重大建筑形式创新。

美国纽约电报电话大楼(图6-13),又称AT&T电报大楼,后现代主义建筑的重要里程碑之一。该建筑用了13000吨磨光花岗岩做饰面,在建筑的前部沿麦迪逊(MADISON)街布置了高耸的拱券和柱廊,形成了60英尺高的有顶步行道,建筑后部与大街平行有一条玻璃顶棚采光的廊子和三层通高建筑。建筑主体37层,分成三段,顶部是一个三角形山墙,中央上部形成一个圆形凹口,加强了建筑的对称性和古典性,基座高达120英尺,中间有一个100英尺的拱券墙和窗户的比例参照了曼哈顿其它的摩天大楼的风格。

美国电报电话公司大楼一反现代主义和国际主义的风格,传统材料的贴面,借用古典的拱券,顶部采用三角山墙,并采用具有一定游戏成分的在三角山墙中部开一个圆形缺口的方式。该建筑基本上是后现代主义建筑风格的样品:现代主义和装饰风格的结合,拼贴式的混合各种古典建筑形式,甚至调侃式搬用了文丘里的破山花。

格雷夫斯(Michael Graves,1934-,图6-14)也是奠定后现代主义建筑设计的重要建筑师,同时也是一位工业设计师。格

图6-14 格雷夫斯

图6-15 波特兰市政大楼

雷夫斯先后在俄亥俄州的辛辛那提大学和哈佛大学获学士和硕士学位。而后,他进入意大利罗马美国艺术学院深造,获得罗马大奖和布鲁诺奖学金。他讲究装饰的丰富、色彩的丰富以及历史风格的折衷表现,许多设计都被视为后现代主义代表性的作品,综合了建筑师、设计师和画家的多重技艺。

格雷夫斯首先以一种色彩斑驳、构图稚拙的建筑绘画,而不是以其建筑设计作品在公众中获得了最初的声誉。格雷夫斯的建筑创作是他的绘画作品的继续与发展,充满着色块的堆砌,犹如大笔涂抹的舞台布景。他的代表作品有波特兰市政大楼和佛罗里达天鹅饭店,这两座建筑都是后现代主义的代表作。

俄勒冈州波特兰市政大楼(图6-15),1980～1982年设计。建筑呈方墩型,高15层,建筑物的下部设计成基座形式,基座饰以灰绿色的陶瓷面砖和粗壮的柱列构成。上部主体施以奶黄色,立面中隐喻的壁柱与拱心石等等堆砌显然是一种拼凑式的后现代设计手法。该建筑与美国纽约电报电话大楼一样,重新改写公众眼中的市政建筑固有形象。因此,约翰逊特意站出来,高度赞扬该建筑大胆采用各种古典装饰动机,建筑师对古典建筑的基本语汇随意调遣,为建筑界摆脱国际风格的限制,走向多元化的装饰主义指明了一个方向。

第二节　日本新陈代谢派与后现代建筑

1960年在日本东京召开世界设计大会,这不仅是日本设计界的重要时刻,也是日本建筑界引起欧美重视的一年。在这届大会上,在丹下健三(Kenzo Tange,1913-2005)的影响下,由建筑师黑川纪章(Kisho Kurokawa,1934-2007)、菊竹清训(Kiyonori Kikutake,1928-)和评论家川添登(Noboru Kawazoe,1926-)等组建"新陈代谢"(Metabolism)之后,随后建筑师大高正人(Masato Otaka,1923-)和桢文彦(Fumihiko Maki,1928-)也加入到这一运动中。

一、新陈代谢派的主旨

新陈代谢派是将生物学上的种群进化论和个体生命过程论引入到建筑设计与城市规划中来,向后工业时代的信息技术革命提出挑战,宣告建筑新时代的到来[1]。新陈代谢派犹如建筑界的引擎,把活力注入到了日本建筑界,把日本建筑理论水平和建筑实践拉升到了一个与欧美建筑界同步的水平。从此以后,

[1]郑时龄,薛密.黑川纪章[M].北京:中国建筑工业出版社,1997:3.

[1] 罗小未,主编.外国近现代建筑史[M].北京:中国建筑工业出版社,2004:281.

[2] 马国馨.丹下健三[M].北京:中国建筑工业出版社,1993,358.

[3] "这种信息化的过程是由信息处理及其交流技术,电子计算机技术和信息技术的飞跃发展而带来的现代状况。这种生产技术的革命给人类社会很大的冲击,并继续变革着具有很强力量的人和人、人和物质以及人和自然的关系。人们把它称为第二次产业革命。"参见:马国馨.丹下健三[M].北京:中国建筑工业出版社,1993,363.

[4] 马国馨.丹下健三[M].北京:中国建筑工业出版社,1993,363.

[5] 当然,众所周知,新陈代谢的观念也不是天外来风,在日本传统中自古有之,最明显的就是伊势神宫的替造制度。黑川纪章认为,佛教的"无常"反映在建筑中就是建筑与城市的不断变化,导致建筑与城市结构开放性。参见:郑时龄,薛密.黑川纪章[M].北京:中国建筑工业出版社,1997:20.

[6] 矶崎新(Arata Isozaki,1931–)的手法主义建筑,充满隐喻和寓意,关注建筑人文主义的意义研究,这与新陈代谢派的技术至上存在着一定的差距。矶崎新宣称他与新陈代谢派运动的成员不是一路人。但是,矶崎新也与新陈代谢派成员一样,从技术层面对未来的建筑与城市作了差不多的畅想蓝图,如"交接芯体"方案。但是,矶崎新坚持认为除非技术能够强化它的美学旨趣,如果本末倒置,作为技术的手段变为了目的,这是他无法接受的。参见:邱秀文.矶崎新[M].北京:中国建筑工业出版社,1992:9–14.

[7] 郑时龄,薛密.黑川纪章[M].北京:中国建筑工业出版社,1997:5.

日本建筑界就不仅仅是消费者,而是与欧美建筑界一道成为了建筑理论的生产者。

新陈代谢派运动的时代背景,可以用丹下健三(图 6–16)1959 年的一番话来做说明。丹下说:"在向现实的挑战中,我们必须准备要为一个正在来临的时代而斗争,这个时代必须以新型的工业革命为特征……,在不久的将来,第二次工业技术革命将改变整个社会。"[1]丹下在讲话中,意识到一个新时代的来临。他说:"现代文明社会结束了农业社会,进入了工业社会,还要进入信息社会。"[2]之后又紧接着说,"现代文明社会现在可以说进入了信息化过程"[3]。显然,丹下的第二次工业技术革命或产业革命就是信息革命。[4]这个新时代就是指信息社会。也就是说,以丹下为首的新陈代谢派意识到信息社会的特征,并把这种特征作为新陈代谢派的基本主张:强调建筑和城市与有机体的生命一样,有其生长、更新与衰亡的过程[5]。这是把"变化"当作信息社会的特征,当作新陈代谢派的核心理念。但是,他们试图用技术来应对这种变化,企图用工业技术(即工业社会的手段)去解决信息社会存在的问题[6]。

与丹下的第一次和第二次工业革命相对应,黑川纪章(图 6–17)把它们分为机器原理时代和生命原理时代。按照黑川的思路,20 世纪是柯布西耶的住房机器的时代,那么接下来的就是生命原理时代。因此,他说:"1959 年我发动新陈代谢运动。我有意识地选择了新陈代谢、变生、共生等术语和关键词,因为他们是生命原理中的词汇。"[7]黑川他们的野心由此略见一斑,他们想成为柯布西耶那样的建筑先锋而成为生命原理时代的执牛耳者。在黑川看来,机器原理时代是工业化时代,建筑上属于

图 6–16 丹下健三

图 6–17 黑川纪章

人文主义时代,而生命原理时代是信息化社会,重视环境和生态的时代,建筑上属于一个符号抽象化的时代。黑川认为,生命原理时代的生物多样化(之后他引申为文化的多样性)与机器原理时代的均质化、标准化和普遍性形成鲜明的对比。"生命的多样性就是基因的多样性。差异恰恰就是生命的证明。正是这些差异创造了意味。"[1]生命多样性的存在表明了生物的差异性,差异则产生了(多重)意味或者意义。黑川进而论证抽象符号的多重意义,这基本上与美国的后现代主义建筑的"双重译码"相类似[2]。

显然,从今天来看,在如何解决信息社会的问题方法对策上,用技术作为手段不能说错,但至少没有找准时代精神的关键点。因为变化可以有很多形式可以理解,如新陈代谢理解的变化主要从使用的或者实用的角度来展开的,即建筑能够适应今后使用的调整,上面讨论过的美国后现代主义运动从精神层面或者视觉文化层面把变化理解为双重译码。当然,新陈代谢派出现这种理解的偏差的原因主要在于其思想的超前性。当时信息时代特征的展现并不是非常充分,人们不能够一下子抓住问题的核心也是非常正常的。也就是说,他们意识到"不确定性"的问题所在,但是却找不到正确的解决方法和对策。"新陈代谢派"的主张的实质性问题(即对信息社会特征的认识问题)只有到了伊东丰雄那里才被真正地认识清楚了。"新陈代谢派"虽然自己在历史上没有结下什么硕果,但它的历史意义在于,它为后来的建筑家的思考信息社会提供了一个线索和理论入口,为后来的日本建筑发展提供了思想基础和人才储备,为当代日本建筑界的后来的发展提供了强大的后劲。

新陈代谢派一直延续到20世纪70年中期。1970年的大阪世界博览会是日本建筑界的一个重要时刻,它标志着新陈代谢运动达到历史的巅峰并开始衰退。这也是标志着丹下时代的结束和他的弟子崛起的历史时刻。黑川纪章的"70博览会主体馆"和菊竹清训(图6-18)的"70博览会塔楼"都是新陈代谢运动的佳作。1975年的"冲绳海洋博览会"作为新陈代谢运动的最后辉煌,在此之后,除了菊竹清训还在进行新陈代谢运动的实践之外,新陈代谢派已经永远成为了历史[3]。

二、新陈代谢派的实践

1960年东京召开世界设计大会,丹下健三都市建筑设计研究所推出了《东京规划案》。以"信息与交流网络"为基础的东京规划,源于丹下对有机体成长的研究和探索。根据对有机体的生长模式方式的研究,提出了模拟有机体成长方式的东京规

[1]郑时龄,薛密.黑川纪章[M].北京:中国建筑工业出版社,1997:6.

[2]另外,黑川认为作为基本几何体和基本几何形的抽象符号,在历史上有着内在的意义,如同博塔的新理性主义一样,进而赋予这些基本形体或其变体以深层寓意。基于此,黑川在他的建筑作品中大量运用基本形体或其变体。矶崎新对基本几何形体也非常喜欢,他认为:"在组合结构中嵌入纯净形式可以表现建筑物从它环境中和人类从凡尘世界中超脱和异化的状态。"他认为基本几何形体的深层结构是绝对中性的,其意义基本上丧失殆尽。这样来说,基本形体或符号的意义可以分为两层:一层是表层意义,另一层是深层意义。深层意义就是指基本形体在历史中被赋予的意义本身。而表层意义主要是指基本形体或符号所代表意义的类型或者指向。比如中国的坡屋顶符号深层含义代表封建等级,表层含义就是中国的符号,另外比如矶崎新喜欢的半圆柱体,它的深层含义就是西方的拱券结构携带的西方文化因子,这对很多人尤其东方人来说,是意义"丧失殆尽",而矶崎新在他的建筑中,只要人们知道这半圆柱体的表层意义即这是西方文化中的东西就可以了,至于半圆柱体的深层含义就没有必要知道了。而黑川与矶崎新不同,他所指的基本形体的意义就是上述的深层含义,而不是表层含义。这就是黑川和矶崎新对基本形体上理解的差异。

[3]邱秀文.矶崎新[M].北京:中国建筑工业出版社,1992:11.

图6-18 菊竹清训

[1] 参见：吴耀东. 日本现代建筑 [M]. 天津：天津科技出版社，1997：66；王受之. 世界现代建筑史 [M]. 北京：中国建筑工业出版社，1999：291.

划方案。在建筑历史上，沙利文曾经根据有机体作比拟，而提出"形式跟随功能"的有机建筑理论。建筑学与生物学有着较为密切的渊源关系。

丹下对有机生长模式研究发现，当有机体处于初期的蛋形阶段时存在着一个芯，接着发育的是芯中长出脊骨。待有机体脱壳之后便会进入到一个新的生长阶段。此时的有机体不再是按照蛋椭圆形或者圆形生长（所谓的"摊大饼"同心圆规划方式），而是沿着脊骨做线形生长。东京围绕着"都心"的膨胀的规划方式是一种封闭的体系，应该改为沿着城市轴（有机体的脊骨）作线形开放性的发展（图 6-19）。东京的城市轴由东京中心的皇居开始展开，跨跃东京湾，到千叶县木更津市，形成平行环状的城市脊柱[1]。丹下的这个想法与 19 世纪末西班牙工程师索里亚（Arturo Soria y Mata，1844-1920）提出的"带形城市"（liner city）颇为相似。丹下把他的规划设想应用到 20 世纪 60 年代的东京国际奥林匹克运动村，得到广泛的好评。

黑川纪章是新陈代谢派中最年轻的成员之一，在 1960 年结社时他才 26 岁，可谓风华正茂。他最为具有影响的新陈代谢作品是中银舱体大楼（1970-1972 年），该建筑忠实贯彻着新陈代谢派"变化"的宗旨，把时间作为建筑的一种重要控制因素来加以考虑。中银舱体大楼（Nakagin Capsule Tower，图 6-20）位于东京银座区的集合住宅，由 140 个外壳为正六面体的舱体组成，分十至十二层悬挂在两个内设电梯和管道的钢筋混凝土的核心

图 6-19 东京湾规划

图 6-20 中银舱体大楼

筒体上。所有舱体都是完全相同的独立的居住单元。这些舱体可以搬动，其总体形象成为技术世界的符号，意味着一种标准化的生活。中银舱体建筑的可调整性隐喻了新陈代谢的变化，象征生物学中物质不断交流的代谢运动。黑川在建筑层面赋予了建筑的变化性，但是该建筑的高度标准化的单调舱体其实就是对他的建筑多样性的无情嘲弄。对建筑的使用者来说，这种表面上是"变化"的甜言蜜语，隐含着反人性、反多样性的腔调，可能更令人反感。

　　桢文彦的作品与新陈代谢派其他成员稍有不同，他认为建筑属于手段，从属于人，并没有用技术来解决建筑问题，在这点上，他与矶崎新的想法有点类似。桢文彦是一位传统保守型建筑师，他把创造秩序和协调环境当作建筑师第一要务，对新陈代谢总是持一种批判的怀疑的态度。菊竹清训与桢文彦同龄，他在新陈代谢结社之前，就已经在贯彻新陈代谢的思想。1958 年的自邸空中住宅（Sky House，图 6–21），就采用了"可动部件系统"。所谓的"可动部件系统"就是根据建筑某些结构或构件比如家具、厨房或厕所都可以作为一个部件，使用者可以根据新的使用要求而灵活变动。更为难能可贵的是，在其后来的建筑生涯中，一直以空中住宅作为原型在进行设计，坚守"固定结构、可动部件和建筑形体"设计方法，一直坚守新陈代谢的理念[1]。

[1]吴耀东. 日本现代建筑[M].
天津: 天津科技出版社, 1997:
85–92.

图 6–21　空中住宅（1958）

三、其他后现代实践

新陈代谢之后,日本建筑界呈现出一种百家争鸣的充满活力的后现代主义建筑时期。日本的后现代基本上与美国后现代同步进行。总的来说,日本建筑界探索的范围比美国后现代有着更广阔的视野,不像美国多限于传统历史和民间俚俗的符号游戏。

矶崎新(图6-22)和黑川在1970年代以后的探索都可以归结为历史主义模式。矶崎新面向西方建筑历史敞开怀抱,而黑川从日本传统中吸取营养。矶崎新对西方建筑历史的了解让西方建筑师也自叹不如。他用手法主义来对现代主义表示抗议,在他的建筑理论中充斥着建筑原型、反都市、象征和隐喻等等字眼(图6-23)。他的建筑设计作品在后现代建筑家那里,可能是最为难以理解和捉摸的,显示着他的建筑理论的深邃和建筑实践的探索性。黑川在新陈代谢后,发展出共生的思想。共生概念,既继承了新陈代谢中生命的含义,又与日本传统文化中的对环境尊重的思想相吻合,同时也有佛教文化中宽恕包容的精神。共生这种多义性既显现出黑川的建筑思想本身的博大性,又表明黑川的建筑思想后面的深厚文化传统精深性。

日本的后现代除了历史主义,还涌现了观念主义、生态主义和机械(模式)主义等等,当然还有晚期现代主义(套用詹克斯

图6-22　矶崎新

图6-23　筑波中心

的术语）[1]。观念主义的主要代表有篠原一男（Kazuo Shinohara 1925-2006）和毛纲毅旷（Kiko Mozuna, 1941-2001），生态主义有象设计集团（Atelierzo, TeamZoo）。机械主义有高松伸（Shin Takamatsu, 1948-），继承现代主义的所谓晚期现代主义有原广司（Hiroshi Hara, 1936-）、桢文彦（Fumihiko Maki, 1928-）和安藤忠雄（Tadao Ando, 1941-）等。观念主义强调概念，完全突破了形式的功能决定论，而导致纯形式操作，这点与密斯的形式跟随功能不同，这里的形式跟功能根本就没有关联性。机械主义也有形式主义倾向，生态主义相对来说，追求生态性、民俗性和地方工艺，也有反现代主义的倾向。

　　总的来说，日本这些后现代思潮，呈现的多元化应该表明日本建筑界的活力和发展势头。他们在建筑历史上的意义，不仅佐证美国后现代主义发生的时代必然性，同时也把后现代主义从限于传统文化和俚俗文化推向了一个更为广阔的空间。但是，在理论的探索方面，日本后现代主义并没有什么新的理论突破，使得它能够超越美国后现代主义。在反对共同目标现代主义的同时，美国和日本后现代主义也都存在着共同内在精神——破除形式功能一体论，把形式从功能中解放出来了，形成了后来的"形式不确定性"的雏形。解放后的形式该如何呈现出来，这就变得扑朔迷离，取决于建筑师的价值取向、文化背景甚至个人意志。显然，建筑学走到这个完全"没有"原则的份上，没有想到，当初仅是反对国际主义风格，解构形式功能一体化（不幸的是国际主义风格的主将密斯也是反"形式跟随功能"的），最终给建筑设计带来了一场混乱。

第三节　解构主义运动

　　解构主义最先在美国展开，后来回流到欧洲发展成建筑界一场运动，并影响到全世界。这场运动的黄金时代虽然已经过去了，但是它并没有消失，解构主义作品时不时出现在先锋杂志和时尚媒体上，让世人的眼睛一亮。

一、解构主义理论

　　解构主义哲学是德里达在胡塞尔现象学基础上发展起来的一种哲学思潮。在现象学中，胡塞尔对人的意识中的视觉经验研究表明，人类的所有经验都包含着在场与缺席的混合。比如当人们观看立方体，由于视觉限制，每一次只能看到立方体的三

[1] 本书在此的分类，是以吴耀东先生在《日本现代建筑》中的总结为依据，只不过在他的基础上，在遣词上做了些调整而已。

[1]［美］罗伯特·索科拉夫斯基.现象学导论［M］.高秉江译.武汉:武汉大学出版社,2009:16-19.

[2]这里涉及本书的基础构架的方法,在本书中用的"不确定性"就是核心概念,它的变体很多,分别是文丘里的"模糊"、詹克斯的"双重译码"、新陈代谢的"变化"、解构主义的"反中心"和伊东的"轻盈"等等。正是基于此,本书才得以通过"不确定性"把后现代思潮串起来。但是,有的建筑界同仁对我说,你这不是偷换概念,做概念游戏! 事实上,我认为,所谓的哲学就是系列概念的游戏,建立一系列的概念链,由此构成一整套理论。检验哲学理论的标准,就看它能否很好地解释世界,与世界的关联度高不高。哲学大师们的哲学,往往通过概念的澄清把一些生活中看似风马牛不相及的事情整合到一起,形成一个体系。比如康德的哲学,就把通过理性批判,把科学(真)、道德(善)和艺术(美)整合为一个整体。另外,美国后现代学者伊哈布·哈桑很早就把"不确定性"与后现代联系起来了,不过一直没有得到应有的重视而已。参见:［英］玛格丽特·A·罗斯.后现代与后工业［M］.张月译.沈阳:辽宁教育出版社,2002:47-116.

个面(在场),而人们在意识中意识到的是立方体(意向),而不是三个面。也就是在意识中,意识自动给它补上了其它(缺席的)三个面,才会出现完整的立方体(意向)。胡塞尔认为在场的三个面重要,缺席的三个面也重要[1]。德里达基于此,而受到启发开创解构主义哲学。

下面对德里达的解构主义哲学的来龙去脉作个简要的介绍,以便帮助理解解构主义建筑运动。德里达认为西方文化之安身立命核心是逻各斯(Logos)。所谓形而上学的历史就是逻各斯以隐喻或换喻的方式改头换面的历史,比如在柏拉图那里是理念,亚里士多德那里是"形式",中世纪是"上帝",笛卡尔那里是"精神",康德那里是"理性"、黑格尔那里是"绝对精神",胡塞尔那里是"意识"和海德格尔那儿是"存在"等等。或者说,"理念"、"形式"、"上帝"、"精神"、"精神"、"绝对精神"、"意识"和"存在"都是逻各斯(Logos)的变体[2],都是在场,这些概念的存在历史同时也是与之对应的"不在场"的历史。德里达认为西方传统哲学就是上述逻各斯(的变体)在场,传统哲学历史就是逻各斯不同变体和"不在场"概念的在场历史。

以传统的逻各斯为中心的"逻各斯中心主义"就是在场的形而上学与语音中心论的结合体,它意味着语言(语音语言而非文字语言)能够完善地再现和把握思想和存在。一般而言,传统哲学总是将存在规定为在场,寻求确定的基础和第一因。语音中心论则是指一种把语音或言语作为语言之本质的语言观。它认为鲜活的言语比不在场的文字能更好地表达思想。对思想的表达存在很多方式,以语音语言和文字语言来比较,可以看到语音语言更容易表达。用语言表达时作者在场,即使一句两句不清楚,可以通过问答的互动来加以澄清。而对于书籍中的文字语言,由于作者的缺席,对于文字语言的理解不可避免产生误解,经过多次引用诠释,从而很可能掩盖原来文字作者的原初意义。比如说国内孔子《论语》诠释很多可能已经歪曲了孔子的本意。因此,德里达说语音中心是第一位的,由文字而派生的是第二位的。现在以文字为中心传播文明方式,必然产生很多"误读"甚至使得作者的原意荡然无存。

德里达对逻各斯的解构主要是在批判索绪尔语言学结构主义基础上来展开的。索绪尔语言学包括任意性原则和差异性原则。所谓任意性原则就是指语言的能指和所指之间搭配关系的偶然性。比如,挂在天空的火球(概念即所指),不同的语言有不同的说法,中文中为"太阳"(符号即能指),英文中为"Sun",其他语言中也有不同的命名。在中文,既可以叫做"太阳",也可称为"日"、"旭日"和"夕阳"等等。差异性原则是指符号或者语言的语词的意义的获得总是依赖于它与其他语词或者符号之间的差别来造成的（这理解有点费劲），也就是说每一个词语不可能有确切的含义，含义总是随时间会变化。比如古代的"龟"有长寿的意义，现代的"龟"只剩下贬义了。德里达认为语言实质上是一种自我参照的系统，酷似一种漫无头绪的游戏[1]，各种因素在其中互相作用、变化，所有的因素都互为"踪迹"。

德里达指出在场和中心不是独立自主的，在场实质上需要依赖"不在场"的概念。双方都在唤起、暗示、激发对方。在场和"不在场"是相互替补和互为踪迹的，在此他生造了"延异"一词，表示在场延伸到"不在场"，同时"不在场"又影响在场。语词在历史中围绕着词语的内在核心而呈现意义的漂移，如上述"龟"的核心就是乌龟（即踪迹），长寿和贬义都是围绕着乌龟在历史上的价值而变化的。再举个例子，比如中文中的"小姐"，几十年前曾经有"大家闺秀"的含义，是褒义词，而今天已经演变成"性工作者"的委婉的称呼，是贬义词。汉语中"小姐"的踪迹就是指年轻的女子。在"年轻女子"这个踪迹的基础上，意义在不同时间段中发生了含义的漂移。这是德里达的解构哲学的核心概念"延异"的内在本质所在。这种意义的漂移表明了文本的意义的不自足性，或者标志着一种不断生成和变异的意义。踪迹就是符号或语言中的指向的线索，大多数时候若隐若现。踪迹既是一种在场，又是一种不在场。德里达认为，踪迹就是"延异"本身，它在"在场－不在场"的游戏中起作用。但是，这种游戏是符号之间"替补"的活动，是一种意义的漂移。这种替补活动是永远不会结束的，处于永远的生成和变化之中。

西方传统哲学是在场的形而上学，片面以在场为中心，其实"不在场"一直以隐蔽的方式在场。单方面强调在场中心是不全面的，同时如果反过来只把"不在场"扶正为在场，也是不全面的。也就是说，在场和"不在场"都是一种在场，不可有所偏废。两者都不是独立自主的，每一方都在唤起、暗示、激发和需要对方，在场和"不在场"相互延异、相互替补和互为踪迹。因此，解构主义哲学就是要抛弃二元对立论（即在场和"不在场"）和中心论（偏重在场或"不在场"）。接近于第二章所说的玻尔提出的互补原理，德里达在这里涉及一种新的思维方式的可能性。

解构主义建筑就是在这里接上去的，建筑解构主义最大的特点是反中心、反权威、反二元对抗、反非黑即白的理论。其实质和核心就是要多元化共存，不可有所偏废。建筑界把解构主义建筑的特征总结为：反权威、相对的、多中心的（也即无中心）[2]。

[1] 符号或者语言自成体系，不完全依靠所指概念的对象而存在。比如哲学上所说的"金山"就是语言自成体系而构造出来的，意思大家都明白，但是世界上并没有金山作为依据。语言上的悖论也是语言自我指涉形式造成的内在矛盾，如"一个克里特人说：'所有的克里特人都是说谎者。'"。参见：何新. 我的哲学思考: 方法与逻辑[M]. 北京: 时事出版社，2008。中的相关章节.

[2] 王受之. 世界现代建筑史[M]. 北京: 中国建筑工业出版社，1999: 382.

[1]解构主义建筑师虽然表面上是"反理性"的姿态，却无法突破理性的紧箍咒。无论是盖里和埃森曼的解构主义建筑，还是计算机生成的混沌建筑作品，这些建筑作品在细部上无论如何反形式美的规律，但是这些作品最终仍是一个完整的统一体，而不是杂芜的堆砌，更不是一盘散沙或者狼籍不堪。解构主义建筑师无法把他们的作品下降到智力的理解能力以下，比如在他们的作品中，随意地添加构件，完全没有任何章法，这样做的结果就是不仅是他们自己无法理解自己的作品，更谈不上让别人去理解他们的作品。任何解构主义作品都是设计者的精心安排，既然是精心安排，无论是如何"混乱"，它都不是纯粹的混乱，而是大脑故意设计出的一种有限的"混乱"。大脑是不可能设计出自己无法理解的"混乱"，因为既然是大脑自身无法理解的混乱，就表明大脑对这种混乱一无所知，就不可能去设计这种混乱。如果某种"混乱"能够设计，那么对设计它的大脑来说就不是混乱了，而是认识。计算机可以生成混乱的东西，但是计算机生成的东西必须能被操作计算机的人所能够理解，否则，会被人的理性所过滤掉。参见：王发堂，杨昌鸣. 论反理性的理性[J]. 东南大学学报(哲社版).2007（3）：80-85.

[2]盖里曾经说："我喜欢未完成的模样……，那种速写式的情调，那种暂定的、凌乱的样子和进行中的情景，不爱那种自以为什么都最终解决了的样子。"还说："我一直在寻找个人的语汇……从儿童的想入非非到对不协调和看来不合逻辑的体系的着迷。"

图6-24　盖里

建筑解构主义的理解基本上超越了简单的二元对抗之上，即以多元的混居来反对二元的对抗，以不确定性的动态矛盾性来替代反对确定性的一元。建筑解构主义应该做的就是用建筑语言表达这种反对二元论的对抗的状态或意义（即第一层面）。显然，如果试图用建筑解构主义去把德里达哲学中时间或历史的发展中的动态化的、相对性或者不确定性本身表达出来（即第二层面），几乎是很不现实。第二层面的东西用哲学语言来表达比用建筑语言来表达，更容易些。事实上，德里达的解构主义哲学文本读起来非常费力，如果用建筑语言来表达，那就是难上加难。或者说，德里达的"延异"是时间概念或者事物的发展的某种状态，即概念在时间中不断地扩充含义，同时又不断消隐过去的含义的动态的和不确定性的过程，几乎无法用解构主义建筑来表达。大多数解构主义建筑基本上在第一层面允许的范围中工作。

二、解构主义实践

解构主义建筑大师大多数都不承认自己是解构主义者。在所有被贴上解构主义建筑师标签的人中，盖里（Frank Owen Gehry, 1929-，图6-24）应该是最温和与保守的一位。盖里的建筑设计外表初一看非常怪异，曲面非常多，建筑物的部分之间没有惯常的统一的构图和布局，有时显得非常凌乱和无序。他有些建筑甚至采用具象的形式如鱼或者望远镜。但是，盖里的建筑作品严格来说，不属于解构主义那种反中心的多元混存。

盖里的解构主义建筑仅仅是走出了一种清晰的理性，而进入了一种隐晦的理性。这种隐晦的理性表现在如下两个方面：第一，在观念上，表现为反理性和反秩序，其实，在无意中，又重新设定了一个新的秩序和虚的中心即"反理性和反秩序"。第二，在形态上，这些建筑作品表现为一种有节制的"混乱"[1]。也就是说，他们有意回避形式美的规律，如均衡与对称、节奏与韵律，这些规律表面上排斥在他们的设计作品之外。

盖里的多数解构主义作品表现的是始终追求一种布置的随意性和凌乱性[2]（图6-25）。可以肯定地说，解构主义建筑师所设计的每一个作品都是处心积虑地推敲出来的，他们故意在形式上表现出某种程度的"混乱"。正确的说法应该是，理性企图模仿"反理性"存在的状态，其实表现出一种更加理性的理性。因为理性设计出理性作品基本上不需要过多地考虑理性本身，而理性设计出"反理性"作品需要过多地考虑如何违反理性的常规，而又不让别人（的理性）看出这种有意而为之的痕迹。这样变成设计者的理性同欣赏者的理性之间的智力竞赛，设计者的理性只有在躲过欣赏者的理性的侦察前提下，又要保持自己对作品的理性把握（自己不能先乱），如此煞费苦心地来制造"反理性"作品。最后结果就是，欣赏者的理性把它判断为"反理性"作品[1]。

埃森曼（Peter Eisenman，1932-，图6-26）作为解构主义老将，是解构主义理论研究最深、下力最多的建筑师，但是给世人误解也是最多的建筑师。20世纪80年代，美国批评家拜茨在《破坏了的完美》中曾经高度评价艾森曼、海杜克、盖里和文丘里，将四人比为引领当代建筑潮流的"四教父"[2]。他与法国哲学家德里达和德勒兹的交往更为他的晦涩难懂的建筑理论提供了传奇色彩。

埃森曼在1989年写给安藤忠雄的信中说："现代科学均是对自然的疑问而产生，但现在科学的关注点转向了信息，转向了信息操作、人工智能、机器人等系统，这就是说，现在并不是技术与理性的时代，而是信息时代。"[3]随后接着写道："当前的课题是，这种新的现实是什么？所体现这种现实的建筑该是怎么样？我想，这种现实是多样的，因此需要丰富多样的建筑。一方面，你（指安藤）似乎是想用纯粹的建筑来表达这一现实，而我却用多样。你的建筑抓住了理性的、明快的抽象化，我的作品正相反，表现一种任意的、非确定性的必然性……"[4]

埃森曼的早年即20世纪60年代致力于住宅设计研究，研究建筑艺术规律。此段时期，乔姆斯基（Avram Noam Chomsky，

[1]因此可以说，某些"反理性"作品是比一般的理性作品运用了更多理性原则和花费了更多理性手段而呈现出的一种结果。"反理性"作品其实本质上就是理性对理性本身的思考的，而一般的理性作品其实本质上就是对理性的运用而已。"反理性"作品在逻辑层次上比理性作品处于智力的更高层次，"反理性"就是理性的理性。因此，多数的解构主义建筑，不管是形式和设计手法如何的不符合常规，它们都跳不出理性（逻辑思维）的范围，还是无条件地遵循理性原则，是越过表面浅层现象的隐藏在理性的深层而已。参见：王发堂，杨昌鸣.论反理性的理性[J].东南大学学报（哲社版）.2007（3）：80-85.
[2]薛恩伦，李道增.后现代主义建筑20讲[M].上海：上海社会科学出版社,2005：143-144.
[3]吴耀东.日本现代建筑[M].天津：天津科技出版社,1997：173.
[4]吴耀东.日本现代建筑[M].天津：天津科技出版社,1997：173.上面的两段文字表明了埃森曼对时代的领悟，大师们如何做出反应主要就看他们的教育背景、文化领悟和工作经历.

图6-25 古根汉姆博物馆

图 6-26　埃森曼

[1]陈嘉映.语言哲学[M].北京:北京大学出版社,2003:283-322.

[2]正如前面所说,解构主义建筑试图越位表达用语言来表达都比较费解的表层结构和深层结构的转换过程,表明了埃森曼误闯进到解构主义哲学中去了。解构主义的建筑师只能做的是用建筑语言表达解构主义的哲学精神或状态。至于解构主义哲学思想的表达,最好的表达方式还是留给文字,而不是造型形式语言。建筑与哲学混为一谈,造成哲学不纯粹,建筑不清晰,或许这也是埃森曼所想要的"解构"结果。

[3]薛恩伦,李道增.后现代主义建筑20讲[M].上海:上海社会科学出版社,2005:120-123.

[4]薛恩伦,李道增.后现代主义建筑20讲[M].上海:上海社会科学出版社,2005:123-124.

[5]薛恩伦,李道增.后现代主义建筑20讲[M].上海:上海社会科学出版社,2005:119.

[6]薛恩伦,李道增.后现代主义建筑20讲[M].上海:上海社会科学出版社,2005:110.

1928-)语言学引起了美国建筑界的关注,埃森曼也成为其中主要的受益者。乔姆斯基的语言学理论称为"转换—生成语法",讨论语言的深层结构(Deep Structure)和表层结构(Surface Structure)之间的转换原理,深层结构与表层结构相互转化过程中语义的转变规律[1]。在建筑上,能够利用的也只能是深层结构与表层结构的两分法,然后指出深层结构与表层结构的关系,无法深入到深层结构与表层结构的转换的意义的过程的表达。埃森曼建立在此基础上的解构主义建筑哲学,就是试图在建筑语言上表达出建筑构件的网络几何关系的生成过程[2]。以梁、柱、墙作为基本单位,发展了一套独特的由点到网络建构的形式语言。埃森曼把结构体系中的柱与墙、空间与柱、空间与墙组成对立因素,通过错位、扭曲等方式探讨所谓"深层结构"。[3]

在"住宅1号"中,埃森曼打破现代主义的形式跟随功能,故意使形式和功能相分离。建筑不依靠外力使得自己成形。在"住宅3号"中,埃森曼在规整的柱网中插入了一套旋转45度的柱网,柱网作了局部调整,研究等级的消除。在"住宅6号"中,在建筑主人卧室中间有一条用玻璃覆盖的缝隙而迫使夫妻的床必须分开,餐厅的柱子影响了椅子的布置且被称为"飞来客人"。当别人指责他忽视功能时,他说他不反对功能,仅是不把功能摆在压倒一切的位置上[4]。

埃森曼一系列作品中采用了一种新的表现方式,曲线或曲面、多套定位的网格系统、丰富的色彩和动态构成。当然最基本的是用一种"错位"(dislocation)的设计方法,建立了一套新的语法规则,藉此可以变幻出无穷的形式。在西班牙圣地亚哥的加利西亚文化城采用了三套网络:中世纪城市街道网络、山地原有地貌的拓扑面和抽象笛卡尔网络,三种网络提炼、叠加和变形形成复杂的平面关系[5]。通过竖向错位、多点同时旋转等手法形成所谓三位动态变形。在辛辛那提大学 DAAP 学院(图6-27,1996 年)设计中借助计算机,建筑轴网的焦点都在三度空间不断位移,多层次交叉和错动。在韦克斯纳艺术中心(1989年)中,从广场铺地至艺术中心的布局均设有两套轴网,与城市肌理对应的主轴网突出白色构架的导向性,与校园肌理对应则是辅助轴网,两套轴网相交成一定的角度。[6]

对于艾森曼的建筑探索,应该一分为二地来看:艾森曼敢于用建筑来像语言一样表达复杂的思想或者意义,本身就是需要具有极大的勇气的。而且,他是几十年如一日的矢志不移地坚持解构主义,更加不易。这里存在两个问题:解构主义哲学可以从两个层面来解读,第一个层面就是解构主义哲学的思想本身,适合用语言来表达,如德里达的著作《文字与差异》。德

图 6-27　辛辛那提大学 DAAP 学院

里达的解构主义哲学用语言表达都让人生畏,那用不擅长表达思想的建筑语言来表达解构哲学,这现实吗？就像爱泼斯坦号称用电影来诠释马克思的《资本论》一样,可能吗？第二个层面,就是对解构主义哲学逻辑方式和思维模式的描述和理解。在这个层面,其他学科可以借鉴这些内在运行原则,用来开拓自身的研究。在解构主义运动中,屈米和李伯斯金都表明了这一点,试图用自己的解构建筑作品来表达或者暗示解构主义哲学的多元性和反权威性。而艾森曼却试图在第一个层面工作,显然是他高估了建筑语言[1]。这里还存在另外一种情况,艾森曼在玩弄私人化语言(维特根斯坦哲学的术语)的建筑,只是自娱自乐,无可无不可。但是,用一个天生是公共性语言的建筑语言来表达私人化的东西,是不是他的前提就错了？

　　屈米(Bernard Tschumi, 1946-,图 6-28)是瑞士人,他的作品不多,最出名的就是法国拉维拉特公园(图 6-29)。该公园位于巴黎的拉维拉特区,南北两端就是科技工业城和音乐城(包赞巴克设计)。屈米在中标后,邀请德里达作为顾问指导设计。屈米要把拉维拉特公园设计成无中心、无边界的开放性的公园,与传统的设计思路拉开距离。这里无中心和无边界有两层意思：

[1]著名建筑师拿过博士学位的人不多,埃森曼和矶崎新就是两个典型。他们的作品不太好懂。而密斯和安藤则是另一个极端,所受教育不多,但是他们两人的作品在建筑界受欢迎的程度却是空前的。这种现象暗示建筑艺术更多的需要的是体验的感性,而非抽象的理性。

[1]薛恩伦,李道增.后现代主义建筑20讲[M].上海:上海社会科学出版社,2005:281-288.

一层是拉维拉特公园作为解构主义建筑作品,其本身是无中心,可以这样来理解,多个中心(红色的构筑物即浮列)存在而导致单个占主导地位的中心被弱化,因而表现为无中心;不设定边界也可以理解为把公园定性为开放性和动态性以反常规的封闭性和静态性。另外一层意思就是把科技工业城、音乐城和拉维拉特公园作为一个整体来理解,拉维拉特公园之所以不设中心,是因为存在着其它两个中心即科技工业城和音乐城。之所以无边界就是要把科技工业城、音乐城和拉维拉特公园很好地联结为一个整体,作为一个有机的存在。显然后一种解释,会削弱屈米的先锋建筑的思想,故可能性比较小。

拉维拉特公园使用了与埃森曼相似的手段,即以点线面整体排列、交叉、重叠,创造出一个动态的空间,一种混沌的空间。该公园采用了点线面三套独立的体系并列交叉、重叠作为主要的构思灵感。点的体系就是浮列的红色构成物或单元。线包括水道、走廊和公园中的曲线小道等等。所谓的面就是各种铺地和大片铺地,作为不同的功能空间[1]。经由媒体和杂志介绍,人们对公园的构思和原则的理解都很充分,到现场反而得不到相应的信息支持,因而会显得诠释过度。但是,总的来说,就是点线面三套体系的叠加及与周围科技工业城和音乐城的关系的处理。

这里值得说明一点的是,本书认为拉维拉特公园的浮列的红色,应该是和美国后现代建筑和矶崎新的作品有相互继承的地方。在矶崎新、格雷夫斯和摩尔的一些后现代作品中喜欢用颜色鲜艳的色彩。鲜艳色彩是视觉上的强烈冲击,是原始的基本感觉。对于矶崎新和屈米来说,他们的部分建筑在形式上采

图6-28 屈米

图6-29 拉维拉特公园

用了相同的思路,即启用最为基本的形体,而没有用传统性形体或装饰。这也是越过传统历史的限制,把建筑形式与色彩建立在作为基本的感官上,彻底地解构了历史上的传统建筑形式和风格,应该是对解构主义哲学的一种贯彻。也许从这里,建筑解构主义的基本形体和原始色彩又与建筑现象学的感官知觉取得了一定的关联性。

关于屈米的解构主义思想,本书认为,他的新奇在于把很多以前与建筑没有关联性的事件或者概念都纳入到建筑学的考虑范畴。这样使得人们对建筑学有了一个全新的视觉角度,也更利于人们对建筑学和建筑设计的思考。这些被纳入到原本不属于建筑学范畴的知识或者文化,在屈米的努力下已经与建筑学建立起了一种关联性,比如埃森曼也非常喜欢的重叠(Superimposition)已经成建筑设计的一种基本手法。屈米试图把事件(Event)引入到建筑研究。建筑作为容器提供事件或活动的场所,因此建筑应该为未来的事件发生提供一个可以引发多种可能性的空间。但是对于未来的事件建筑师只能设想,是无法设计的,只能是对建筑使用的不确定化理解了。屈米的事件(Event)与转换点(The Turning Point)其实就是指建筑应该从可能激发新的建筑活动角度来对建筑进行研究,显然他的理论与所有的解构建筑师(盖里除外)的理论一样,总是诠释过度[1]。总的来说,屈米的解构思想是建筑形式和建筑功能的多义化,如网格重置就是建筑形式的多样化,建筑事件是建筑功能的多样化。

李伯斯金(Daniel Libeskind,1946-),1946年出生于波兰,其父亲是一个纳粹大屠杀的幸存者,1965年全家移民美国。他的成名作就是柏林犹太人博物馆。

犹太人博物馆中是近年来一个不可多得的佳作,李伯斯金在该建筑中大量应用了建筑新的或者旧的手法。有些是解构主义建筑常用的,建筑部件或构建的倾斜、碎片和穿插,形成一种怪异的而又奇特的空间片段。各种处于剧烈冲突的空间系列形成了一种压抑而又充满不安的场所,使得建筑语言与建筑性格取得了完满而又高度的吻合。

该建筑的外型呈现为一个极大皱褶而又连续线性的狭窄空间。建筑师有意把博物馆平面做成大卫之星(犹太教的传统标志,两个正三角形相互嵌套而成)的破碎和变形,暗示着犹太人的屈辱。据建筑师的说法,该建筑中存在着两条脉络,一条是直线但被切割成零碎的片段;另一条是连续的线但充满了曲折与不确定。这两条脉络既相互联系又相互独立,进而形成博物馆的破碎空间。当然,这种双元素的混存其实就是解构主义哲学

[1]之所以说他们诠释过度,主要原因就是,很多解构大师的建筑思想号称是在德里达的解构主义哲学指导下展开的。但是,不幸的是,大多数时候,解构主义建筑的思想弄得比德里达的解构主义哲学都难懂。这是指他们的解构主义建筑的思想超越了德里达的解构主义哲学,还是指解构主义建筑师的不擅长表达而造成的理解困难,当然还有一种可能就是解构建筑师不过用解构主义哲学做个引子,来摆弄他自己的思想,至于表达得清不清楚,就看个人的天分和素养。

[1]薛恩伦,李道增.后现代主义
建筑 20 讲[M].上海:上海社
会科学出版社,2005:82.

的精髓,同时也是李伯斯金对犹太人和德国人之间割舍不断的
冲突与友谊相间的辩证理解。[1]

　　建筑本身断续的折线构成了一个非连续的"虚空"(Void),
而虚空暗示了寂静和虚无,由寂静和虚无进而联想到死亡和压
抑。在这里,犹太人的生命被放逐,生命的尊严被践踏,这种指
向犹太人的残暴最终回过头来控诉德国纳粹的残暴和疯狂。生
命的屈辱意味着文化的缺位和理性的缺席,犹太人博物馆的反
连续的破碎与反柔和的断裂都在有意地强化这种情感意向。建
筑的外部造型也是断裂之形和曲折之型,它们的存在仿佛就是
痛苦的蜷缩和精神的痉挛,暗示了人类现代文明史的最不文明
的疯狂片段。在这里,人类精神上痛苦的记忆被建筑师所捕捉
并凝固定型,像一道厚重的闪电,不断地照耀在人类引以为豪的
理性的上空。博物馆作为理性的污点的象征,作为一种人类悲
情的形式符号,将随着建筑师饱含激情的创作而被视觉化了。
由精神上之痛,而引发出来的三维的具象之痛,必将反过来施压
于精神之痛上,迫使精神永远处于一个无以喘息的反思,进而为
人类精神的发展提供参照物。

　　解构主义旨在通过拒斥中心,颠覆秩序,其目的依旧在建立
一种新的秩序,这种秩序不是一个中心和一个权威,而是多个中
心和多个权威。但是,多个中心和多个权威也就等于没有中心

图 6-30　李伯斯金

图 6-31　犹太人博物馆

和没有权威。无中心和无权威，导致中心与权威的多样化和相对性。但是，人们必须能够认识到的是，虽然没有占绝对主导的中心和权威，在每一个时间点上，总有一个或几个中心和权威相对于其他的剩余中心和权威来说，显得更为重要些，或者说临时的中心和权威。人们在不同的时间点上还是有不同的临时中心和权威，这样一来，中心和权威就开始流动起来了。如此一来，本书又把解构主义的核心概念带到了不确定性中去了。事实上，不确定性的魔影一直萦绕在信息社会的上空。

第四节　建筑现象学

何为建筑现象学，可以肯定的是建筑学加上现象学不一定变成建筑现象学。建筑现象学必须在建筑学和现象学两门学科中间找到一个合适的平台，通过这个平台来把两者有机结合起来。路易·康的后现代主义建筑在胡塞尔现象学的"直接面对实事本身"发展起来的，应该也是属于建筑现象学，康的建筑思想和现象学的交集就是"纯粹意识"，上文说到过，也就是人类文化未曾形成或形成之初的人类原初感受或本真体验。

路易·康之外的建筑现象学，是在解构主义运动以后悄然兴起。其发展阶段可以分为两个部分：第一部分称之为建筑存在现象学，第二部分称之为建筑知觉现象学[1]。建筑存在现象学是以德国哲学家海德格尔的存在主义哲学为基础发展起来的，注重于知识层面的理论的梳理和体系的建构。建筑知觉现象学则是以梅洛–庞蒂（Maurice Merleau-Ponty, 1908–1961，图6-32）的知觉现象学或称身体现象学思想为基础，侧重于实践层面的建筑设计理论建构和它在实践的运用和具体操作。

建筑存在现象学和建筑知觉现象学都不是直接建立在胡塞尔的现象学基础上，因此下面就把建筑存在现象学和建筑知觉现象学与胡塞尔的现象学的关系来梳理一下。胡塞尔的现象学是关于纯粹意识本身的科学，对意识的意向性进行分析的科学[2]。胡塞尔的现象学一般是从两个方面来理解：作为一种哲学方法的现象学和作为一种哲学体系的现象学。胡塞尔的现象学之所以形成波澜壮阔的现象学运动，是因为他的现象学方法而不是他的哲学体系。胡塞尔现象学认为具有意向性的构成机制的意识不断地激活实项的内容，从而投射出或者构成着（某种意义上来讲是创造出）被显现的对象。意识动态的不断合成的意识流为后来的存在主义和其他流派打下了基础，在他们的

[1]沈克宁.建筑现象学[M]北京：中国建筑工业出版社,2008：6。国内还出版过另一本书《现象学与建筑的对话》(参见：彭怒,支文军、戴春.现象学与建筑的对话[M].上海：同济大学出版社,2010）。关于现象学的理解，每本书都存在自己侧重点的解读，因此存在着一定的偏差。对读者来说，这倒不是坏事，多样化的理解或误读有助于引起大家的思考，而不至于被动地接受。

[2]倪梁康.现象学及其效应——胡塞尔与当代德国哲学[M].北京：三联书店,1996：37.

图6-32　梅洛–庞蒂

[1]胡塞尔的现象学具有开创性的方法就是现象学还原。现象学还原分为三种:悬搁(epoche)、本质还原(本质直观)和先验还原。胡塞尔的三个还原之间存在着逻辑上的次序。但是,被大多数哲学家所接受的现象学方法仅包括第一步悬搁和第二步本质还原,然后偏离胡塞尔的哲学,以此基础上发展自己的哲学。(邓晓芒.中西文化视域中的真善美的哲思[M].哈尔滨:黑龙江人民出版社,2004:144-155.)

[2]参见第二章相关内容。

[3][法]梅洛-庞蒂.知觉现象学[M]姜志辉译.北京:商务出版社,2003:1-2.

[4]沈克宁.建筑现象学[M]北京:中国建筑工业出版社,2008:24,46.

学说中嵌入"不确定性"留下了理论的生活点和逻辑平台[1]。海德格尔存在主义的哲学核心是以此在(Dasein)为基点来展开"实际生活本身(即存在的领悟)的形式或境遇显示"。这种时间性的各种时机化(不确定性)表现为一切要理解存在含义的努力所依据的基本视野[2]。

梅洛-庞蒂的知觉现象学是在胡塞尔现象学和海德格尔的存在现象学的基础上发展而来。梅洛-庞蒂认为,海德格尔继承了胡塞尔的现象学的主题,也继承了它的矛盾。他说,"……但是,整部《存在与时间》没有越出胡塞尔的范围,归根结蒂,仅仅是对 natürlichen Weltbegriff(自然的世界概念)和 Lebenwelt(生活世界)的一种解释……"[3]梅洛-庞蒂之所以从胡塞尔先验现象学走向知觉现象学,是因为他看到了感知与意识从来就不是分离的,"纯思"或"纯粹意识"并不存在,所谓科学和哲学是通过知觉的最初信仰开始的。梅洛-庞蒂认同意识是哲学的基本问题,但既不同意胡塞尔把人最终还原为先验意识,也不同意海德格尔把人的生存还原为"此在",同时他也反对萨特把自我的生存还原为自我对生存的意识。梅洛-庞蒂认为身体或肉体是一切意义的源泉,首先应该理清知觉的意义。知觉世界是人与世界的原初关系,因而主体必然嵌于世界之中,与世界和他者混同。如果意义始终是含混性的,那么现象学还原达不到目的。简单来说,他就是把海德格尔的"此在"还原为"身体"或肉体,再对身体进行知觉化分解,以便展开来分析感知与意识的关系。

一、建筑存在现象学

建筑存在现象学侧重于纯学术理论研究领域,其代表人物是挪威著名建筑家诺伯格-舒尔茨(Christin Norberg—Schulz,1926-2000,图 6-33)。就这个专业领域,他出版了一系列著作:《建筑意向》(Intentions in Architecture,1963)《存在·空间·建筑》(Existence, Space and Architecture)《场所精神:走向建筑现象学》(Genius Loci:Toward a Phenomenology of Architecture ,1980 年)和《居住概念》(the Concept of Dwelling,1985 年)。他的早期作品《建筑意向》用均质的几何空间观来对知觉中的建筑空间进行讨论(定量的科学方法),显然,这种方法在建筑艺术领域显得力不从心,而且造成对建筑艺术的扭曲。鉴于此,他调整策略,把定量改为定性的质的分析方法来对建筑艺术进行规训。《居住概念》认为只有作为知觉的质才是人类生存的重要条件[4]。《存在·空间·建筑》引进了"存在空间"的概念,作为存在的空间,总是存在于人知觉中的空间。

图 6-33 诺伯格-舒尔茨

以人为中心就形成了一个差异化的空间[1]。在空间中，前后左右、中心与边缘都因为知觉者而变得有特定的意义了。也就是说，科学中空间是均质的，但是存在空间或现实空间因人而变得不均质了。而且随着知觉的人的变动，作为存在空间的意义也随之变动。研究现实空间必须把感知空间的人考虑进去。均质的空间只能存在于意识或想象中。《存在·空间·建筑》是建立在海德格尔的《筑、居、思》（Building, Dwelling, Thinking）和《存在与时间》奠定的理论基础上而发展出来的。舒尔茨认为"所谓建筑空间，可以说就是存在空间的具体化"[2]。但是，在《存在·空间·建筑》的下文，他接着说存在空间是一种人与环境心理空间，这与海德格尔的形而上的空间存在着一定的误读。在《场所精神：走向建筑现象学》中他才真正走向了建筑现象学，采用所谓"天地神人"合一的"场所"（place）来取代所谓的心理空间[3]。只有当人把外部空间改造成具有意义的或具有浸淫着人文与历史沉淀社会空间时，人才算在地理空间上找到属于自己的空间，才真正算"栖居"于大地之上。凯文·林奇的《城市意象》也涉及了部分建筑现象学。

对于建筑存在现象学，本书认为存在两个方面的问题：一个方面，建筑存在现象学只能作为一个理论层面的探索。建筑存在现象学所描述的是建筑空间之外的社会空间，而社会空间只能是在历史中形成的，似乎无须也无法设计，比如海德格尔在《筑、居、思》所说的桥梁聚集着"天地神人"四整体，这种空间好像建筑师也无能为力。更准确地说，建筑存在现象学只能用来描述场所，只能作为一种理论上的梳理，无法指导建筑师来设计场所。另一个方面，在海德格尔的存在主义哲学中充满了时间的时机化的活力，到了海德格尔的艺术理论中，似乎丢弃了存在主义中的活力，作为一种描述性的理论没有大碍，但是用来指导实践性很强的建筑理论，远离时代精神即不确定性的理论，即使能够转化成有效的建筑理论也是与时代精神显得格格不入的。

二、建筑知觉现象学

建筑知觉现象学研究，以梅洛－庞蒂的知觉现象学思想为理论依托，一改建筑存在现象学的理论描述，转向建筑设计理论和实践。梅洛—庞蒂把海德格尔的神秘"此在"化为身体后，才可能在身体的知觉的层面来讨论现象学。显然，相对于"此在"的顽冥，从知觉层面来讨论，更容易与建筑实践操作衔接起来。建筑知觉现象学的主要代表人物是斯蒂文·霍尔（Steven Holl, 1947–，图6–34）和帕拉斯玛（Juhani Pallasmaa）[4]。霍尔的代表作有《锚固》（Anchoring）和《知觉的问题—建筑现

[1]具体参见：[挪威]诺伯特–舒尔茨.存在·空间·建筑[M].尹培同译.北京：中国建筑工业出版社,1984.

[2][挪威]诺伯特–舒尔茨.存在空间建筑[M].尹培同.北京：中国建筑工业出版社,1984: 57.

[3][德]海德格尔.海德格尔选集[M].孙周兴译.上海：上海三联出版社,1996: 1188–1204.

[4]沈克宁.建筑现象学[M]北京：中国建筑工业出版社,2008: 6.

图6–34 霍尔

[1]"随着建筑现象学研究的进展，霍尔的研究范畴从场所转向对建筑和空间知觉与体验的重视。他认为对建筑亲身感受和经验，以及具体的体验和知觉是建筑设计的源泉，同时也是建筑最终所要获得的。"这段话反映出两种现象学的区别和联系，霍尔的转变也代表了建筑现象学的转变，也是建筑界对现象学认识加深后的一次华丽转身。参见：沈克宁．建筑现象学[M]．北京：中国建筑工业出版社，2008：145．

[2]吴耀东．日本现代建筑[M]．天津：天津科技出版社，1997：192．

[3]沈克宁．建筑现象学[M]北京：中国建筑工业出版社，2008：24，62．

象学》（Questions of Perception: Phenomenology of Architecture），卒姆托的《氛围》（Atmospheres）和《冥思建筑》（Thinking Architecture），帕拉斯玛的《肌肤之目、建筑与知觉》（The Eyes of the Skin, Architecture and Senses）等等，还有丹麦学者拉斯姆森（Steen E.Rasmussen）的《体验建筑》（Experience Architecture）。这些著作都是建立在身体的知觉分析和体验的基础之上，一般都无意建构理论系统。

霍尔强调建筑的场所性，显然霍尔的场所和舒尔茨的场所还不是同一层次的概念。舒尔茨的场所概念，承载着海德格尔所赋予的人文意义的形而上的空间，因此舒尔茨的场所多指建筑之外的社会空间。霍尔后期的场所是建立在知觉之上，撇开了所谓社会或人文意义而纯粹的建筑体验所赋予的意义。舒尔茨的场所中的意义在设计中偶尔可以借用，但肯定是不能够设计。[1]霍尔认为，建筑与采用"旁观式"鉴赏的艺术不同，如绘画、雕塑、电影和文学，它是一种"参与式"鉴赏的艺术。鉴赏者在特定场所中可以同时调动多个知觉形式，使得不同感官的经验缠绕交织在一起。霍尔后期的场所意义建立在知觉之上，建立在原始的感官模式之上。而舒尔茨的场所建立在文化或者传统之上。

在实践上，霍尔、卒姆托（Peter Zumthor, 1943– ）和西扎（Alvaro Siza, 1933– ）等建筑师的设计项目真正使建筑现象学从理论层面走向现实。霍尔最初的作品就是从场所与建筑的关系入手的，这是他的著作中《锚固》的主旨之一。从本书的理解来说，对于外在于建筑的场所是在以前就已经存在，作为建筑师的任务就是与早已存在的场所精神协调，而不是去创造新的场所精神而与原来的场所精神对抗，由于建筑中的场所精神与环境中的场所精神不在一个层面，所以才存在协调的问题。这种对人类建筑外在环境的关注，其实就是对人类的生存环境的关注，也就与海德格尔的此在的栖居取得了理论上的对接，当然也与舒尔茨的场所理论相吻合。另外，日本象设计集团的某些建筑探索，也非常接近建筑知觉现象学的观点。[2]

霍尔早期作品把场所精神看作建筑的主要控制因素之一。1984年设计杂交建筑（Hybrid Building, 图6-35）是集酒店、商务和办公为一体的综合体。面积为17665平方英尺，该建筑的外墙材料与当地地貌的色彩融为一体。建筑的造型显得凝重，色彩显得沉闷，与周围的环境取得了高度的一致，正如沈克宁所说"建筑体现出一种寂静、旷远和苍凉的效果"[3]。

霍尔1994年设计的克努特·汉姆生纪念馆（图6-36）是为了纪念挪威作家、1920年诺贝尔文学奖获得者克努特·汉

图 6-35　杂交建筑（1984–1988）

图 6-36　克努特 · 汉姆生纪念馆（1994）

姆生（Knut Hamsum，1859–1950），该建筑坐落在北极圈附近汉姆生的故乡。博物馆包括展览区，图书馆和阅览室，咖啡厅和礼堂。博物馆的设计理念是"建筑即人格"，试图营造充斥在类似战场上的无形的张力，以再现汉姆生复杂的一生。深黑色木质表皮呈现出木质教堂的厚重。博物馆屋顶以多种方式展现出传统的挪威草皮屋顶魅力。建筑内部营造出一种陌生化的、惊奇的和感性的经验，为展览提供了一个令人兴奋的场所。

卒姆托的瓦尔斯温泉浴场（Thermal Bath Vais，图 6-37）也是一个非常成功的例子。浴场一半埋入地下，采用了当地的石

图 6-37　瓦尔斯温泉浴场（1990-1996）

材,进行整体式的石块板构造,建筑内部感觉犹如迷宫,石材切割成薄板在安装时留出空隙让阳光直接进入,产生特殊的光影效果。建筑给予人的感觉不像是一个澡堂,而是一个神秘的宗教空间。

　　另外,日本的建筑大师安藤忠雄(Tadao Ando,1941–)一系列的作品,都可以归属到建筑现象学之中。如他的系列教堂:光的教堂、风的教堂和水的教堂等,还有他的住吉长屋等等。再有,日本的建筑大师隈研吾(Kengo Kuma,1956–)的一些作品也可以划到建筑现象学的范畴,如水/玻璃项目、石材美术馆和龟老山观景台等等。

　　对于建筑知觉现象学,在建筑实践上比建筑存在现象学更加成功。虽然建筑现象学的出现在 20 世纪 80-90 年代,但它并不是专属于以反映信息社会的时代精神为己任的建筑思潮。也就是说,建筑现象学只要时机成熟可以出现在任何时代,就像安藤忠雄的作品一样。建筑现象学并不展现时代的"不确定性",而是展现出人性中的"生存记忆"和"文化沉淀"。本书之所以列出并讨论建筑现象学是为了表明它与时代精神的关系和当代建筑思潮的亲缘性,更重要的是它是由"不确定性"哲学(胡塞尔的现象学)派生出来的建筑思潮,指出这一点也就够了。

第五节 当代后现代思潮

随着计算机技术和网络技术的快速发展,引起了一系列深刻的社会变化和社会发展。就是最不敏感的人也不能不受到信息社会的冲击。就目前来说,对后现代不确定性感觉到明显变化的学科有很多,有物理学、生物学、气象学和信息技术,当然还有建筑学和绘画艺术等等。科学家和艺术家,还有普通人基本上都感受到这种变化。根据马克思的社会存在决定社会意识的原理,那么上述这些学科必然就会展现出种种变化。

一、当代后现代思潮概述

建筑学学科在 20 世纪 60 年代甚至更早,就感受到了这种信息社会的来临,并且朦胧地意识到它的特征"模糊性"和反千篇一律的"确定性"(即国际式风格)。虽然这种转变表面上是密斯的国际式风格逼出来的,但是毕竟表明了建筑界对社会的细微变化的觉察和敏感。建筑界感觉到了时代的特征的"不确定性",并不等于对时代的特征"不确定性"理解得透彻。从文丘里的"模糊性",到詹克斯的"双重译码",本书认为不是一种线性进步。日本新陈代谢派的"变化"的理解,与文丘里的"模糊性"来比,可能范畴更为宽泛些,而文丘里的"模糊性"又要比詹克斯的"双重译码"要宽泛些。后来的解构主义运动在哲学家的指引下,对时代的不确定性的理解可能最深入和最透彻。解构运动的反中心和反权威应该是较为彻底地理解了后现代的时代特征和变化。

对信息社会的"不确定性"认识的加深,还面临着另外一个坎,这就是如何把这种"不确定性"用建筑学语言来表达。上述的流派或主义都有着一个自己的转换方式。充满矛盾的建筑语言的并置,和对传统风格和俚俗风格的青睐,是文丘里的理解。后来的摩尔、格雷夫斯基本上是在文丘里定下的基调下展开设计的。詹克斯的"双重译码"总结把文丘里的充满矛盾和动态的理论,简化成接受美学上的"双重译码",孰优孰劣自不待言。日本新陈代谢派的"变化"在建筑上表现为,建筑可以随着时间的变化,功能和形式可以进行相应的调整和变化。也许可以这样来理解,可能更容易与上述潮流相吻合:建筑功能和形式,在技术的支撑下,可以适应不同的变化,建筑自身变得"不确定性",变得弹性化了。从上述的理解来看,"不确定性"在文丘里

[1]参见：王发堂．畸形建筑学
［J］．哈尔滨工业大学学报(社
科版)．2008（5）：27-33.

那里是建筑形式和建筑平面的矛盾性,在詹克斯那里变成建筑形式与符号的"双重译码",在新陈代谢派那里变成了建筑物的"变化"。解构主义建筑运动的理解宽泛些,呈多层次、多层面的变化,有建筑造型的"不确定性"(盖里)、有建筑语言的把玩(埃森曼)和有建筑内部的多义性(屈米)等等。

上述对"不确定性"的理解不同导致在建筑表现上的不同,这应该也是表现出理解的不确定性。就目前来说,库哈斯、伊东丰雄、妹岛和世与西泽立卫等人,把信息时代的"不确定性"理解为建筑形式、建筑功能和建筑方法上的不确定性。之后,藤本壮介和石上纯也基本上在这个理解的基础上展开他们的建筑事业。

二、瑞姆 · 库哈斯的建筑思想[1]

库哈斯(Rem Koolhaas,1944-,图 6-38)在《疯狂的纽约》中早就注意到建筑物外在的严肃和内在的功能的"不确定性"关系,而且把这种"不确定性"归结为"大都会文化"。"大都会文化"当然是后现代文化中的一种典型代表。库哈斯在建筑功能上意识到一种"不确定性",后来的建筑实践中,发展一套设计方法的不确定性。库哈斯早年曾经当过记者和剧作家,他对社会变动的敏锐嗅觉,使得他很快地做出了自己的反应。在设计上,库哈斯把创造不是看作分析的结果,而是分析本身就是创造。正如他所说,"在程序和空间之间不存在界限",也即"在分析与创造之间不存在界限"。库哈斯的分析基于多样(不确定性)的观点,是对时代特征的深刻领悟,不带主观的成见和确定性(现代主义的方法)的看法来进行设计。创造性就来自于分析过程或者设计过程中的发现。从另外一个角度来看,库哈斯的建筑好像就是方法的结果而不是库哈斯的设计的结果。他的设计方法就是基于分析过程的"不确定性"的发现,也许可以说,他的设计似乎在质疑事物为何这样而不是那样,以一种批判的精神看待这个世界中的物和事。他的成就在于这种"不确定性"方法的首创和使用。但是,他更多地表现为,从宏观层面即在社会层面展开他的建筑设计思想和建筑设计实践。要指出的是,伊东也同时发展出了一套设计方法上的不确定性。

在建筑设计上,库哈斯从来不遵循传统的建筑设计规则,一反从既定的功能定义的方法,从功能的拆散和分解,批判性地研究功能的内在的社会含义,在对功能的肢解和分析中形成一种对功能的认识新方法,认识的结果就是产生功能内在单元的重组。这种功能的重组,在设计过程中不是作为设计的目标或者预设,而是分析过程的"不确定性"的发现,是一种创造。库

图 6-38　库哈斯

哈斯的建筑实践以这种方法作为基础，为自己的设计寻求切入点。如 CCTV 的大楼环行流线，广州歌剧院的观众厅和舞台的分离，法国巴黎图苏大学图书馆模糊楼层的设计思想，从客观上来看发展了建筑设计方法的"不确定性"，同时也发展了功能的"不确定性"。这种方法的"不确定性"基于设计方法或设计的切入点来说，在建筑史上，应该说有比较重要的意义。

库哈斯意识到"不确定性"，他的"不确定性"是表现在建筑内容或者功能的不确定性上，这是他早期在《疯狂的纽约》中的观点。后来的建筑实践中，他并没有发展这方面的观点。但是，他重新又发展了一套建筑设计中方法的"不确定性"。对于建筑问题，他不是做系统的思考，而是在做散点的思考，然后，把这些散点思考反映到建筑项目中去。从某种意义上讲，散点思考也可以说是时代的"不确定性"的某种表现，是符合时代精神的。

三、伊东丰雄的建筑思想[1]

伊东丰雄（图 6-39）的建筑思想是从自然界开始展开研究的，也即从"风"的流动启动他的建筑思想研究。"风"的特征有：流动性、飘逸性和轻盈性，即为"不确定性"的变体。从某个意义上来说，"风"可以作后现代社会的一个典型象征物而存在。正如原广司所指出的：现代主义建筑强调建筑的"机器"的象征，住宅是居住的机器，乃至"功能决定形式"都是来源于工业社会的机器工作原理。而后现代建筑则反映了"风"的象征，如果进一步研究可以发现：那就是"机器"是必然性和确定性的象征，而"风"则是"不确定性"的象征。

伊东丰雄的建筑思想追求轻盈感、流动感、如同地心引力消失的漂浮感。轻盈感是近代的美学观，目标是对自由和"不确定性"的追求。由于伊东追求建筑的轻盈性，这种轻盈性来自于他对后现代社会的"不确定性"的深刻领悟。伊东丰雄曾在《现代之外的主体意象：是否存在无临界性的居住建筑》中说："尤其在本世纪，当技术取得如此惊人的进步时，许多人就梦想着有那样的住宅，就是尝试着把我们在类似汽车和飞机这样的机械空间时所体验的令人愉悦感转化到我们的住宅中来。"从这里，我们可以看出，伊东企图打通时代的"不确定性"感和建筑艺术之间的障碍，但幸运的是，他找到了一个很好的切入点。

"不确定性"是"变化"的延伸，因此，也是"短暂性"的另一种表达[2]。伊东的建筑追求一种短暂性和临时性，这一方面与时代精神打通了，另一方面又与日本传统建筑和思想打通了。日本传统木结构的非耐久性和替造制度都是短暂性的一种表

［1］参见：王发堂，等．伊东丰雄建筑思想研究［J］．东南大学学报（哲社版）．2009（3）：83-89.
［2］正如，原广司所说："如果轻盈是空间的特征，那么短暂可以说是时间上的轻。"

图 6-39 伊东丰雄

现,或许与日本传统思想或者东方的佛教思想的"轮回"也存在着某种千丝万缕的关联性。

伊东丰雄作为天才建筑师,他说:"虽然,我从些最基本和最直觉的事物中,体味到各种各样的东西,然后将它们转变成建筑的一部分时,我融入想要转变我们社会结构的激情中,换句话,对我而言,创作建筑不是目的而只是确认我自己的生活方式的一种手段。"伊东丰雄的建筑创作不是外在于生命的设计活动,而是一种用建筑作为媒介来阐述他对当代社会的理解和体悟,建筑创作也就成为了他生命扩张的一种手段。建筑创作已经融入到他的生命血液中,并且成为他的生活方式的一种支撑。也就是说,伊东丰雄不是在用大脑,而是在用生命进行创作,大脑不过是生命用来整理混乱认识的一种工具而已。

(一)伊东丰雄的建筑思想发展

伊东丰雄的建筑设计一直围绕着后现代社会的"不确定性",他一直在致力于打通时代精神与建筑艺术之间的重重障碍,并且取得突破性的进展。他个人建筑认识的突破,在建筑史上则放大为时代的突破、历史的飞跃。伊东在不同的历史时期的研究都有新的发现,而且认识随着时间的延伸而更加深刻,在此,对他的思想发展轨迹作一个粗略的阐释。

1. 早期建筑设计思想

伊东丰雄的早期作品,多是以形式的轻盈、建筑的短暂性来获取流动感和飘浮性的意向。也就是说,对于时代的"不确定性",伊东的回应主要落在建筑形式的层面,以形式的造型方式来诠释时代精神。显然,这种以形式的意向来获取轻盈的建筑设计手法,应该还是一种外在的表现手法。但是,毕竟比起新陈代谢派停留在概念层面的思维游戏来说,已经是一个巨大的飞跃。比美国后现代建筑停留在建筑外在形式的意义的阐释来说,也是一个巨大的突破。同样,我们也可以发现,相对于欧洲解构主义建筑运动以"多元化"的概念作为基点,然后按照概念来生产建筑的方法来说,也要深刻得多。

伊东丰雄早期最惯常使用的手法就是通过轻型材料和临时性(不耐久)的材料,来表达他的建筑短暂性的想法,这个想法一直贯彻在他所有的设计中。伊东曾经说过:"建筑不是长久的存在,而是临时物的想法,是我所喜欢的。""建筑学,实际上,应该是变化无常的,是一个瞬间的现象。我无法忍受一个建筑物在地球上存留数百年,展示着它一成不变的外表。建筑的形式应该是未完成的,不重要的,并同步于自然和都市空间。"早年他在"银色小屋"使用轻型拱形屋顶和八代市立博物馆采用铝合金打孔幕墙来表现这种建筑存在的短暂性和不确定性。

伊东丰雄对当代的精神认识如此深刻，他说："人逐渐失去对场所的归属和记忆后，生活方式也变得不可预测。"而评论家哈罗德·克勒曼在文章中写道："（后现代社会中）没有人拥有安全的居所——真正的家，我们都寄住在公寓里。……事实上，我们全是处在短暂的时代。"伊东还认为建筑由于耐久性而变得不合时宜，无法适应现代城市的不可预测和人的生活方式的不可预测，建筑已经沦为城市的代谢物，一般都市消费品——用完即扔（一次性消费品）。而美国未来学家托夫勒在《未来的冲击》中，也认识到建筑的存在时间在缩短，已经成为人们的一次性的消费品。应该说，伊东对时代的脉搏把握得很准、很深刻，更为可贵的是，他找到正确的把这种后现代社会的"不确定性"转化到建筑语言的有效途径[1]。

在 1984 年设计"银色小屋"中（图 6-40），一个最为原初的想法，就是伊东企图用轻金属材料来表现临时性的思想。伊东丰雄曾经对西泽立卫说建筑非得像啤酒罐（轻、薄）不可，都反映出了此时他的指导思想。为了更加彻底和清晰地宣告自己的这种想法，伊东甚至在设计中使用布，首先在"东京游牧少女之家"就表达了这样想法。之后在游牧餐厅进一步发展这种理念，设计跟马戏团帐篷一样的餐馆。该建筑中使用的打孔铝合金墙板，金属材料的铺地和悬挂在空中的张开金属板，都在调侃目前盛行于都市中的消费主义和享乐主义，并为它们提供良好的建筑背景和氛围。

[1] 目前，笔者发现现代主义和后现代主义的发展具有惊人的相似，同样经历了理性化（理念化）和感性化（视觉化）两个阶段。现代主义发展可以追溯到文艺复兴时期，当时的建筑师意识到时代的主旋律是理性，但是，当他们转化成建筑语言时就比较笨拙，这在法国古典主义中表现得最为突出。古典主义把理性比例作为一种手段来控制建筑，但建筑形式还是传统的古典意味。只有到 20 世纪初，现代主义在建筑上把理性转化成简洁和抽象的形式后，才算在建筑语言层面表达出了时代的理性精神。也就是说建筑界把"理性"如何在建筑艺术中表达出来（即感性化），花了近 500~600 年。但是，后现代从文丘里感觉到"不确定性"到伊东丰雄和妹岛和世等充分感性化或视觉化，花了仅 50~60 年时光。

图 6-40　银色小屋（自用宅）

虽然采用轻型材料和临时性材料,是一个策略,但是这些材料所营造的空间却给人们一个惊喜。就像当年采用以速度作为取舍标准而不得不采用玻璃花房的营造方式所建造的水晶宫,带给世界的是一个全新的建筑景观一样。伊东丰雄自用宅的"银色小屋"上面的拱形的曲面顶棚,是一个活动屋面,可以自由开启,谦逊地让空气和光线自由地进入室内。即使是在关闭的情况下,透明材料仍能不阻挡阳光,整个建筑就好像笼罩在梦境(不确定)之中。整个建筑给予人的印象,好像进入了一个未来的时空隧道,他的建筑很好地诠释了后现代社会的虚幻和不确定的时代感悟。

轻型材料和临时性材料的外在形式来本来就显得轻盈飘绕,而这些材料在事实上可以创造一个半透明的空间,这是伊东建筑设计的一个意外的收获,而正是这个收获启示他,使得他的建筑思想向更深一步去拓展,丰富建筑表现语言。他的关注点转向材料的质感(即材料的透明或半透明)所营造的意境和气氛方面就顺理成章了。

伊东还经常提到了建筑的表皮化设计,所谓的表皮化设计应该就是后面提到的形式不确定性的一种表现。伊东的表皮建筑似乎完全摆脱了建筑重力的制约,建筑的窗户和楼层的概念都似乎消失了。建筑的外表可以像人穿衣服一样,完全不受重力约束。表皮化设计应该是建筑形式不确定化的一种特例。建筑表皮化至少是在几个层面上表现出"不确定性",一是建筑形式脱离了功能的限制,二是脱离了结构的限制,三是摆脱了风格的限制。建筑表皮在当代建筑中完全成了一张可以随时更换的建筑之皮。

这里顺便提一提参数化设计(Parametric Design)、数字化设计(Digital Design)和非线性化设计(Non-linear Design)。对于这些新生事物,在高科技的大国美国发展很快,也受到国内很多建筑师的追捧。下面以参数化为例来说明阐述一下。所谓参数化设计,把建筑设计视作一个复杂的动态系统,把设计中考虑的不同因素设定为参数变量,在考虑所要实现目标和软件可行性的基础上,分析各个参数变量之间的内在逻辑关系,由此建立数学化参数模型。在参数模型的平台上,运用计算机软件生成建筑体量、空间、形式或结构等等。最主要的是通过改变参数变量的值,便可以获得多解性及动态性的设计方案。参数化设计为建筑师的创作提供了一种新的工具。

参数化设计作为一个新生事物,可以提供给世人一个全新的建筑形象。部分建筑师认为参数化建筑将在混沌科学的理论的引导下,成为信息社会的标志,必将成为引领未来世界建筑的新潮流。从两千多年历史的发展规律来看,衡量一种建筑思潮或者风格能否成为主流的标志,第一是看建筑风格或造型是否与主流建筑材料的内在结构相一致。第二是看建筑风格是否能够充分反映出这个历史时期的时代精神。第三是看建筑风格是否能够与人性产生某种关联性。现代主义建筑满足第一项和第二项,却忽视了第三项而受到批判。参数化设计难以满足的也就是第三项。值得指出的是参数化建筑设计是一种方法,而非(人文)思想,应该不太可能发展成为一种建筑运动或者风格。数字化设计(Digital Design)和非线性化设计(Non-linear Design)的命运也大抵如此。

2. 后期建筑设计思想

伊东丰雄后期建筑思想开始由对材料的形式层面利用,转变到对材料质感层面的研究。到了此时,伊东的建筑思想上升到了一个新的高度,即从建筑材料的质感上来获取这种轻盈感。这种超越形式而深入到质料中是伊东丰雄建筑思想的一个飞跃。当然,作为早期建筑思想的合理的开发和延伸,他一直没有摆脱对材料形式的青睐。对伊东丰雄的建筑思想的转变,采取这样的一种说法更为恰当:早期对于建筑的流动、飘逸和轻盈感的意向是相当于绘画艺术上的一种写实的手法,而后期则采取了一种相当于中国画的写意手法,也即从强调形体所营造的视觉形式上的轻盈感,进而转向"意境"中的轻盈。

伊东丰雄发展了一种对半透明的特殊艺术趣味,尤其是透过金属板所见到的半透明性。他认为透明会让人觉得没有层次,如果将透明的墙壁再次挡住,会创造出更多的层次。他甚至在有意识地探讨玻璃幕墙的意境,通过控制玻璃的透光率,改变所营造的建筑气氛和环境。在这方面,需要开拓的空间和余地都很大,反正他已经深深地进入到材料的质感中寻求"不确定性"的感觉,而这给他的创作带来了更多的自由空间。

为伊东丰雄赢取世界声誉的作品仙台媒体中心(1995-2001)(图6-41),就是这种认识深化后的成果外化。在这栋建筑中,伊东提出了一种"建筑模型"理论。所谓的"建筑模型",就是回避通常建筑的板、柱和梁的功能确定性和规定性,反对建筑形式主义,通过减轻建筑物自身的重量和调整结构力学内在分布来获取建筑结构上的轻巧和欢快。在他的建筑模型中,一个极端简单的建筑概念包括三个元素——(地)板、管(道)和表皮。地板是由蜂窝式的钢板结构和轻质混凝土组成的夹心钢板,在保证结构完整和硬度的同时,使用厚壁细长的钢管作单层构架,能够使主体结构高度透明坚固,便于光线穿透和空气的流通。管道是13个树型的结构。它们垂直插入平板,连接小面的平板成

图 6-41　仙台媒体中心

为一个整体。同时,管道也用来作为垂直交通空间以及能量如光、气与水等等和信息的管道。伊东无不自豪地说,这些管道实现了自然资源和电、气在板层的同种空间里的运动。表皮,就是指建筑内外分隔的表皮,尤其是面朝主要街道的双层玻璃表层。

仙台媒体中心轻巧的楼板和由倾斜的钢管结合而成的管道形成了一个轻盈的视觉感受,再加上表皮的玻璃的使用,使得整座建筑显得空灵、朦胧和氤氲不定,玻璃的反射与折射使得建筑室内犹如陷入一种视觉迷宫之中,这些都使得仙台媒体中心成为艺术精品。但是,伊东的解释在他的建筑前面往往显得苍白无力。比如他认为,借助它的这三个简要环节原理(即板、管和表皮),媒体中心将出现一个将电子流的人体和自然原始的人体整合在一起的空间。

(二)伊东丰雄的建筑方法论

伊东不仅成功地认识到时代精神,而且成功地打通了时代精神和建筑学上的关联性。伊东在建筑界首创了形式的"不确定性",发展到后来质料上的"不确定性",总称为感觉或者说视觉上的"不确定性"。但是,他的视觉上的不确定性也不是孤立和突兀的,而是有着方法上的支持。

伊东认识到当代建筑的特征即轻盈性和短暂性,以与传统的钢筋混凝土建筑笨重和耐久相对立,这是建筑形式上或视觉上的"不确定性",但他还认识到建筑的存在也应该在"不确定性"方面有所反映,这也就是说,他的建筑方案并不追求完整,在别人看来,他的建筑总是处在一种未完成的状态。伊东有时并不在意他的问题是否全部被解决,反而注重建筑的这种未完成的状态。建筑的未完成状态,与一个青年人的未来一样,由于都处于未完成的状态,总是能给予人很多遐想和憧憬,这其实就是利用(时间上)距离产生美的原理来彰显"不确定性",赋予这种"不确定性"的审美上的价值。其实,这也是早期建筑风格的"流动性"的合乎情理的发展,流动是"存在"的过渡,是两个存在之间无间断变化的状态,也即流动(即总是未定形)是一种"不确定性"的状态展现。

[1]参见:王发堂.确定不确定性的确定性[J].建筑师.2009(4):51–57.

更为难能可贵的是,伊东还发展了方法的不确定性,与现代主义思考方法相反,即首先确定最佳解,再按照最佳解去做深化,甚至未完成都被认为是坏事。而伊东发展的后现代建筑创作方法,应该是一边创作一边思考,到达了某一点以后,才知道下一步应如何面对,在不断地发现未知的过程中,进行"不确定性"的设计方法。如果在设计初期阶段就已经拥有了完美的构思,那么只能针对一个设想的答案去进行设计,设计过程中,就消灭了方案发展的充满多种的可能性和"不确定性"。这是与时代精神相背离的。这种方式在他的学生妹岛和世与西泽立卫那里被改造成为具有操作性的实践。

四、妹岛和世与西泽立卫的建筑思想[1]

建筑界从上个世纪60–70年代至今,一直酝酿和加深对"不确定性"的认识,虽然经过了后现代主义和解构主义的概念层面的解读,终于走向其拨开云雾见天日的时候,这在新一代的建筑师如妹岛和世与西泽立卫(图6–42)身上表现得尤为明显。在前面的师承关系上,可以看出建筑上的"不确定性"表现在三个方面,这三个方面只有作为三位一体完整地融合在一起的时候,才能确定地说建筑界对后现代社会中"不确定性"真正地领悟了和理解了。这三个方面分别是:形式上的不确定性,功能上的不确定性和设计方法的不确定性。其实,还有概念的不确定性,观念的不确定性等等。这些都可以归属到上面的三种之内,从目前建筑界的发展状况来讲,和当代人们对建筑认识深度来看,分成三个方面来论述,应该说可以比较全面地把建筑上的"不确定性"的发展成果阐述清楚。

(一)形式的不确定性

形式的不确定性,正确的说法应该是视觉上的不确定性。

图6–42　妹岛和世和西泽立卫

图 6-43　巴伦西亚近代美术馆

图 6-44　纽约新博物馆

　　伊东丰雄的"不确定性"主要表现在建筑的轻型材料的使用,从而造成建筑的轻盈感或者说漂浮性。伊东是从风的研究开始对建筑的流动性和轻盈感作理解的。初期,他对"不确定性"的理解,也多局限在形式的"不确定性"上。到了后来,他偏向了对"半透明性"的理解,这个转变应该是对形式"不确定性"的理解的飞跃,甚至可以这样说,是从写实性的"不确定性"向写意性的"不确定性"的巨大飞跃,这一点至关重要,乃至后来影响到妹岛和世与西泽立卫的建筑的视觉上的"不确定性",使得他们建筑的空间通灵剔透,具有"禅"一样的纯净空间(图 6-43)。

　　妹岛和世与西泽立卫领悟到了这点,并且把老师的认识推到极致。妹岛和世与西泽立卫的建筑处理,没有像伊东丰雄那样,用材料的"形式"来营造轻盈的气氛。他们的建筑形式反而是笨拙的方形、圆形或方形和圆形组合而成的。他们的建筑外在体量(形式)透出了一种拙朴,但是他们建筑的材料(透明性或半透明性)的使用,应该说削弱了形式(体量)的呆板。他们的很多建筑采用了玻璃和半透明的玻璃作为外围护结构,但是它们并不是完全透明的玻璃,或者有意识地在玻璃的光学效果上作一番研究和改进。即使用实体的墙面作为围护结构,他们也尽量减薄墙体的厚度,提高墙体的明度和亮度,以尽力降低墙体的笨重(确定)感和敦厚感。有时在墙体上随意开设洞口,也是营造轻盈感的有效措施。在建筑室内多采用密柱,以尽量减少柱子的直径,以获取建筑上的轻盈感。同时也尽量压薄楼板和屋顶的厚度,来降低楼板和屋顶的自重,从而在形式上减少笨拙感,建筑层间相错,似乎随意堆砌(图 6-44)。上述的方法可以确保获取写实上的"不确定性"。同时,在室内的饰面材料上尽量要用反光或透光的材料。

最让人惊讶的是,他们写意上的"不确定性"感,他们把视觉上的"不确定性"几乎推到了极致。在透明或半透明的玻璃室内,阳光透过半透明玻璃弥漫在室内,光线被钝化而变得柔和。浅色或白色或朦胧透明的或反光等材料,不断钝化光线,同时透过或反射柔和光线,经过透明材料或半透明材料的光线在室内轻盈地来回传递(反射),最终使得室内形成一个朦胧、纯净和半透明的"光的海洋"。这种"光的海洋"呈现天堂般的美丽和魅力,把时代的"不确定性"感用建筑语言的形式表现得淋漓尽致。不是晶莹、不是剔透,而是朦胧、氤氲和柔和,纯净得近乎禅一样的空间。我们眼前只有柔和的光线,物体消失了。视觉上的感受,给予人心灵强烈的震撼,与现实生活中弥漫着电子媒体时代的虚拟世界的"不确定性"融为一体。他们的建筑作品使我们似曾相识地体验到电子时代的"非真实的梦幻世界"。在我们内心深处获得的电子时代的"不确定性"印象,在我们眼前奇迹般地出现了,我们感到精神(或者灵魂)与外在物质世界融合了,我们感受到这个时代的脉动和心跳。"不确定性"感在我们不同感觉和体验中来回游动,最终使我们融合在这个时代的"不确定性"中。"不确定性"精神成为我们生命和生活的一部分,它同时有助于我们进一步深入到这个世界的玄奥深处,体验来自于宇宙的奇妙,充盈我们单调的心灵。

(二)功能的不确定性

功能的"不确定性",正如上述提到过一样,库哈斯早在1972年写作《疯狂的纽约》时,就已经意识到。不过后来,库哈斯仅是从宏观层面,对现有的功能单元,打破进行重新组合而已。而妹岛和世与西泽立卫在库哈斯的影响下,以及在日本文化作为中介的情况下,他们极其深刻地领悟到时代的脉搏。在某种意义上说,妹岛和世与西泽立卫对功能的"不确定性"的理解,是以日本的禅文化的内心细腻和独特感受作为接受基底。这样,功能的"不确定性"是从库哈斯的宏观层面的功能的分析与组合,到了他的继承者的思想中,变成了微观层面上的对人的基本欲求和日常需求的分析。也就是说,库哈斯的思想和妹岛和世与西泽立卫的思想之间已经发生很大的飞跃,从宏观层面已经跃到微观层面,而且深入到人性之中,应该说妹岛和世与西泽立卫的这一飞跃是历史上建筑发展的一次飞跃。这里值得指出的是,在现代建筑大师中,路易·康的功能设计方法与此类似。

妹岛和世与西泽立卫的风格被库哈斯称为"平面建筑图"。

他们先是设想在一幢建筑中发生的日常生活行为,以特定业主的爱好、趣味乃至教育背景等作设计的出发点。如果以抽象人性作出发点,就产生功能遮蔽。因为不同的业主的不同的性格或喜好等等都被一元化(确定化)或者抽象化,这种确定性思想与时代精神格格不入,它无法满足人们内心中多元的和不同的欲望,无法激励个性化和多元化,自然被历史抛弃也是情理之中的事。

而妹岛和世与西泽立卫,他们对建筑的日常活动的分析,同时对这些活动进行一种新的归纳和分析,并且与业主取得思想上的沟通,结合业主个人的生命体验和经历,综合设计师对日常生活的分析或人性的理解,定格于业主所喜欢的某些生活经历片段作为构思的源泉。以这样的构思作为设计中的主题,从而排斥其它的一些传统的功能分析,并且把这种构思作为基础,放大或者是同构繁殖,真正把设计做到了业主的内心深处。从某些意义上来说,妹岛和世与西泽立卫抓住业主的某一方面的偶然的生命经验,这种经验也许是业主自己内心潜藏多年,而自己也许未曾意识到,而被妹岛和世与西泽立卫给揪出来、放大、突出,为业主量身而订做建筑。建筑师把业主的特殊的偏好或者欲望,进行放大,变成在建筑中的一种普遍性的东西,这是妹岛和世与西泽立卫的建筑功能"不确定性"的精髓。要指出的是,这里的普遍性只是针对特定的业主而言,不是针对抽象的人性而言。

他们的设计源自于他们对人性的深刻理解,源自于他们对周遭生活和现实的深刻领悟。由于设计的功能的"不确定性",即使同一类型建筑如别墅,也会造成千差万别,因此,他们突破常规的功能分析的循规蹈矩,他们以心理医生的职业精神来观察生活,研究人们的日常行为,企图从中挖掘出活生生的和水灵灵的鲜活人性和生活。在他们的心中,根本没有规则(确定性)可言,一切都是"不确定性"的,一切都是变化的,一切都是"虚幻的",唯一真实的是他们在为活生生的人做设计,作"心理"分析。他们对业主的或潜在客户的日常需求欲望的解读,并且用建筑语言把他们清晰地表现出来,他们的建筑"(而是)放任和鼓励藏于人们内心的随机性的行为"。妹岛和世曾经说:"我所追求的目标之一是要抛弃固有的、过时的住宅模式,而重新建立一种新的模式。我认为这种固有模式很独断独行,没有现实基础。""在 N- 博物馆和弹球盘厅的结构设计中是为了表现人们在其中的活动轨迹。在 Y- 住宅的设计中,我试图把人们活动的轨迹与周围的环境协调在一起。"

由于妹岛和世与西泽立卫抓住人性的某一特定欲望或需求

加以放大,因此,整个建筑的组织就肯定存在一种功能的同构性,这必然表现在建筑空间形式的同构性和相似性,因此他们的空间或者形式就显现出视觉上的相似性,也即简化了建筑内在空间的复杂性,使得他们建筑上显得很纯净、干脆和简洁,这应该是这种方法"自动"带来的结果。在某种程度上表现为:"当你试图探索和理解妹岛和世与西泽立卫的世界时,令你惊讶的是无需任何努力,你已经走进了他们的世界。但同时你又发现那儿并没有什么可以探索的东西,没有什么可以理解的东西。简单的错觉不久就消失了,之后,我们什么也看不见。"因此他们建筑空间的内在品质的简洁与形式的简洁,强化了他们建筑的轻快和"不确定性"的品质。简洁并不简单,这也是他们的建筑思想的玄妙之处。

在再春馆制药女子公寓中,没有刻意的功能分析。在该设计中尽量不分割死空间,最具特色的是像马桶、厕所和厨房等设施随意地散落在建筑之中,没有刻意的安排,一切都是"不确定性"的。"一切都是反对程序化和刻板。在李子林住宅中,建筑师抓住小女孩内心交流的欲望,然后放大,使得该建筑的窗户剧增,从哗哗作响的窗户,看到一个房间到另一个房间,令人在不可思议的视觉感受中展开、延伸。""栈桥 I"中他们抛弃了以日常活动为基础形成的功能组团,而直接研究日常活动,并且把 Platform(栈桥)的概念加以放大,上升为建筑的主题。在他们后来的公共建筑中,由于业主不是单独的个人,而是一个团体,这样使得设计很容易滑向抽象的功能主义,但是他们并没有,他们而是走向对某一群体(即该公共建筑可能用户)的潜在欲求的研究中,这一点无疑对他们来说也是具有相当大的挑战。但是他们不负众望,迅速地完成了这个转变,近年来,在国际上的不断中标就是世界对他们这种转变的认可。2010 年普利策奖授予妹岛和西泽,表明建筑界对他们的肯定和赞赏。

(三)方法的不确定性[1]

这一点应该是前两种"不确定性"的一个基础或者是一个保障,也就是说,先具有方法的"不确定性",才能保证形式的"不确定性"和功能的"不确定性"的结果。因此,方法的"不确定性"研究与他们内心的思想更为接近或者说本身就是他们思想一个最直接的外现。研究他们的方法"不确定性"就是接触到他们思想精髓最切近的途径。

妹岛说:"我所经历的是设计过程本身和在寻找过程中无数的可能性,对我来说,设计就是一个不断接受的过程。"妹岛和世与西泽立卫在设计初期尽量避免概念,也尽量排除或不超前决定他们的目标和方法。即使到设计的第二阶段,他们也尽

[1]方法上的不确定性不是指设计方法的不确定性,而是指设计过程对方案深化所持的一种无法预料的态度。有人误解了我的提法,误认为方法上的不确定性是无章法、无规矩之意。

力把新的可能性放进系统中。在很多设计中,他们不确定主题,只是随着各种可能性的深入,才会慢慢地转入到主题中。设计过程中,没有确定的主题,没有确定的概念,一切都是在设计项目的分析过程中,展现出它的各种不同的特征和魅力。由设计师凭借直觉在过程中捕获有价值的信息,一切都处在"不确定性"之中,一切都处在"模糊"之中。从表面上,好像是这套设计方法在"自动"产生设计成果。

他们的设计方法另一个可贵之处,就是"我们通常表现为把一项工程线形地分解为众多的部分动作,从最初的缺乏决心到定义工程中每个可能的重要方面"。从表面上简单理解为,我们把每个工程分成不同子项目,然后由子项目的内在规律决定该项子项目的内容或者形式,建筑师在收集子项目后,再结合自己的理念而设计出一个建筑项目,这是通常的设计思路(即目前设计院体制常见的设计方法)。妹岛和世与西泽立卫的设计方法完全与上面的理论中不同甚至相反,上述方法可以称为"从下而上"的设计方法,而他们方法则是"从上而下"的设计思路。

在设计过程中,妹岛和世与西泽立卫紧抓住他们的宗旨——"不确定性"。首先要保持一种"原始理念",也即"不确定性"的理念。其他什么都可以不定,就这点是肯定的。他们把工作细化成各个细小的部分,但各个细小的部分有这个"原始理念"即"不确定性",围绕这个"不确定性"展开研究,紧紧地抓住这个"不确定性"的中心。比如,在设计结构时,他们总是与工程师紧密结合,为了保持形式上的"不确定性",即轻盈,他们把柱子直径压缩到 6 厘米左右,这样势必增加柱的密度,反过来,由柱的密度来反推柱子的直径,不能放松对原始理念的追求,更不会接受结构工程师提出的符合结构规律但破坏"不确定性"的结构方案。而我们通常的设计方法,把方案交给结构工程师,结构工程师根据结构的内在规律,对方案做了符合结构规律的修改,方案此时回到建筑师那里已经面目全非了,或者建筑师在设计之初就把结构规律加予方案之上。因此导致了结构规律侵占了建筑师的想象空间,窒息了建筑师的创造性。最后,不同子项目收集起来了,建筑方案与设计师的原始想法可能相距甚远,建筑师只能在这样的基础上做些有限的思考和修改。大多数建筑师都曾有过体会:最初的设计方案未成形时非常美妙,在外化为现实时或发展成清晰的建筑方案时,经过各个工种的修理,已经面目全非了。妹岛和世与西泽立卫的方案则尽量排除这些工种对他们原始理念的限制,而在每个阶段事必躬亲地与其他工程师交涉(不是交流和协商)。他们决策事无巨细,比如:"从一堵墙的厚度到玻璃的固定方式,从承梁木的深度到地板的宽度比例"。他们这一套"从上而下"的设计思路，排除了外在因素的干扰，尽量保持他们"原始理念"的生命力，致使他们的建筑设计在最终成果上表现出他们所坚持的"不确定性"的意向和感觉。在设计过程中，正如他们的老师伊东丰雄所说："好像局外人叫做工程的工作消失了"。

五、其他年轻建筑师的探索

伊东丰雄、妹岛和世与西泽立卫的探索，很多都已经成为时代的表征，成为时代的符号被广大建筑师所接纳，到处运用。一是建筑的白色和轻，二是建筑的不规则开窗，三是建筑物的细小柱子，四是细薄而又轻盈的墙体。

在妹岛和世之后，日本新生代建筑师开始成长起来了，这其中杰出的代表有藤本壮介（Sou Fujimoto, 1971-，图 6-45）和石上纯也（Junya Ishigami, 1974-，图 6-46）等等。

正如伊东丰雄评价藤本壮介说，新生代建筑师喜欢白色和简洁的抽象形式，设计取向有点接近密斯的"少就是多"的思想，追求极致美（the minimalist beauty）。伊东认为，藤本的极少有意追求取悦感官的建筑质感，这也是他与历史上的纯粹极少主义不同之处，追求感性而非理性，或者说藤本更关注理性时代中感性的艰难现状（图 6-47）。

图 6-45　藤本壮介

藤本提出了一个概念——"原始的未来"（primitive future）。原始和未来是时间轴上的两极，中间的是当下。"原始的未来"中，"中心"是未来，是目的；"原始"是修饰词，是手段。藤本希望通过对人类过去的洞穴和巢居习惯的研究中找出一些线索，作为未来建筑设计的依据。洞穴和巢居是人类建筑的萌

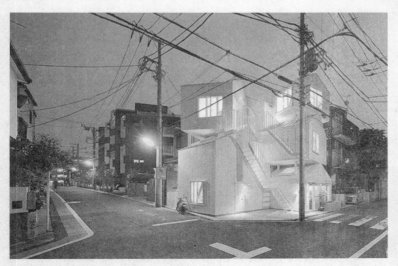

图 6-47　东京公寓

图 6-46　石上纯也

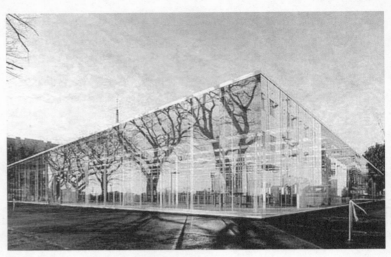

图 6-48　神奈川工科大学 KAIT 工房

芽状态的原始形式。巢居是人类经过精心建造的居住空间,而洞穴则是有如容器一样的原始且粗糙的空间,人类在其中有再创作的余地。因此,藤本更喜欢一些洞穴。

藤本的建筑思想指向了建筑的知觉和感受。由于成长环境的原因,他对建筑的质感或者更准确地说对木材质感的敏感如他的终极木屋(Final Wooden House),使得他更加关心人与自然的关系,试图把那份属于人类的自然记忆赋予未来的建筑(如 House N),以此拉近人与自然日益疏远的关系。

除了继承了伊东和妹岛和世的建筑中的白色与轻盈之外,人们似乎找不到藤本思想中的“不确定性”的基因,或者说在他的建筑思想基因中,也许会使他未来的建筑道路偏离“不确定性”大方向。对于这一点,由于藤本的思想也正处于酝酿定型时期,未来的发展方向有待进一步观察。

另外,相对于藤本与伊东走得比较近,石上纯也(图 6-48)就与妹岛和世的关系更密切一些,他曾经在妹岛和世的事务所工作过。从某个意义上来讲,石上纯也与时代的“不确定性”更为密切些。

他的作品显现出那种空灵和不确定性。他继承了妹岛对建筑的理解,即建筑的轻盈和建筑的模糊。其作品神奈川工科大学 KAIT 工房(2008 年),是一个学生工作室,约 2000 平方米带有四角平面的平房型建筑物。镶嵌着玻璃的外墙和带有天窗的平型屋顶,内部设有林立的细长的异型薄壁柱子,柱子是像薄板一样的物体,由 305 根柱子稀疏地竖立延伸而成。事实上神奈川的 KAIT 工房的结构表现也非常具有特色,即 305 根柱子只有 42 根是受压构件,而另外 263 根柱子则是受拉构件。整个建筑就像绷紧了的构架（相当于施加了预应力），轻盈的构架在充满张力的状态下制造着一种坚强。

这些柱子与其说是建筑物的支撑构造，其实更多的是定义空间的疏密与空间的品质。柱子、屋顶和墙面的玻璃，营造出了跳跃着光线的硕大空间，加上"凌乱"的不规则异型柱，营造出一个有张有弛的紧张空间，工作在其中的人们置身于一个柱林中的童话世界。

从这个建筑可以看出，石上纯也在极力探讨空间的形态的可能性和建筑之轻。在麒麟艺术支援计划中出品的"table"（2005年，图6-49）也是一个探讨物质之轻的作品：一个9.6米长、6毫米厚的单片预应力钢作品使自己薄得几乎要消失，在其上精致地布置着各种物体和植物。在这件装置艺术中，物质与

图6-49　"table"（2005年）

图 6–50 "立方形气球"（2005 年）   图 6–51 "野餐（picnic）"

结构支撑已接近于无，剩下的是一个漂浮的世界。在东京当代
艺术博物馆的"未来空间"（space for your future）展上，石上的
作品"立方形气球"（square balloon，图 6–50）同样给人以震撼：
一个体量庞大重达 1 吨如五层楼的扭曲立方体在氦气作用下升
至空中，外壳为闪亮的铝材质。重量被遮蔽，气球被虚化，同样
在思考重与轻的辩证关系。

石上纯也的作品给予人一种独特的纯净和纤细的感受（图
6–51）。在当代日本青年建筑师中有一种倾向，就是把建筑的感
受推向一种极致的倾向，这个倾向在妹岛和世就已经开始出现。
这种极致状态的研究容易看到事物的本质或者说事物展现自身
最为丰富的时刻。对于研究建筑或者探索空间来说，是一种不
可多得的研究方式。但是这种探索方式应该仅限于先锋探索中，
不能够越界而在生活世界遍地开花式地铺开。本书作者隐含一
种担心，就是怕这些探索和美好的意向在生活中无限制的繁殖，
最终导致一种灾难，就好比当年密斯的极少主义一样，导致国际
风格的泛滥，最终导致后现代的提前退出历史舞台。

通过上述的阐述，人们可以得出当代建筑思潮的大致方向，
这种大致方向也是根据目前研究的成果在做一种推测或者假
设，当代建筑未来的发展道路依旧是处于"不确定性"之中，正
如本书的核心所揭示的一样。当然，"不确定性"并不是意味着
一种混乱，而是一种存在着无穷发展的可能性，一种富有强盛的
生命力进而创造出奇迹的可能性。这种可能性绝对不是空中楼
阁，能够脱离历史而存在。"不确定性"并不是在宣扬一种神秘

的状态，而是在揭示事物面向未来的无穷的生命潜力。"不确定性"不是在否定科学的确定性，而是在揭示科学理论发展的状态，进而指出科学真理的相对性和局限性。不确定性就是基于作为人类自由而发展出来的理论。人类自由总是一直在冲破外在客观世界的必然性的限制，而按照自己的意图创造出美好的世界。突破交流的限制而创造出语言，突破重力而制造出飞机和火箭等等，都表明了人类创造力的旺盛和强大。

中国建筑界未来的发展也是充满不确定性，目前国内的探索已经取得了一定的成就，一些青年先锋建筑师与发达国家先锋建筑师们处在同一个起跑线上。本书期望他们能够不落后于其他国外先锋建筑师们，同时能够把国内的建筑界引领到一个健康的建筑大道上[1]。

[1]国内建筑界的发展面临着诸多问题，如建筑设计市场环境的清理（如设计收费的混乱）、建筑师组织体制（如设计院）的理顺等等。最为主要一点是，建立起自己的专业标准，不至于把建筑投标变成效果图的比拼，最终被外界的资本或者权力所牵制。建筑界应该早日建立起一套自身的标准，以便把资本或者权力的牵制降低到最小。建筑界的发展应该由建筑师们来掌握，社会的建筑品味应该由建筑界来提供和培养，而不是反过来由社会或其他力量来控制。

后　记

　　2008 年博士毕业后，我就一直在计划写这样的一本书。但是世事难料，生活中的众多磨难，使得这本书一直搁浅。书是 2009 年开始写，但是在 2009 年 9 月 9 日晚，小偷光顾寒舍把笔记本电脑和硬盘连同电脑中的书稿一扫而光，直接挫伤了本人的积极性。再加上职称评审上也受了点挫折，再次影响了本人的积极性，一直懒得动笔写。因此在此应该好好感谢创新基金，没有它的基金支持和时间上的敦促，这本书也许就永远处于酝酿的"不确定性"之中了。

　　本书的观点"不确定性"仅是为理解现代主义之后的当代建筑思潮提供了一个理论框架。我希望在学术界能够涌现出更多的这样的理论框架，为建筑界理解当代建筑思潮提供更多的可能性。本书的"不确定性"要是能够作为一块"砖"，进而引来成千上万的"玉"来，也就获得了存在的价值。

　　在此，要感谢一切曾经给予过我帮助的亲人和师友，特别要提到的是杨昌鸣教授和邹德侬教授，他们在我的学术之路上所起到的作用，是我无法用语言加以表述的。另外，还要感谢 2010 级和 2009 级的部分学生，他们对该书原稿进行了校对。

王发堂

2011 年 12 月 12 日

参 考 文 献

一、论著：

[1][美]丹尼尔·贝尔. 后工业社会的来临[M]. 高铦,王宏周,魏章玲译. 北京：商务印书馆,1984.

[2][美]约翰·奈斯比特. 大趋势——改变我们生活的十个新走向[M]. 高铦,王宏周,魏章玲译. 北京：中国社会科学出版社,1984.

[3][美]阿尔温·托夫勒. 第三次浪潮[M]. 朱志焱,潘琪,张焱译. 北京：生活·读书·新知三联书店,1983.

[4][美]阿尔温·托夫勒. 未来冲击[M]. 孟广军,吴宣豪,顺江译. 北京：中国对外翻译出版公司,1985.

[5][英]E. H. 贡布里希. 木马沉思录[M]. 徐一维译. 北京：北京大学出版社,1991.

[6][美]史蒂文·C·布拉萨. 景观美学[M]. 彭锋译. 北京：北京大学出版社,2008.

[7][英]厄内斯特·盖尔纳著. 民族与民族主义[M]. 韩红译. 北京：中央编译出版社,2002.

[8]王发堂. 建筑审美学[M]. 南京：东南大学出版社,2009.

[9][美]约翰斯顿. 情感之源[M]. 翁恩琪,刘赟,刘华清译. 上海：上海科技出版社,2002.

[10][英]霍金. 时间简史[M]. 许明贤,吴忠朝译. 长沙：湖南科技出版社,1996.

[11][美]纳托利. 后现代性导论[M]. 潘非,耿红,聂昌宁译. 南京：江苏人民出版社,2005.

[12]王岳川. 后现代主义文化研究[M]. 北京：北京大学出版社,1992

[13]张祥龙. 海德格尔传[M]. 北京：北京大学出版社,2008

[14]张祥龙. 当代哲学笔记[M]. 北京：北京大学出版社,2005.

[15]刘放桐,等编. 新编现代西方哲学[M]. 北京：人民出版社,2000.

[16]高宣扬. 后现代论[M]. 北京：中国人民大学出版社,2005.

[17][美]马林·卡林内斯库. 现代性的五幅面孔[M]. 顾爱斌译. 北京：商务印书馆,2002.

[18] [美]马歇尔·伯曼. 一切坚固的东西都烟消云散[M]. 徐大建,张辑译. 北京:商务印书馆,2003.

[19] 罗荣渠. 现代化新论——世界与中国现代化进程[M]. 北京:商务印书馆,2004.

[20] [美]大卫·库尔珀. 纯粹现代性批判——黑格尔、海德格尔及其之后[M]. 藏佩洪译. 北京:商务印书馆,2004.

[21] [法]利奥塔. 后现代与公众游戏[M]. 上海:上海人民出版社,1997.

[22] [德]康德. 纯粹理性批判[M]. 邓晓芒译. 北京:人民出版社,2004.

[23] [美]尼古拉斯·佩夫斯纳等. 反理性主义者和理性主义者[M]. 邓敬等译. 北京:中国建工出版社,2003.

[24] [美]弗里兰. 西方艺术新论[M]. 黄继谦译. 南京:译林出版社,2009

[25] [英]佩夫斯纳. 现代设计先驱[M]. 王申祐译. 北京:中国建工出版社,1987.

[26] 福柯. 何谓启蒙[A]. 汪晖. 文化与公共性[C]. 北京:三联书店,1998.

[27] [美]弗兰姆普敦. 现代建筑:一部批判的历史[M]. 张钦楠等译. 北京:生活·读书·新知三联书店,2007.

[28] 盛宁. 人文困惑与反思——西方后现代主义思潮批判[M]. 北京:生活·读书·新知三联书店,1997.

[29] [美]贝斯特,科尔纳. 后现代转向[M]. 陈刚译. 南京:南京大学出版社,2004.

[30] [英]赫伯特·里德著. 现代绘画简史[M]. 刘萍君等译. 上海:上海人民美术出版社,1979.

[31] 埃伦·H·约翰逊编. 当代美国艺术家论艺术[M]. 姚宏翔等译. 上海:上海人民美术出版社,1992.

[32] [美]文丘里. 建筑复杂性与矛盾性[M]. 周卜颐译. 北京:中国建工出版社,1991.

[33] [美]潘诺夫斯基. 视觉艺术的含义[M]. 傅志强译. 沈阳:辽宁人民出版社,1987.

[34] [德]克鲁夫特. 建筑理论史——从维特鲁维到现在[M]. 王贵祥译. 北京:中国建工出版社,2005.

[35] 王受之. 世界现代建筑史[M]. 北京:中国建工出版社,1999.

[36] [英]惠特福德. 包豪斯[M]. 林鹤译. 北京:生活·读书·新知三联书店,2001.

[37] [意]布鲁诺·赛维. 现代建筑语言[M]. 席云平,王虹译.

北京:中国建工出版社,2005.

[38][澳]约翰·多克.后现代主义与大众文化[M].吴松江,张
　　天飞译.沈阳:辽宁教育出版社,2001.

[39][美]弗兰姆普顿.建构文化研究[M].王骏阳译.北京:中
　　国建筑工业出版社,2007.

[40]薛恩伦,李道增.后现代主义建筑20讲[M].上海:上海社
　　会科学出版社,2005.

[41]沈语冰.20世纪艺术批评[M].杭州:中国美术学院出版
　　社,2003.

[42][美]詹克斯.后现代建筑语言[M].李大夏译.北京:中国
　　建工出版社,1986.

[43]罗小未.外国近现代建筑史[M].北京:中国建工出版社,
　　2004.

[44]郑时龄,薛密.黑川纪章[M].北京:中国建工出版社,
　　1997.

[45]马国馨.丹下健三[M].北京:中国建工出版社,1993.

[46]邱秀文.矶崎新[M].北京:中国建工出版社,1992.

[47]吴耀东.日本现代建筑[M].天津:天津科技出版社,1997.

[48][美]罗伯特·索科拉夫斯基.现象学导论[M].高秉江译.
　　武汉:武汉大学出版社,2009.

[49][英]玛格丽特·A·罗斯.后现代与后工业[M].张月译.
　　沈阳:辽宁教育出版社,2002.

[50]何新.我的哲学思考:方法与逻辑[M].北京:时事出版社,
　　2008.

[51]陈嘉映.语言哲学[M].北京:北京大学出版社,2003.

[52]沈克宁.建筑现象学[M].北京:中国建工出版社,2008.

[53]彭怒,支文军,戴春.现象学与建筑的对话[M].上海:同济
　　大学出版社,2010.

[54]倪梁康.现象学及其效应——胡塞尔与当代德国哲学
　　[M].北京:生活·读书·新知三联书店,1996.

[55]邓晓芒.中西文化视域中的真善美的哲思[M].哈尔滨:黑
　　龙江人民出版社,2004.

[56][法]梅洛—庞蒂.知觉现象学[M].姜志辉译.北京:商务
　　出版社,2003.

[57][挪威]诺伯特—舒尔茨.存在空间建筑[M].尹培同译.北
　　京:中国建工出版社,1984.

[58][德]海德格尔.海德格尔选集[M].孙周兴译.上海:上海
　　三联书店,1996.

[59]大师系列丛书编辑部.妹岛和世＋西泽立卫的作品和思想

［M］.北京:中国电力出版社,2005.

［60］大师系列丛书编辑部.伊东丰雄的作品和思想［M］.北京:
中国电力出版社,2005.

［61］大师系列丛书编辑部.瑞姆·库哈斯的作品和思想［M］.
北京:中国电力出版社,2005.

［62］［韩］C3 设计.伊东丰雄作品集［M］.方诩珊,余阳,张燕
译.天津:天津大学出版社,2001.

［63］［德］恩格斯.家庭、私有制和国家的起源［M］.中央编译局
译.北京:人民出版社,2006.

二、论文:

［1］王发堂.范式与建筑美学的深化研究［J］.武汉理工大学学
报,2008,30(2),106 - 109.

［2］王发堂.建筑感性史［J］.同济大学学报(社科版),2008
(5):41 - 47.

［3］王发堂.罗斯金的艺术思想研究［J］.东南大学学报(哲社
版),2009(6):74 - 80.

［4］赵一凡.现代性［J］.外国文学,2003(2),54 - 59.

［5］周小仪.“为艺术而艺术”口号的起源发展和演变［J］.外国
文学,2002(2),47 - 54.

［6］王发堂.密斯建筑思想研究［J］.建筑师,2009(5),22 - 28.

［7］高宣扬.后现代主义:思想与艺术(四)［J］.美苑,2008
(2):4 - 13.

［8］高宣扬.后现代主义:思想与艺术(3)［J］.美苑,2008(1):
4 - 7.

［9］王发堂.逻辑的游戏［J］.世界建筑,2007(6).112 - 113.

［10］王发堂.路易康的建筑思想研究［J］.建筑师,2010(5):
79 - 84.

［11］王发堂,杨昌鸣.论反理性的理性［J］.东南大学学报(哲社
版),2007(3):80 - 85.

［12］王发堂.畸形建筑学［J］.哈尔滨工业大学学报(社科版),
2008(5):27 - 33.

［13］王发堂.伊东丰雄建筑思想研究［J］.东南大学学报(哲社
版),2009(3):83 - 89.

［14］王发堂.确定不确定性的确定性［J］.建筑师,2009(4):51
- 57.